Andreas Fecker

FLUGLÄRM
Daten und Fakten

Bildnachweis

Alfred Glössner: 106; Alice Baker: 32; Andreas Fecker: 8-9, 10-11, 12-13, 15, 23, 24, 28, 30, 31, 35, 36, 38, 38-39, 40, 41, 42, 47, 49, 50, 51, 54, 58-59, 61, 65, 72, 74, 87, 89, 90-91, 96, 97, 99, 109, 110-111, 115, 116, 117, 120-121, 122, 123, 124, 125, 127, 134-135, 136, 141, 143, 149, 150, 151, 153, 155, 158, 163, 165, 197, 216-217; Arnulf Betzold GmbH: 29; Austrian Airlines: 78; Avianca: 128; Carl Ford, ATI: 164; Cathay Pacific Airlines: 183; DFS: 79, 80, 200-201; Eric Schmidt: 13; Euroluftbild: 84-85; Flughafen Köln-Bonn: 118; Flughafen Zürich: 184-185; Jean, ATI: 164; Juan Carlos Guerra: 48; Kirk Crawford: 126; Kok Chwee Sim: 36, 46, 104-105, 165; Land Hessen: 160; Lufthansa Cargo: 119, 132-133; Luftwaffe: 175, 177, 179, 180, 181; Ministro dell'Economia e delle Finanze: 95; MTU Aero Engines: 167; MTU Aero Engines, Overlay by Andreas Fecker: 166; Public Domain: 17, 18, 21, 23, 25, 26, 32, 34, 56, 60, 62, 119; Rita Fecker: 27, 40, 65, 125; Ronald Stella: 173; Skyguide: 79; US DoD: 57; US Forest Service: 178-179; Ventosonic: 161; Viktor Lazlo: 45

Sollten im Buch zitierte Umfragen weniger oder mehr als 100% ergeben, standen entweder mehrere Antworten zur Auswahl oder sie trafen nicht zu.

Einbandgestaltung: Sven Rauert

ISBN 978-3-613-03400-6

© by Motorbuch Verlag, Postfach 103743, 70032 Stuttgart.
Ein Unternehmen der Paul Pietsch Verlage GmbH & Co. KG

1. Auflage 2012

Sie finden uns im Internet unter
www.motorbuch-verlag.de

Lektorat: Alexander Burden
Innengestaltung & Satz: Verlagsservice Peter Schneider, 82393 Iffeldorf
Druck und Bindung: Conzella, 85609 Aschheim-Dornach
Printed in Germany

»Lärm ist das Geräusch der Anderen«

Tucholsky

Inhalt

Vorwort

Fluglärm ist ein Dauerbrenner, der allerorts heftig diskutiert wird. Dabei sind auf beiden Seiten viele nachvollziehbare Argumente, persönliche, öffentliche, wirtschaftliche und politische Interessen im Spiel, aber auch vorgefertigte Meinungen, Ängste, Emotionen, Unkenntnis, Schlagwörter, Halbwissen, die den klaren Blick auf das Ganze verstellen. Viele Argumente werden von der jeweiligen Gegenseite in Frage gestellt.

Grund genug, sich einmal so neutral und umfassend wie möglich zu informieren, was Anliegen dieses Buches ist. Manche Leser werden sich wiedererkennen und feststellen, dass es auch auf der anderen Seite gute Argumente gibt. Verbreitete Vorurteile sollen beleuchtet und komplexe Zusammenhänge erläutert werden. Obwohl Fluglärm in vielen Ländern ein Thema ist, wird im vorliegenden Buch primär auf die hochaktuellen Brennpunkte in Deutschland, Schweiz und Österreich Bezug genommen.

Um die unterschiedlichen Positionen zu veranschaulichen, begleiten zwei Personen den Leser durch das Buch: Anton und Patrizia. Anton ist Spediteur und steht Flughäfen und dem Luftverkehr schon von Berufs wegen positiv gegenüber, Patrizia ist Buchhändlerin mit eigenem Geschäft, Hausfrau und Mutter und empfindet den Flughafen in der Nachbarschaft als sehr störend. Ihre Aussagen, Schlagworte und Forderungen sind durch blaue und orangefarbene Kästen gekennzeichnet. Die enthaltenen Aussagen sind bisweilen politisch nicht korrekt, spiegeln aber durchaus reelle Äußerungen wider und verdeutlichen die Leidenschaft, mit der die jeweiligen Überzeugungen vertreten werden.

Noch ein Wort zum Thema Leidenschaft in eigener Sache: Auch dieses Buch wurde mit Leidenschaft geschrieben. Schon in meiner Zeit als Fluglotse war ich mit Leidenschaft bei der Sache. Ebenso später, bei der Entwicklung von wirklichkeitsnahen Simulationen, Verbesserungen in der Ausbildung von Fluglotsen und bei der Motivation des Nachwuchses. Ich spezialisierte mich zum Designer für Instrumentenan- und -abflugverfahren, gab Lehrgänge mit europaweiter Beteiligung und war zuständig für den Wiederaufbau der Flughäfen Sarajevo, Mostar, Tuzla und Banja Luka nach dem Bosnienkrieg – eine Aufgabe mit schier unglaublichen Herausforderungen. Sarajevo Airport war über Jahre hinweg die Nabelschnur für Millionen von Menschen, wie einst Tempelhof während der Blockade von Berlin. Fluglärm spielte dabei eine untergeordnete Rolle. Nicht zuletzt deshalb habe ich eine starke Affinität zur Luftfahrt mit all ihren Sonnen- und auch Schattenseiten.

Mit diesem Buch möchte ich meinen Teil dazu beitragen, die Diskussion um den Fluglärm wieder auf eine für alle zugängliche Ebene zu bringen. Ich hoffe, bei dem einen oder anderen Verständnis für die Sichtweise beider Seiten zu erwecken, damit aus Gegnern Verbündete werden im Streben nach der optimalen Lösung der Problematik.

Andreas Fecker,
Langen im Mai 2012

Erster Teil –
Schall, Lärm,
Gesundheit, Umwelt

Stilleerlebnisse

Bevor wir über Lärm reden, sollten wir einmal erleben, was Stille bedeutet. Stille wird besser bezeichnet als Lautlosigkeit. Es ist die Abwesenheit einer jeglichen Bewegung, die ein Geräusch verursachen könnte.

Vor fast vier Jahrzehnten erfüllten meine junge Frau und ich uns den Traum unseres Lebens: Wir fuhren zwei Wochen im Winter nach Grönland. Wir hatten gerade geheiratet und während andere Paare von Florida, Hawaii oder der italienischen Riviera träumten, wollten wir die Schönheit und Abgeschiedenheit des Nordens erleben, die Kraft des Eises und die Stille der Kälte. Meine Frau studierte, ich war ein junger Soldat, beide kratzten wir jeden Pfennig zusammen und kauften uns Flugtickets von Kopenhagen nach Kangerlussuaq mit anschließendem Hubschrauberflug nach Sisimiut. Von dort brachte uns ein eisgängiges Schiff nach Itivdleq, einem kleinen Küstenort ohne Strom. Das Thermometer stand auf -35°C, das Unterste, was unsere daunengefütterte Polarkleidung und die Angora-Unterwäsche aushielt.

Da stehst du nun in der Einsamkeit. Eine feierliche Stille bemächtigt sich deines ganzen Wesens, hüllt dich in Watte. Du kannst diese Stille sogar sehen, wenn du deinen Blick über die nackte, eisige Landschaft streichen lässt, wenn du das winterdunkle Blau-Weiß des Himmels, das weiche Blau-Weiß der schneebedeckten Berge, das zarte Blau-Weiß des Eises auf dich wirken lässt. Da ist kein störender Farbton dazwischen, kein Schwarz, kein Rot, kein Grün, nicht einmal Weiß; nur stilles, zartes Blau-Weiß ohne harte Konturen, eiskalt und freundlich zugleich, weich, samtig, großartig, wie in einem Traum.

Die Stille wird zu dir sprechen, während du sie in Andacht und Ehrfurcht absorbierst: »Komm zu mir, Fremder, der du in deinem geschützten Kokon stehst, komm, ich zeige dir, wie großartig ich bin, ich zeige dir meine Schönheit, ich zeige dir was Stille wirklich bedeutet!«

Mittlerweile hat uns das Leben mehrfach um die Welt geführt, aber nie mehr haben wir eine solche totale, menschenferne Geräuschlosigkeit erfahren, wie auf dieser Winterreise nach Grönland.

Ich erinnere mich auch gerne an eine laue Zeltnacht am Yukon, dem großen Strom im Norden Kanadas. 150 m breit, eine gewaltige, schnell fließende Wassermasse. Trotzdem ist der Fluss so ruhig, zieht das Wasser so geräuschlos und friedvoll, dass wir uns nur zu flüstern getrauen. Wir vermeiden jedes Papierrascheln. Ein paar Vögel zwitschern, es ist fast Mitternacht und noch hell. Lautlos treiben Baumstämme vorbei, Fische springen, das Feuer knistert, ein Topf voller Nudeln mit Bouillon köchelt still vor sich hin.

Die Baumwipfel der dunklen Wälder zeichnen sich scharf gegen den blassblauen Himmel ab, der von hauchdünnen Rosastreifen unterbrochen wird. Die spiegelglatte Oberfläche des Flusses reflektiert das Licht in purpurvioletten Falschfarben. Kostbare Stunden. Ein kleiner Hermit flattert heran, setzt sich ans Ufer, beäugt uns neugierig, die wir am Feuer sitzen und segelt wieder davon, Zentimeter über dem Wasser.

Aber ist es nicht eine Ironie, dass es ausgerechnet das Flugzeug war, das uns diese unvergleichlichen Erlebnisse der Stille gebracht hat?

Das Ende der Stille

Bestimmte Ereignisse in der Natur sind vom Menschen unbeeinflussbar und laufen teilweise unter ohrenbetäubendem Getöse ab: Meeresbrandung, Wasserfälle, Stürme, Gewitter, Starkregen, Hagel, Tiergebrüll. Darüber hinaus muss sich unser Stillebegriff in Mitteleuropa an einem erträglichen Maß der Industrialisierung und des gesellschaftlichen und wirtschaftlichen Zusammenlebens orientieren. Denn das Ende des mittelalterlichen Dorflebens mit seiner heute als idyllischer Ruhe verklärten Stille hörte spätestens mit der Erfindung der Dampfmaschine, der Hammerschmiede und anderer Industrieanlagen auf. Diese erleichterten zwar das tägliche Leben, waren aber allesamt lauter als die Fabriken und Transportmittel der heutigen Zeit zusammen. Und je mehr Menschen heute in einem Ballungsraum zusammenleben, umso höher ist die Verlärmung der Umwelt und umso weniger wird man in der Lage sein, auf einer Wiese z.B. das Summen der Insekten zu hören. Das Sonntagsfahrverbot für Lastwagen am Rande einer Millionenstadt muss bereits als Vergleichsgrundlage für einen industrietoleranten Stillefaktor Null gelten, weil der Absolute Nullwert in unseren Breiten sowieso nicht mehr zu erreichen ist, und weil man sich an das allgegenwärtige Grundrauschen der Industriegesellschaft bereits gewöhnt hat. Die regelmäßig vorbeifahrende S-Bahn wird man kaum noch registrieren. Aber selbst in die einst unberührte Arktis zog der Lärm ein, nicht etwa in Form von vereinzelten Buschfliegern, sondern mit den allerorts präsenten Track- oder Schneemobilen, mit denen man über die Tundra flitzen kann.

Lärmerlebnisse

Techno

Abends um Zehn in einer deutschen Bundeswehrkaserne. Ich lege mich zurück und lausche Beethovens zweitem Satz aus der Waldsteinsonate, der Introduzione, die der Bayerische Rundfunk gerade überträgt. Sie gehört zum Genialsten, was der alte Ludwig jemals komponiert hat. Zwischen Dur und Moll zart wabernde Klänge, bis sie den Fünfklang der Burgglocken von Waldstein aufgreifen und ...

Ich stehe senkrecht im Bett. Mein Zimmernachbar hat den Riemen auf seine Beschallungsanlage geschmissen. Im 120er Takt klopfen die Boxen drauf los, mein 70er Herzschlag, gerade noch entspannt der Klaviermusik eines Genies lauschend, synchronisiert sich. Ich schließe die Balkontüre, doch das Gehämmer ist in den Betonmauern, die Wände vibrieren.

Ich bin genauso aufgebracht wie fasziniert: Wie kann das ein Mensch – freiwillig – länger als 60 Sekunden aushalten! Und dazu noch im gleichen Raum sein! Ich gehe nach nebenan, um mal mit dem Mann zu reden. Da trifft mich fast der Schlag: Die »Musik« kommt gar nicht aus der Nachbarstube, sondern aus einer Kemenate fünf Türen weiter!!! Mein Klopfen wird nicht gehört, wie denn auch. Ich versuche es mit Synkopen, arrhythmisch, dem Takt der »Musik« zuwiderlaufend. Ein freundlicher junger Soldat öffnet und nimmt erstaunt zur Kenntnis, dass es mir fünf Zimmer weiter noch die Schädeldecke »lupft«. Er schraubt die Lautstärke zurück. Gefühlt müssen es mindestens sieben Umdrehungen gewesen sein.

Einige Stunden später steht fest, dass ich eingekeilt bin, von Techno umzingelt, denn das ist der Sound der Zeit. Nun bin ich nicht der Typ, der wild um sich schlägt, Türen eintritt und überall einen Veitstanz aufführt oder Sicherungen rausdreht.

Ich erinnere mich an meine Jugend. Auch ich habe Musik gehört, die von meinen Eltern als Belastung empfunden wurde: Beatles, Rolling Stones, The Who, Beach Boys, Mamas and Papas. Tja Opa, du wirst langsam alt. Die Jungs wollen nichts anderes als du selbst, damals vor 40 Jahren. Nur hattest du nicht solche Ghettoblaster. Du hattest an deinem Radio halt einen Lautsprecher, das war alles. Heute werden daran Nierensteinzertrümmerer angeschlossen. Du wirst zwar taub davon, aber Nierenkoliken sind ausgeschlossen.

Bei meinem ersten und letzten Besuch in einer bestimmten Diskothek – ein Witzbold hatte mir glaubhaft versichert, da würden Oldies gespielt – habe ich erkennen müssen, was der Mensch auszuhalten in der Lage ist. Was da aus den Lautsprechern kam, waren keine Schallwellen, sondern Druckwellen, die die Pneumatik deiner Lungen beeinflussen, die deine inneren und äußeren Organe vibrieren las-

Stille, Glück, Romantik, Entspannung und Erholung erwartet man hier in Tahiti. Draußen vor der Lagune aber tobt die Brandung gegen das Korallenriff; Gelegenheit, seine innere Einstellung zu Geräuschen aus unserer Umwelt zu prüfen. Rege ich mich auf oder betrachte ich das Meeresrauschen als beruhigend? Wie stehe ich zu Dingen, die ich nicht ändern kann? Bin ich ein positiver oder ein negativer Mensch? Wie ist mein psychosomatischer Gesamt-Gesundheitszustand? Ein stabiler, bewusster Geist und seelisches Gleichgewicht haben eine positive Wirkung bei der Behandlung von chronischen Schmerzzuständen, häufigen Infektionskrankheiten, Ängsten oder Panikattacken, Depressionen, Hauterkrankungen, Schlafstörungen, Kopfschmerzen und Migräne, Magenproblemen und dem Burn-Out-Syndrom.

sen. Jeder Hund würde sich winselnd und heulend mit eingekniffenem Schwanz in die entfernteste Ecke verkriechen. Nicht so der Mensch, ein intelligentes, denkendes Wesen.

Nachtflug?

Bei einer anderen Gelegenheit landete ich nachts um halb eins in Papeete. Ein Taxi brachte mich zum Hotel, wo ich einen sog. Over-Water-Bungalow gemietet hatte. Kaum lag ich in meiner strohgedeckten Hütte im Bett, hörte ich, wie die Boeing 767 der Air New Zealand, mit der ich angekommen war, offenbar wieder zum Start rollte. Ich war zwar überrascht, dass der Flughafen bis hierher hörbar war, aber nachts kann das wohl passieren, und als pensionierter Fluglotse kann ich schließlich das Geräusch einer 767 genau erkennen. Ich wartete auf das Lei-serwerden der Motoren nach dem Start, aber nichts dergleichen passierte. Ich wusste, dass auf Grund der Lage von Tahiti ein Großteil des Verkehrs nachts stattfinden musste, war aber doch überrascht, dass es ganz einfach nicht aufhörte. Ich stand auf und trat auf den Balkon. Jetzt erst wurde mir klar, was da dröhnte war nicht der Fluglärm, es war das Rauschen der Brandung am Korallenriff! Ich hatte mich doch tatsächlich vom Brandungslärm übertölpeln lassen! Und das würde ich jetzt sieben Tage, 24 Stunden am Tag genießen dürfen. Denn von einem Nachtbrandungsverbot habe ich bisher noch nichts gehört. Aber Brandungsrauschen soll ja angeblich beruhigend wirken, denn dafür zahlen viele Menschen fünfstellige Summen! Und ganz ehrlich, eine halbe Stunde später hatte ich mich mit dem Geräusch abgefunden und schon setzte die beruhigende Wirkung ein. So einfach kann das offenbar sein.

Die Physik des Schalls

Schall ist eine mechanische Welle, die sich von ihrem Ursprung in einem Medium ausbreitet. Intensität und Geschwindigkeit hängen von der Beschaffenheit des Mediums und von dessen Temperatur ab. Der Schall kann sich in Gasen, festen Körpern und Flüssigkeiten ausdehnen, nicht aber unter einem Vakuum. Der Schall breitet sich durch aufeinander folgende Verdichtungen und Verdünnungen im Schallleiter aus. Die Geschwindigkeit, mit der sich der Schall ausbreitet, beträgt in der Luft bei 20°C 343 m/s, bei 0°C nur 331 m/s. Im Wasser pflanzen sich die Wellen mit 1480 m/s ungleich schneller fort, in Beton mit 3100 m/s, in einem Stahlkörper mit 5050 m/s, in Aluminium mit 5200 m/s. Da wir speziell den Fluglärm betrachten wollen, soll fortan die Ausbreitung in flüssigen und festen Medien keine Rolle mehr spielen.

Man unterscheidet zwischen Punkt-, Linien- und Flächenschallquellen. In ausreichend großer Entfernung von der Schallquelle können alle Emittenten als Punktschallquellen betrachtet werden. Bei der Berechnung der Schallimmission sind verschiedene Dämpfungen zu berücksichtigen: Die geometrische Ausbreitungsdämpfung, die Dämpfung durch Luftabsorption, durch Bodeneinfluss und Meteorologie, durch Bewuchs, Bebauung und Abschirmung. Der Schall, der bei einem Beobachter von einer Schallquelle gleicher Intensität ankommt, ist bei weitem nicht immer derselbe. Er wird von der Temperatur, der relativen Luftfeuchtigkeit, Windrichtung und Windgeschwindigkeit beeinflusst, kann durch Bebauung, Bewuchs und Abschattung gedämpft, aber auch durch Reflexion verstärkt werden.

Bell, Bel und Dezibel

Alexander Graham Bell wurde 1847 in Schottland geboren. Er wanderte 1870 nach Nova Scotia, Kanada, aus und entwickelte 1876 das erste gebrauchsfähige Telefon. Zu seinen Ehren benannte man die Maßeinheit von Schalldruckpegeln Bel (B). Da sich der Schalldruckbereich von 1 (Hörschwelle) bis zu der unübersichtlichen Größe von 1 Million (Schmerzschwelle) erstreckt, wurde er logarithmisch unterteilt und in Zehntel (Dezibel oder dB) ausgedrückt. Das kam auch dem menschlichen Gehör entgegen, da es die Lautstärke logarithmisch empfindet. Das gleiche gilt z.B. auch für die vom

Menschen empfundene Tonhöhe; deshalb sind z.B. die Tastentöne eines Klaviers ebenfalls logarithmisch eingeteilt. Fortan lag also die Hörschwelle bei 0 dB, die Schmerzgrenze bei 120 dB.

Nun empfindet das menschliche Ohr gleichlaute Töne in unterschiedlichen Tonhöhen (Frequenzen) unterschiedlich laut. Daher verwendet man sogenannte Frequenzbewertungskurven, die in dB(A), dB(B), dB(C) und dB(D) eingeteilt werden. Es wird rechnerisch ein Filter vorgeschaltet. Wenn also in diesem Buch von dB oder Dezibel die Rede ist, sind immer die für unser Gehör korrigierten dB(A) Werte gemeint.

Alexander Graham Bell

Addition von Schallpegeln

Überlagern sich Schallwellen aus mehreren Schallquellen, addieren sich die Schallenergien zu einem Summenpegel. Wegen der logarithmischen Größe kann man die dB-Werte nicht einfach verdoppeln.

- Laufen statt einer Kettensäge zwei gleichzeitig, nimmt der Schalldruckpegel um 3 Dezibel zu.
- Eine Erhöhung des Pegels um 6 dB wird hingegen subjektiv als Verdoppelung der vorhergehenden Lautstärke wahrgenommen.
- Eine leise Unterhaltung mit 40 dB ist somit nicht viermal so laut wie das normale Atmen mit 10 dB, sondern achtmal lauter.
- Diesen Rechnungen sind wir in unserem täglichen Leben auch bei der Computerarbeit ausgesetzt: Da laufen die Lüfter von Server, Desktops, Grafikkarten und Laserdrucker. So werden dann aus dem »flüsterleisen Geräusch« im technischen Begleitblatt schnell mal 28 Dezibel.
- Sind Störgeräusche um lediglich 6 dB lauter als das gesprochene Wort, beeinträchtigt dies das Verständnis der Sprache um 60 Prozent, trotz gutem Hörvermögen. Menschen, die bereits an Hörverlust leiden, haben jetzt kaum noch eine Chance, einer Unterhaltung zu folgen. Da hilft auch kein Hörgerät, da Störschall und Nutzschall gleichermaßen verstärkt werden.
- Verdoppelung der Anzahl der Schallquellen: + 3 dB
- Verfünffachung der Anzahl der Schallquellen: + 7 dB
- Verzehnfachung der Anzahl der Schallquellen: + 10 dB

Geräuschtabelle

Schalldruck-pegel in dB	Geräusch
0	Fallen einer Feder
8	Schnurren einer zufriedenen Katze
10	gerade hörbarer Schall, leises Blätterrauschen, normales Atmen, Stechmücke
15 ... 20	Flüstern, ruhiges Zimmer, Rundfunkstudio
30 ... 40	Kühlschrankbrummen, ruhige Wohnlage, Windkraftanlage
40 ... 50	leise Unterhaltung, ruhiges Büro, Vogelgezwitscher
50	leichter Regen, Zimmerlautstärke, Geschirrspüler
50 ... 60	normale Unterhaltung, Fröschequaken
65	Streitgespräch, Rollenkoffer auf Verbundsteinpflaster
70	Bürolärm, Haushaltslärm, Start einer Piper Seneca in 300 m seitlicher Entfernung
70 ... 80	starker Straßenverkehr, Hauptstraße, bremsender Güterzug, Fahrradglocke (75 dB)
80	Start einer ATR-42 in 450 m seitlicher Entfernung, hungrige Katze, Grenzwert für ohrnahes Spielzeug nach DIN EN71-1
80 ... 85	starker Straßenlärm, Staubsauger, Rufen, Schreien, Kindergarten
80 ... 90	LKW, Rasenmäher in 10 m Entfernung, Haartrockner, Hörschäden ab Einwirkung von 40 Stunden pro Woche möglich, Feuerwerk in 1000 m Entfernung
85	stark befahrene Autobahn in 25 m Entfernung, Gehörschutz im gewerblichen Arbeitsbereich vorgeschrieben, Haartrockner
90	Rasenmäher, vorbeifahrender ICE, Gewitter, Handschleifgerät im Freien in 1 m Entfernung, Start einer Boeing 747-400 in 300 m seitlicher Entfernung
91	Start eines Airbus A320 in 450 m seitlicher Entfernung, lautes Schnarchen
90 ... 100	Autohupe, schwere LKW, Feuerwerk, Zikade, Druckerei, Presslufthammer in 10 m Entfernung, häufiger Pegel bei Musik über Kopfhörer
95	empfohlene Pegelbegrenzung zum Schutz vor Gehörschäden in Diskotheken
100 ... 110	Motorrad, Kreissäge, Laubbläser, Nahverkehrszug, Druckerei, Schlagbohrmaschine, knallende Autotür aus 1 m Entfernung, laut gespielte Geige fast am Ohr eines Orchestermusikers, möglicher Pegel bei Musik über Kopfhörer, Discomusik
110 ... 120	Martinshorn in 10 m Entfernung, Kettensäge, Kesselschmiede, durchfahrender Schnellzug am Bahnsteig
115	Startgeräusche von Flugzeugen in 10 m Entfernung, Kinderspielzeug in Ohrnähe (Rassel)
120	Techno-Disco, Wasserfall, Trillerpfeife aus 1 m Entfernung
120 ... 130	Propellerflugzeug in 3 m Abstand, Schwelle zum Unwohlsein, Vuvuzela, Gehörschäden schon ab kurzer Einwirkung möglich
130	Schmerzschwelle, Presslufthammer in 1 m Entfernung
140	Gewehrschuss, Raketenstart, alte Boeing 727 beim Start in 30 m Abstand
150	Hammerschlag in einer Schmiede aus 5 m Entfernung, akustische Waffe LRAD, Taubheit bei längerer Einwirkung
160	Hammerschlag auf Messingrohr oder Stahlplatte aus 1 m Entfernung, Geschützknall, Trommelfell kann platzen. Knall bei einer Airbag-Entfaltung
170	Bundeswehrgewehr G 3 in Ohr-Nähe. Ohrfeige aufs Ohr, Silvesterböller in Ohr-Nähe, Handfeuerwaffen aus etwa 50 cm Entfernung
180	Knall einer Kinderspielzeugpistole in Ohr-Nähe
190	innere Verletzungen, Hautverbrennungen, Tod wahrscheinlich

Multiplikation der verschiedenen Geräusch-Pegel

Lautheits-Faktor	Veränderung	Änderung des Schall-Lautheitspegels
2	2 x so laut	10 dB
3	3 x so laut	15,58 dB
4	4 x so laut	20 dB
Schalldruck-Faktor	Veränderung	Änderung des Schalldruckpegels
2	zweifacher Schalldruck	6,02 dB
3	dreifacher Schalldruck	9,54 dB
4	vierfacher Schalldruck	12,04 dB
Schallleistungs-Faktor	Veränderung	Änderung des Schall-Leistungspegels
2	zweifache Intensität	3,01 dB
3	dreifache Intensität	4,77 dB
4	vierfache Intensität	6,02 dB

Merksätze:
Eine Pegeländerung von **+ 3 dB** entspricht der Verdopplung der **Schallintensität**.
Eine Pegeländerung von **+ 6 dB** entspricht der Verdopplung des **Schalldrucks**.
Eine Pegeländerung von **+ 10 dB** wird als Verdopplung der **Lautstärke** empfunden.

- 3 dB ist die zweifache Leistung
- 6 dB ist die zweifache Amplitude
- 10 dB ist die zweifache wahrgenommene Lautstärke

- Halbierung der Anzahl der Schall-quellen: - 3 dB
- Für Schallpegelunterschiede sonst gleichartiger Geräusche im Bereich über 40 dB können folgende Lautheitseindrücke zugrunde gelegt werden:
1 dB - kaum wahrnehmbar,
3 dB – deutlich wahrnehmbar,
10 dB – etwa doppelt so laut

Allerdings kann man den Lärm über den Dauerschallpegel auch klein rechnen:

Ein einziges Schallereignis mit 100 Dezibel, einmal pro Nacht, ergibt einen gemittelten Nacht-Wert von 34,3 dB – so leise wie ein plätschernder Bach.

Nutzschall und Störschall

Das Geräusch, das beim Betrieb von nutzbringenden Geräten oder Transportmitteln entsteht nennt man Nutzschall. Ein Motorrad erzeugt beispielsweise Nutzschall beim Betrieb, weil es Menschen zügig beim Überwinden einer notwendigen Fahrstrecke befördert. Ein frisiertes Motorrad erzeugt Störschall oder Störlärm, weil es lauter als notwendig ist und nebenbei meist in erster Linie dazu dient, durch lautes Geräusch aufzufallen. Ein Laubbläser könnte unter Nutzschall rangieren, weil er eine Arbeit verrichtet. Da es dazu allerdings eine nahezu geräuschlose Alternative gibt, ist er eindeutig unter Störlärm einzureihen. Flugzeuge verursachen Nutzschall, es sei denn sie flögen leer oder zu Vergnügungszwecken. Lastwagen erzeugen Nutzschall, solange sie auf den kürzesten und für sie geeigneten Fahrtstrecken unterwegs sind. Der Nutzschall wird zum Störlärm, wenn sie sich durch Städte oder Ortschaften quälen, um die Autobahnmaut zu umgehen. Eine Autohupe ist eindeutig Nutzschall, solange sie als Gefahrensignal betätigt wird. Sie wird aber automatisch zum Störlärm, wenn der

Also, wenn ich in meinem Auto sitze und auf der Autobahn fahre, dann habe ich bei Tempo 100 mit Klimaanlage und Radio 80 dB auf den Ohren …

Fahrer morgens um 5.00 Uhr einen Kollegen abholen möchte und vor dem Haus auf die Hupe drückt, weil er zu faul ist auszusteigen und an der Tür zu klingeln. Kavalierstarts an der Ampel sind Störlärm, geht es doch auch nahezu geräuschlos.

Der Inbegriff des Baustellenlärms sind der Presslufthammer und die Dampframme. Da wir jedoch in unserem Land befestigte Straßen der festgewalzten Erde vorziehen und damit kein Problem mit Staub oder Matsch haben, werden wir den relativ kurzzeitigen Lärm eines Presslufthammers ertragen müssen.

Lärm, was ist das?

Im Gegensatz zur physikalischen Definition von Schall, nämlich die Ausbreitung von Druckschwankungen in einem elastischen Medium wie Gas, Flüssigkeit oder einem festen Körper, kommt beim Lärm zur physikalischen und medizinisch-pathologischen noch eine **subjektive** Komponente hinzu. Tucholsky nennt Lärm »das Geräusch der Anderen«. Der Gesetzgeber spricht vom »unerwünschtem Schall«. Nutzschall wie Sprache, Musik oder Warnsignale haben einen fließenden Übergang zum Störschall, wie Autobahn-, Baustellen- oder Fluglärm. Die dröhnende Disko-Musik aus dem vorbeifahrenden Auto wird von verschiedenen Menschen unterschiedlich empfunden: Die einen sind fassungslos, dass sich jemand freiwillig im Innern des Wagens aufhält und wünschten womöglich, das Auto würde mitsamt seiner Musikanlage in der Schrottpresse landen, die anderen finden es »cool« und schauen bewundernd dem Fahrer nach. Ähnliches gilt für die Geräusche, die von einem Kinderspielplatz zu den benachbarten Wohnungen dringen: Die einen empfinden das als Minderung der Lebensqualität und Abwertung ihrer Immobilie, die anderen erfreuen sich daran, dass hier die Jugend nachwächst, die

den Alten eines Tages die Rente finanziert. Glockengeläut ist für den einen der Ruf zur Sonntagsmesse, für den anderen schlicht eine Störung der Sonntagsruhe. Schall wird also erst zu Lärm, wenn er bewusst oder unbewusst stört.

Mehrere Faktoren beeinflussen die Wirkung des Lärms:
- die akustischen Merkmale wie Lautstärke, Dauer, Verlauf, Häufigkeit
- die Geräuschart wie Natur (Vögel, Blätterrauschen, Gewitter), Musik, Sprache (natürlich oder als elektronische Wiedergabe), Geräusche am Arbeitsplatz, Verkehr (Straßen-, Schienen-, Schiffs- und Luftverkehr), Umgebung (Industrie, Gewerbe, Sport, Freizeit, Baustellen)
- der Zeitpunkt (morgens, mittags, abends, nachts, Wochenende)
- die Ortsüblichkeit (Wohngegend, Natur, Industriegebiet, Stadtmitte)
- Informationsgehalt und Bedeutung des Geräusches (Schnake im Schlafzimmer, tropfender Wasserhahn, weinendes Baby, Musik)
- die Empfindlichkeit des Betroffenen wie Persönlichkeitsmerkmale (ausgeglichen, reizbar, optimistisch, pessi-

mistisch), Situation (entspannt, ruhig, nervös, übermüdet)

- die Einstellung zur Geräuschquelle, was heißen soll, ob man den Verursacher mag oder nicht, ob man die geräuschvolle Tätigkeit als sinnvoll, unsinnig oder zumindest vermeidbar erachtet.

Halten wir also fest: Schall kann man objektiv messen, weil er eine physikalische Qualität hat. Lärm kann man nicht messen, weil er eine psychologische Qualität hat; die einen heißen ein bestimmtes »Schallerlebnis« willkommen, die anderen lehnen es ab. Umgekehrt kann kein Mensch einem anderen die Lärmempfindung absprechen, und sei es Vogelgezwitscher, das allgemein als positiv eingestuft wird. Wenn ein Mensch ein Schallerlebnis als Lärm empfinden will, dann ist das seine Privatsache. Genauso ergebnislos könnte man sich über Geschmack oder Mode streiten.

In der Nachkriegszeit war Lärm kein Thema, weil erst einmal die Verbesserung

Geballter Lärm der übelsten Sorte.

der Lebensverhältnisse Vorrang hatte. Mit steigendem Wohlstand wächst jedoch der Anspruch auf Lebensqualität. Seit einigen Jahren gibt es den »International Noise Awareness Day«, wertfrei übersetzt hieße das »Internationaler Tag für die Bewusstmachung von Geräuschen«. Das ist nicht sehr griffig. In

Befreiung vom Pedal. Es ist das Alter, auf das fast alle jugendlichen Radfahrer hin fiebern: Wenn sie den Führerschein in der Tasche haben und ihr erstes Moped unter den Hintern kriegen. Nicht mehr treten, nur noch »spänen«. Aber bald sind die 50 Kubikzentimeter zu wenig, der Auspuff zu leise, das Moped zu langsam. Dann wird getuned und frisiert, meist zum Leidwesen der Anwohner.

Das abendliche Jamboree der Vögel ist für manche Zuhörer herzerwärmend, für andere entnervend.

Deutschland wurde er daher vereinnahmt als »Tag gegen Lärm«. Er wurde dazu eingerichtet, der schleichenden Gewöhnung zu begegnen und bewusst zu machen, wo man Lärm vermeiden kann. Denn Lärm ist mittlerweile die am stärksten empfundene Beeinträchtigung des täglichen Lebens. Laut einer Umfrage in Österreich fühlten sich 1998 noch 14% der Österreicher in ihrer Wohnung durch Lärm belästigt, 2003 bereits 30%, und im Jahr 2007 waren es 39%. Als größtes Ärgernis gilt den Betroffenen der Verkehrslärm. In Deutschland rangiert der Straßenlärm mit 55% ganz vorn, Nachbarschaftslärm folgt mit 37%, Fluglärm mit 29%, Industrie- und Gewerbelärm mit 28%, Schienenlärm mit 22% der befragten Bevölkerung (2010).

Erst durch das Bewusstmachen dieser Umstände, durch Forschung auf dem Gebiet der Akustik, durch Warnungen von Ärzten hat man hierzulande Verbesserungen eingeleitet: Flüsterasphalt, leisere Reifenmischungen, leisere Flugzeuge, europaweite Lautstärkenbegrenzung von Kopfhörern, die allerdings noch immer viel zu hoch ist.

Doch obwohl in allen Bereichen geforscht, reduziert, begrenzt, ummantelt,

> Niemand braucht sich vorschreiben lassen, was er für Lärm zu halten hat und was nicht. Wenn ich mich dafür entscheide, das Quietschen der Gartentüre von Nachbars Garten als Lärm zu bezeichnen, dann tu ich das und dann rege ich mich darüber auch auf, egal wie andere darüber denken.

Auffallen um jeden Preis, und sei es durch Lärm. Die technischen Daten dieser Beschallungsanlage lesen sich fast wie die eines Raumschiffes. Lautheit wird gerne als Stimmung und gute Laune verkauft.

gedämmt und gedämpft wird, nimmt insgesamt der Lärm zu. Lärm wurde längst zum lästigen Nebenprodukt unserer wachsenden und mobilen Gesellschaft.

Die Verlärmung der Umwelt

Sie beginnt bereits in der Familie, wo Kinder die »Intoleranz der Erwachsenen gegen zu laute Musik« mit dem Einsatz von iPod und Discman umgehen und sich die Dröhnung per Ohrstöpsel direkt auf das Innenohr leiten. Es bleibt nicht aus, dass die nähere Umgebung an den Geräuschen teilhaben muss. Sie wird nach Erlangung des Führerscheins konsequent fortgeführt über den Einbau potenter Lautsprecher ins eigene Fahrzeug, wo Bass-Booster, Subwoofer und Killerboxen für den richtigen Kick auf Lunge und Zwerchfell sorgen, die mit bis zu 150 dB einen startenden Jumbo übertönen und ganze Stadtviertel verlärmen können.

Lärmarten

Zu all den folgenden Lärmarten kann man unterschiedlicher Meinung sein. Einigkeit dürfte allerdings zumindest beim ersten überwiegen:

Laubbläser

Ich würde den Laubbläser als die unnötigste aller Erfindungen einstufen, weil es eine nahezu geräuschlose Alternative gibt. Der Laubbläser verbessert nicht mein Leben, er bringt mir keine Waren, keine Medizin, keine Post, keine Blumen, er ist für alle, die ihn ertragen müssen, einfach nur höchst ärgerlich. Und der nächste herbstliche Windstoß macht den ganzen ertragenen Radau wieder zunich-

te! Diese praktischen Terrorgeräte kosten um die 50 Euro, verursachen für wenig Geld einen Höllenlärm von 95 bis 105 dB. Ein Besen täte es nahezu geräuschlos, verursacht aber Schwielen an den Händen. Vielleicht kann sich die Bundesregierung eines Tages zu einer Abwrackprämie für diese Radaugeräte entschließen! Bei Umtausch gegen einen Besen gäbe es vielleicht noch 20 Euro als Dankeschön obendrauf, alles im Sinne der Umwelt.

Nachbarschaftslärm

Geräusche, die von Privatpersonen in der Nachbarschaft erzeugt werden und störend oder belästigend wirken, bezeichnet man als Nachbarschaftslärm. Dazu gehört laute Musik, Haushaltsgeräte, Türschlagen, Haustiere, nächtliche Partys, Stampfen, überlautes Stöhnen, Grillfeste im Garten, das feierabendliche Rasenmähen, Heimwerkerarbeiten, Korbwurftraining oder Elfmeterschießen gegen

Könnte man nicht zumindest im Wald das Laub sich selbst überlassen? Die Laubbläser befördern ja auch das wichtige Kleingetier hinweg, das für die Düngung und Lockerung des Bodens so wichtig ist.

Rasenflächen zwischen den Häusern sind eine Errungenschaft unseres Wohlstandes. Die kleinen grünen Lungen bieten Gelegenheit zum Grillen, Spielen, Erholen oder zum Gärtnern. In jedem Fall aber muss der Rasen kurz gehalten werden. Das Rasenmähen und Heckeschneiden ist eine typische Feierabend- und Wochenendbeschäftigung. Und wenn der letzte Nachbar durch ist, fängt der erste wieder an. So ist dafür gesorgt, dass eigentlich nur am Sonntag wirklich Ruhe sein könnte, wäre da nicht die Sache mit dem Grillen ...

das Garagentor im Nachbarhaus, Testläufe am frisierten Moped. Es hängt von der persönlichen Einstellung zu den Nachbarn, den Tätigkeiten oder den Geräuschen ab, ob man diese Art Schall überhaupt als Lärm empfindet oder nicht. Früher war meist nur von Ruhestörung die Rede. Der schwerhörige Rentner in der Wohnung nebenan, der den ganzen Tag seinen Fernseher so laut eingestellt hat, dass man ihn durch die Wände hört, kann genauso eine Belastung sein wie der Mitbewohner, der nie gelernt hat, was Zimmerlautstärke ist.

Auch Heckenschnitt muss von Zeit zu Zeit sein. So addieren sich Dezibel für Dezibel die Nachbarschaftsgeräusche zum ständig präsenten Hintergrundlärm.

Einst hatte ich einen Nachbarn, dessen vier Kinder in jeder freien Minute Korbwurftraining in der Garageneinfahrt gegenüber dem Wohntrakt unseres Hauses machten. Oft ging das von mittags um zwei bis in den späten Abend hinein. Das Prellen des Balls auf dem Asphalt machte mich wahnsinnig. Ich wurde schon fast hysterisch, steckte meine ganze Familie an. Ich redete mit den Eltern, ich spendierte den Jungs sogar den Jahresbeitrag für einen Basketballverein, damit ich den Krach wenigstens für ein paar Stunden loswurde. Vergeblich. Da ich nicht gerichtlich gegen die Familie vorgehen wollte, zog ich schließlich von dort weg. Bemerkenswert erscheint mir heute, dass sich meine Familie durch das Ballspielen nicht gestört fühlte, sehr wohl aber ließen sie sich von meiner Hysterie anstecken.

Kinderlärm

Der Bundestag hat das Bundes-Immissionsschutzgesetz verändert. Laut dem neuen Absatz 1a im § 22 gilt Lärm, der

von Kindertagesstätten, Spielplätzen und ähnlichen Einrichtungen ausgeht, im Regelfall nicht mehr als schädliche und damit beschwerdefähige Umwelteinwirkung. Lärmbeschwerte Anwohner wehren sich daher mit hochkreativen juristischen Winkelzügen gegen den Neubau von Kitas oder Kindergärten.

Die dort arbeitenden Erzieherinnen haben sicherlich eine ganz eigene Meinung darüber. Die 85 Dezibel sind nämlich schnell erreicht, wenn sich Kinder beim Spiel unterhalten. Kinder haben kein Gespür für distanzgerechte Lautstärke. Sie sprechen oder schreien im Freien genau so laut wie im Raum oder in der Turnhalle.

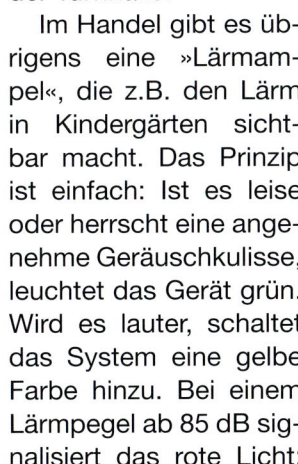

Im Handel gibt es übrigens eine »Lärmampel«, die z.B. den Lärm in Kindergärten sichtbar macht. Das Prinzip ist einfach: Ist es leise oder herrscht eine angenehme Geräuschkulisse, leuchtet das Gerät grün. Wird es lauter, schaltet das System eine gelbe Farbe hinzu. Bei einem Lärmpegel ab 85 dB signalisiert das rote Licht:

Wenn wir nicht wollen, dass unsere Kinder den amerikanischen Weg einschlagen, bewegungslos aufwachsen, faul und bequem werden, mit Fastfood gemästet, dann müssen wir ihnen Spielplätze bieten, die den Namen auch verdienen. Das geht aber nicht ohne Rufen und Geschrei, Lachen und Geheul von statten. Damit müssen wir uns innerlich nicht nur abfinden, wir sollten es begrüßen und unterstützen.

Achtung, jetzt ist es zu laut. Es ist ein lustiges pädagogisches Werkzeug, kann aber sicher auch in anderen Bereichen eingesetzt werden.

Gewerbelärm

Nicht zum Nachbarschaftslärm gehören Geräusche, die von benachbarten Gewerbebetrieben ausgehen, z.B. die kreischende Kreissäge einer Schreinerei. Hierzu gibt es die Technische Anleitung Lärm (TA Lärm), die bestimmte Grenzwerte und Schallschutzmaßnahmen festlegt. Nicht jede Lärmbeeinträchtigung ist auch gleich eine Lärmbelästigung. Die Zumutbarkeitsgrenze ist bei Tag allerdings höher als abends, bei Nacht oder an Wochenenden und Feiertagen. Selbst in den abgeschiedensten Dörfern auf dem Land verlärmen Traktoren und Zugmaschinen die Idylle. Dabei wollen wir doch alle die heimische Landwirtschaft fördern, damit der Joghurt nicht erst dreimal durch Europa gekarrt werden muss, bis er beim Verbraucher auf dem Tisch steht.

Windenergieanlagen

Nach dem Bundes-Immissionsschutzgesetz und der TA Lärm darf eine WEA einen bestimmten Pegel nicht überschreiten – in reinen Wohngebieten ist das ein Beurteilungspegel von 35 dB außerhalb von Gebäuden während der Nacht (von 22.00 bis 6.00 Uhr). Während der 16 Tagesstunden beträgt der Immissionsrichtwert $L_r = 50$ dB für reine Wohngebiete. In Dorf- und Mischgebieten gelten 45 dB während der Nachtzeit, für den Tag gilt hier ein Wert von 60 dB. In dieses Thema

Windenergieanlagen verursachen nun wirklich nicht so viel Krach wie eine landende Boeing. Sie versorgen uns außerdem mit sauberem Strom. Trotzdem ziehen manche Anwohner gegen sie vor Gericht.

spielen auch die sogenannten Abstands-
erlasse hinein – die z.B. einen Mindestabstand von WEA zur Bebauung vorschreiben.

Baumaschinen

Betonfräsen, Teermaschinen, Straßenwal-
zen, Rüttelmaschinen, Dampframmen,
Presslufthammer, Bagger, Planierraupen,
Radlader, Kipplaster, Wasserpumpen, Be-
tonmischer, Kranen, und was sonst noch
alles für den Bau von Häusern, Straßen,
Fabriken oder Bahnhöfen gebraucht wird,
all diese Maschinen erfüllen ihren Zweck.

Sie sind meist geräuschgedämpft, tempo-
rär vielleicht ärgerlich, werden aber allerorts als nützliche Hilfen akzeptiert. Nur
das Piepsen bei rückwärtsfahrenden Bau-
fahrzeugen nervt ungemein. Es hat sich in
den USA eingebürgert, aber man muss ja
nicht gar alles von den Amerikanern übernehmen!

Musik

Wilhelm Busch schrieb 1872 im Maul-
wurf: »Musik wird störend oft empfunden, weil stets sie mit Geräusch verbunden.«

*Das Aufreißen von Straßen gehört bei uns fast zum Alltag. Da wir in Mitteleuropa
die unterirdische Verlegung von Leitungen und Rohren bevorzugen, müssen wir
diesen Baulärm von Zeit zu Zeit ertragen.*

Musik kann Menschen ergreifen, begeistern, aufpeitschen, mitreißen, besänftigen, zu Tränen rühren. Über seine Musik kann ein Komponist bestimmte Stimmungen hervorrufen, sein Publikum ins Träumen versetzen, für kurze Zeit eine andere Welt schaffen, in die sich der Künstler oder der Zuhörer versetzt fühlt. Das gilt natürlich vor allem für die klangintensive Klassik, aber auch für moderne Musik. Es hängt wiederum von der persönlichen inneren Einstellung ab, aber auch vom äußeren Rahmen, von der momentanen Stimmung und dem Gemütszustand, wie mir eine Komposition und ihre Darbietung gefällt.

Unter Musik wird gemeinhin die geordnete Folge von Tönen verstanden, die durch Gesang oder schwingende Instrumente erzeugt werden. Die Töne sind im Allgemeinen rhythmisch strukturiert und können durch den mehrstimmigen Zusammenklang in harmonische Beziehung zueinander gesetzt werden. Dies kann einfach und monoton passieren, laut oder leise. Es kann aber auch polyphon zu einem orchestralen Klangerlebnis ausarten, dessen Töne von großen Komponisten zu Akkorden und ganzen Werken zusammengefügt und aufgezeichnet wurden, die die Jahrhunderte überdauern und zeitlos genossen werden können.

Auf den Fuß dieses abstrakten Definitionsversuchs folgt prompt das subjektive Empfinden: Musik ist was gefällt. Wenn es mir gefällt, muss es einem anderen noch lange nicht gefallen. Daher geziemt es sich im Rahmen eines rücksichtsvollen Zusammenlebens, dass man seinen Musikgeschmack nicht ungefragt anderen Menschen aufdrängt.

Disko

Ein Diskobesuch von nur zwei Stunden kann zu einem späteren Gehörschaden zehnmal mehr beitragen als eine komplette Arbeitswoche im normalen Industrielärm. Während der Schalldruck in Schweizer Diskos auf 93 Dezibel beschränkt ist (über 60 Minuten gemittelter Pegel), gibt es in Deutschland oder Österreich keine solchen Regelungen. »Laut ist geil«. Nach diesem Motto legen viele Diskjockeys auf. Dabei wird die Lautstärke im Laufe der Nacht wegen der Gewöhnung durchschnittlich um 2 dB pro Stunde lauter. Reichhaltiger Alkoholgenuss und ausgelassene Stimmung, Kompensation der fortschreitenden temporä-

ren Hörschwellenverschiebung (TTS) – natürlich auch beim Diskjockey – spielen dabei eine Rolle. 110 dB sind da durchaus möglich. Laut Statistik ist die durchschnittliche Aufenthaltsdauer in Diskos trotz intensiver Aufklärungsarbeit in den vergangenen Jahren von zwei auf bis zu fünf Stunden gestiegen. Nur fünf Minuten bei 105 dB wirken auf das Ohr wie eine Tagesdosis von 85 dB. Lärmmessungen, die stichprobenartig in österreichischen Diskotheken und bei Live-Musikveranstaltungen durchgeführt wurden, führten auf Musikschallpegel zwischen 90 und 110 dB. Auf der Tanzfläche wurden häufig Mittelungspegel um oder über 100 dB gemessen. Eine Untersuchung in Großbritannien kommt zu dem Ergebnis, dass im Vergleich zu den 80er-Jahren dreimal so viel junge Männer im Alter von 18–25 Jahren ihre Zeit in Diskotheken verbrachten, wohingegen sich der Teil, der stark arbeitslärmbelastet war, in dem gleichen Zeitraum mehr als halbiert hatte.

Die Bundeszentrale für gesundheitliche Aufklärung rechnet damit, dass jeder dritte Jugendliche spätestens im Alter von 50 Jahren auf ein Hörgerät angewiesen sein wird. Die Deutsche Angestellten Krankenkasse (DAK) vermeldet einen 38%-Anstieg von Hörgeräteverordnungen bei unter 18-Jährigen innerhalb von drei Jahren.

Rockkonzert

Für Rockkonzerte eignen sich Freilichtbühnen und Fußballstadien. Dazu sind aber gewaltige Verstärkeranlagen notwendig. Den Weltrekord hält die Heavy Metal Band »Manowar« mit einem Schalldruckpegel von 139 dB. Die Vier-Mann-Band steht vor einer Soundwand, die

Rockkonzerte sind vor allem eines: Laut. Fragwürdig ist, wie hilfreich für den Rest meines Lebens eine Veranstaltung ist, zu der ich mit Gehörschutz gehen muss, um nicht einen lebenslangen Schaden davon zu tragen.

40 m breit, 16 m tief und 70 Tonnen schwer ist und 250.000 W liefert. Ein zweifelhafter Ruhm, aber mit dem Schalldruck könnte die Gruppe wohl jeden Jumbo von der Piste blasen.

In Abu Ghraib und Guantanamo wurden laut Amnesty International Gefangene Tag und Nacht ohrenbetäubender Musik ausgesetzt. Während sich daraufhin zahlreiche Künstler zusammenschlossen und auf Konzerten Schweigeminuten als Protest gegen diesen Missbrauch ihrer Songs einlegten, ließ die Heavy Metal Band Metallica vernehmen, sie sei »stolz«, am »Krieg gegen den Terror« teilnehmen zu dürfen.

Fröschequaken und Entenschnattern

Eine Stadt im Allgäu legte für viel Geld ein Biotop inmitten eines Neubaugebietes an. Der große Teich wurde bald von der Natur angenommen, im schnell wachsenden Schilf fanden Frösche und Enten ihr Zuhause. Die anfängliche Umweltbegeisterung der Nachbarschaft schlug aber bald in leidenschaftliche Ablehnung um, denn das tägliche Entengeschnatter und die nächtlichen Froschkonzerte gingen einigen Anwohnern heftig auf die Nerven. Doch es war zu spät, alles Klagen half

Pausenloses Froschquaken und Entengeschnatter beschäftigen allerorts die Gerichte. Nächtliches Froschquaken mit ca. 65 dB muss jedoch meist aus Naturschutzgründen hingenommen werden.

nichts. Der Teich blieb, Enten und Frösche auch. – Schon mehrfach haben Anwohner solche Frosch-Prozesse verloren. Gerichte begründen das regelmäßig damit, dass Frösche unter strengem Schutz stünden. Auch wenn deren Quaken durchaus die Grenzwerte für Lärmschutz überschreite, sei zu berücksichtigen, dass Teiche einem hochrangigen Allgemeinwohlinteresse dienten. Klägern sei es zuzumuten, dem Lärm auszuweichen oder für Schallschutz zu sorgen. Inwieweit die klammheimliche Ansiedelung von Störchen als Regulativ zur Bewältigung des Problems helfen könnte, soll hier nicht untersucht werden.

Sportlärm

Sportlärm ist eindeutig dem Nutzschall zuzuordnen. Sportliche Menschen sind überwiegend ausgeglichen, gesund, zufrieden und leistungsfähig. Dazu gehören auch Anfeuerungs- und Begeisterungsrufe der Zuschauer. Gleichwohl gibt es Anwohner, die diesen sportlichen Gedanken nicht mittragen und mit Schikanen gegen die Sportvereine vorgehen. »Begleiterscheinungen« wie das Krakeelen von betrunkenen Pseudofans bei Fußballspielen sind allerdings Auswüchse, die im Sport nichts zu suchen haben.

Gerne werden die Betriebsmannschaften und Kneipenvereine, Interessengruppen und örtliche Fußballmannschaften belächelt, wenn sie sich mittwochs zum Training und sonntags zum Spiel auf dem Bolzplatz treffen. Aber sie leisten ihren Beitrag zur Senkung der Gesundheitskosten in der Gemeinschaft der Versicherten. (Links vorne der Autor als Torwart in einer Geschwader-Mannschaft der Bundeswehr.)

Urlaubslärm

Urlaub in Italien, Bummeln in Mailand, ein Essen in Florenz während einer warmen Mondnacht auf der Piazza. Kein Mensch käme auf die Idee, den Geräuschpegel zu messen, den die Motocrossräder verursachen, mit denen Italiens Jugend auf das schöne Geschlecht wirken will. Das läuft unter »Mediterranem Flair«, das erhöht die Urlaubsfreude, das passt zum Land, es steigert sogar den Erholungswert. Störend indes wirkt dann wieder der Lärm zu Hause, wenn z.B. Flugzeuge

Straßenmusiker wirken auf Touristen anders als auf Anwohner.

Den Tag am Strand verbringen, Surfen, Schnorcheln, Schwimmen, Bräunen ist ja mittlerweile verpönt. Es hängt ganz von der Einstellung jedes Einzelnen ab, inwieweit er sich dabei von landenden Flugzeugen stören lässt oder ob es sogar eine Bereicherung ist.

am Himmel zu sehen sind. Die sind zwar nur halb so laut wie die Mopeds im Urlaub, zu dem man übrigens sicher nicht ganz emissionslos hingekommen ist, sei es per Auto oder Flugzeug, aber die Situation ist natürlich dann eine andere.

Wir sehen, dass sogar zwei ähnliche Geräusche bei gleichem Schallpegel höchst unterschiedlich empfunden werden: Der Wasserfall in einer idyllischen Bergwelt oder einem Indianercanyon wirkt anziehend und beruhigend und steht für Erholung, während die verkehrsreiche Autobahn gleich laut ist und mit Stress und Belastung gleichgesetzt wird.

Verkehrslärm

Nur wer auf Auto, Motorrad, Bus, Bahn und Flugzeug gänzlich verzichtet, hat streng genommen das moralische Recht sich gegen Verkehrslärm jeder Art zu beschweren. Straßenlärm ist ein Teil unserer Zivilisation und normalerweise vom Bürger hinzunehmen. Anwohner von verkehrsreichen Straßen werden also im Regelfall den Verkehrslärm erdulden müssen. Denn alle unsere modernen Verkehrsmittel verlärmen nun einmal die Region, in der wir alle leben. Bushaltestellen heißen wir üblicherweise in Wohn- und Einkaufsgebieten willkommen, damit die Fußwege kurz bleiben. Buslinien sollen auch von möglichst früh bis möglichst spät die ruhigeren Vororte mit der Stadt und den Erholungsgebieten verbinden. Trotzdem möchte niemand gerne eine Haltestelle vor seinem Haus haben, denn dort versammeln sich dann womöglich Menschen, die auf den Bus warten. Und diese unterhalten sich nicht immer leise.

Die praktischen Verbundpflastersteine erleichtern und verkürzen spätere Erdarbeiten und sie sind hübsch anzusehen. Auch die Räder an den Rollenkoffern sind eine geradezu geniale Erfindung. Doch besonders die Anwohner von S-Bahnhöfen und Bushaltestellen dürften Rollenkoffer und Verbundsteinpflaster verfluchen, denn beides zusammen generiert einen Höllenlärm, zu jeder Tages- und Nachtzeit.

Bahnhöfe sollen in Stadtzentren liegen, aber wie sollen die Züge dorthin kommen, wenn nicht über Schienenwege, die die Stadt durchschneiden? Wir alle wollen, dass die Güter auf die Schiene kommen und weg von den Autobahnen. Wir wollen auch Hochgeschwindigkeitszüge, um den Luftverkehr zu entlasten. Wir wollen aber die Bahntrassen nicht unbedingt in den Wohngebieten haben, wehren uns gleichzeitig dagegen, dass sie die Natur durchschneiden und auf hohen Brücken tiefe Täler überqueren. Und unter der Erde wollen wir sie auch nicht, schon wegen der Kosten. Nennt man solche Verkehrskonzepte eierlegende Wollmilchschweine?

Der Straßenverkehrslärm in deutschen Städten mag unangenehm sein, er ist aber ausgesprochen leise verglichen mit dem Verkehrslärm südlich der Alpen. Je südlicher die Mittelmeerstadt, umso höher der Radau auf den Straßen. Ich habe vier Jahre in einer süditalienischen Großstadt gelebt und gearbeitet. Warten Autos vor einer roten Ampel, beginnt das Hupkonzert hinter dem vordersten Wagen in dem Augenblick, wenn die Ampel auf Grün schaltet, aus Angst, man könnte fünf wertvolle Sekunden verlieren. In Neapel wird man sogar angehupt, wenn man vor einer roten Ampel hält, denn eine

Zwei gleichlaute Geräusche: Hier das fast ohrenbetäubende Donnern des Wasserfalls, dort der Dauerlärm einer viel befahrenen Autobahn. Trotzdem steht der Wasserfall für Erholung und lädt zum Verweilen, vielleicht sogar zum Zelten ein, der Verkehrslärm bedeutet hingegen nur Stress.

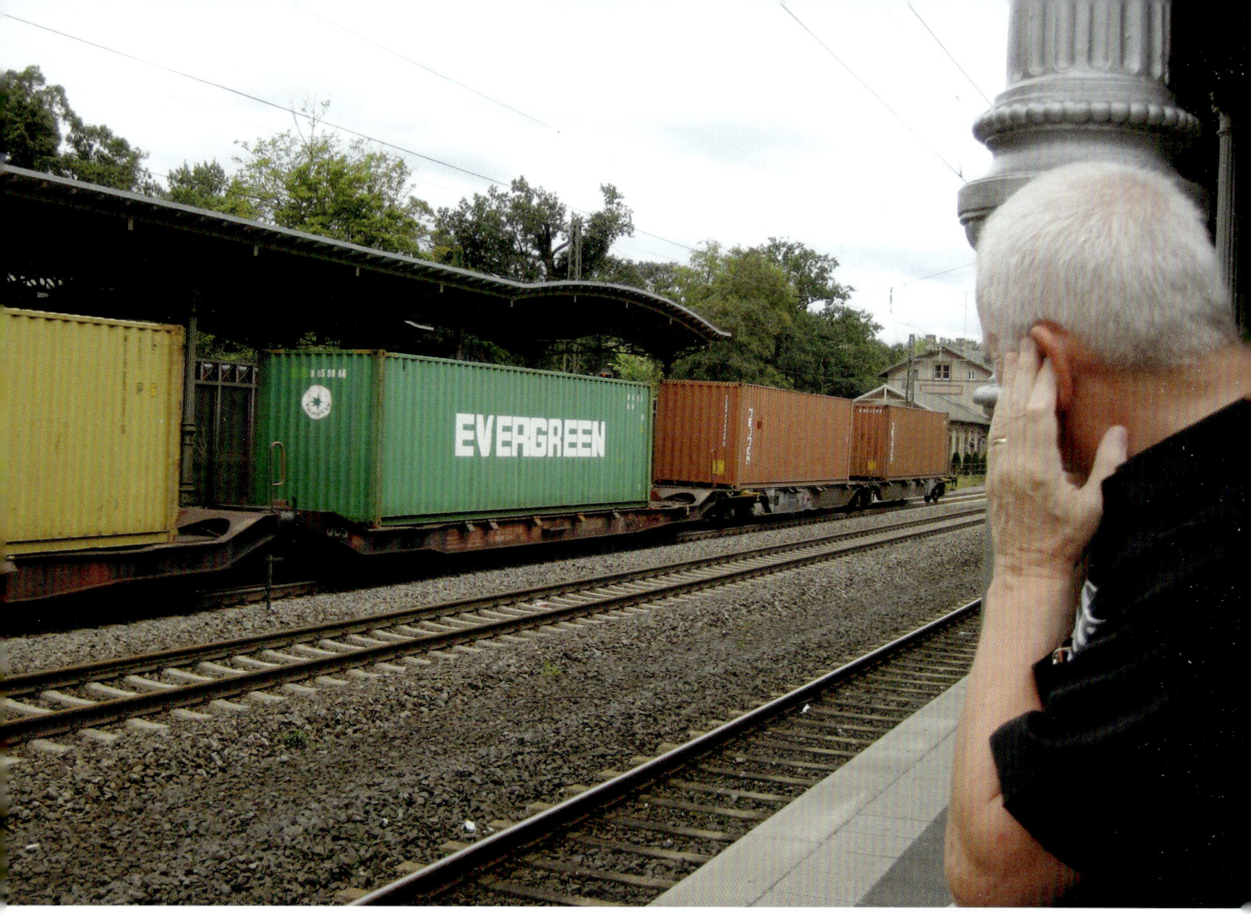
EVERGREEN

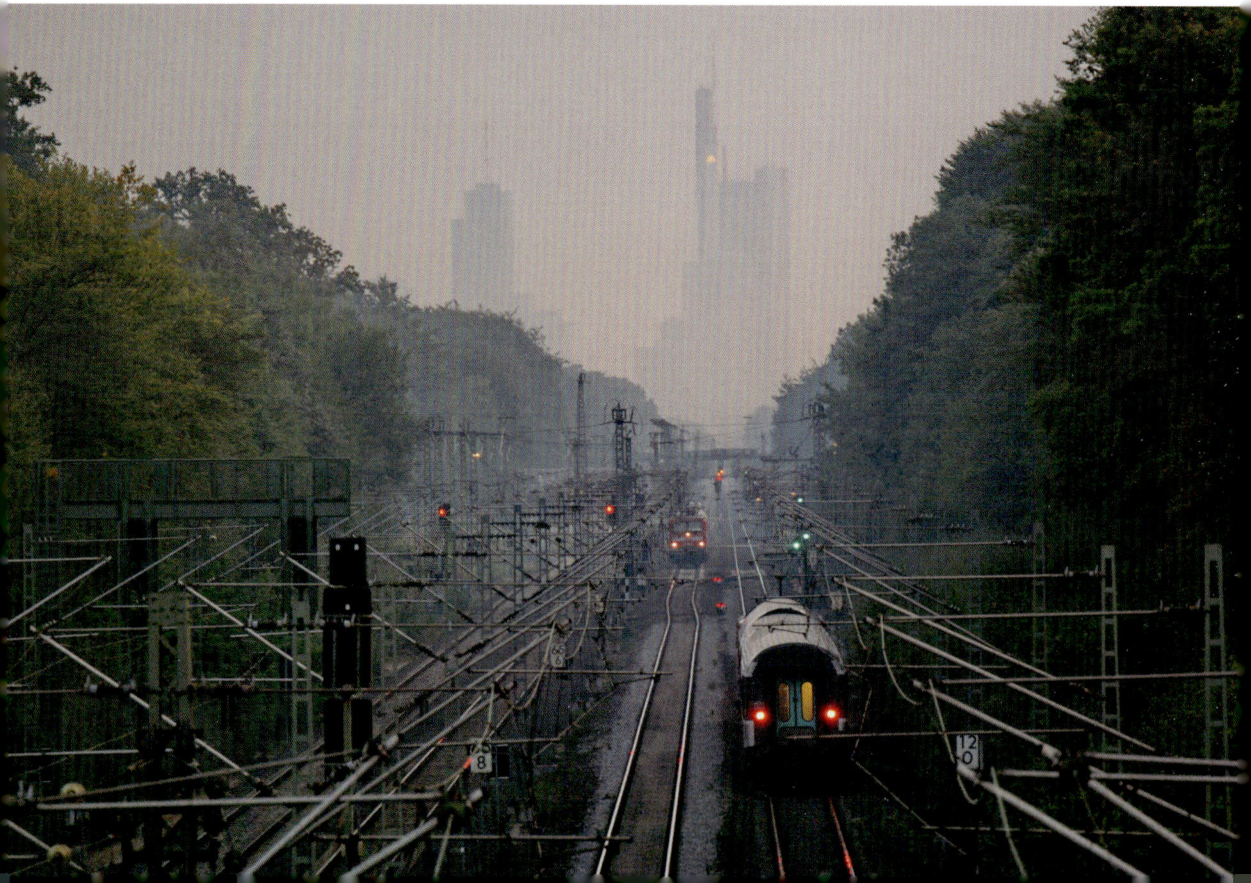

rote Ampel heißt hier nichts anderes als: Achtung! Man braucht da nicht zu warten, bis sie grün wird! An Kreuzungen wird grundsätzlich gehupt, denn das ist das akustische Zeichen für »Achtung, ich komme jetzt, ich habe keine Ahnung, wer Vorfahrt hat, ich weiß auch nicht ob frei ist, es ist mir auch egal, denn ich komme jetzt. Passt also auf!«

Wir hatten damals ein gemietetes Häuschen mit Garten und einem blickdichten Zaun drum herum. Auf der anderen Straßenseite war eine Bar. Mit Jukebox. Wenn wir morgens im Garten frühstückten, kamen permanent Autofahrer, hielten vor unserer Einfahrt, ließen den Motor laufen und gingen hinein um zu frühstücken. Abends war Hochbetrieb, die Musik lief laut, Autos hupten, verstopften die Straße. Bei 40° Außentemperatur ohne Klimaanlage kann man nur bei offenem Fenster schlafen. Nach Mitternacht übernahmen Drogensüchtige die Straße und die Piazza. Dann wurden gestohlene Autos vor unseren Fenstern unter dem Gejohle der Drogati mit qualmenden Reifen zu Schrott gefahren. Anfangs sind wir davon noch aufgewacht und haben die Carabinieri gerufen (die übrigens nie kamen). Später haben wir durchgeschlafen. Auch das stundenlange Gebell der beiden Doggen aus dem Nachbarhaus haben wir irgendwann einfach als »bekanntes Geräusch« ausgeblendet. Und morgens bin ich auf den Tower des verkehrsreichsten Militärplat-

zes Europas zum Dienst gefahren und habe einen fehlerfreien Job gemacht.

Kein TÜV kontrolliert die Abgas- und Lärmwerte der Autos rund ums Mittelmeer oder gar in Indien, wo Obdachlose auf dem Grünstreifen von achtspurigen Autobahnen leben und schlafen. Sieglinde Geisel vertritt in ihrem Buch »Nur im Weltall ist es wirklich still« die Auffassung, dass wir »deshalb so lärmempfindlich sind, weil unsere Städte so leise sind!«

In der Nähe eines Flughafens sind Fluglärm und andere mit dem Flugbetrieb regelmäßig zusammenhängende Unannehmlichkeiten ortsüblich und deshalb grundsätzlich einmal hinzunehmen, wie Gerichte bisher urteilten. Es handelt sich hier um ein konkurrierendes öffentliches und privates Interesse. Würde man dem öffentlichen Interesse nicht Vorrang vor dem privaten Interesse geben, käme alles

Schon vor hundert Jahren war der Radau auf dem Kopfsteinpflaster Wiens so groß, dass man sogar schwere Pferdefuhrwerke überhören konnte.

»Güter gehören auf die Schiene!« Ja gerne. Aber sind wir auch bereit den Verkehrslärm der Güterzüge, die unsere Städte durchschneiden zu ertragen? Vor allem des nachts, weil da ja bekanntlich weniger Passagiere unterwegs sind?

Bushaltestellen sind Sammelpunkte von Menschen. Das Anhalten und Abfahren der Busse geht nie geräuschlos vor sich, die Türen öffnen und schließen sich pneumatisch mit einem Zischen. Das Einordnen in den fließenden Verkehr geht oft mit empörtem Hupen genervter Autofahrer vonstatten.

öffentliche Leben zum Erliegen. Man könnte nirgendwo mehr einen Flughafen bauen, Fabriken genehmigen, Stromtrassen oder Straßen legen, Staudämme oder Brücken bauen oder Kraftwerke errichten. Kirchenglocken dürften nicht mehr läuten, Biergärten müssten schließen, auf Volksfesten dürfte keine Musik mehr gespielt werden. Supermärkte dürften auch nicht mehr eröffnen, weil sie Verkehr anziehen, und eigentlich müsste man auch die Autos abschaffen, denn sie produzieren mehr Feinstaub, als alle anderen Verkehrsmittel zusammen. Es wird nämlich immer jemanden geben, der sich

in seinen Grundrechten eingeschränkt, der sich vom Lärm belästigt fühlt und der um seine Gesundheit bangt. Wie soll nun ein Politiker oder ein Richter in jedem dieser Fälle entscheiden, ohne dass man ihm hinterher vorwirft, er sei nicht unabhängig? Nach der Mehrheit? Nach der Minderheit? Nach der Wirtschaft? Nach der Umwelt? Oder am Ende sogar nach seinem Gewissen?

Vergleich der Verkehrsträger

Abgesehen von den mittleren Pegelwerten, die je nach Entfernung zum Bahndamm, zur Straße oder zum Flughafen unterschiedlich sein können, gibt es nicht zu unterschätzende Lästigkeitsdifferenzen, die von Mensch zu Mensch unterschiedlich sind.

Es gibt dafür akustische Gründe, zu denen die Pausenstruktur und die Frequenzzusammensetzung zählen, und nicht-akustische Gründe, worunter man die persönliche Einstellung zu den verschiedenen Lärmquellen, die Vorhersehbarkeit, die Kontrollierbarkeit, die Regelmäßigkeit und die Homogenität der Geräusche verstehen darf.

Wenn sich der Verkehrslärm bei gleichem Mittelpegel nur durch die Häufigkeit der Ereignisse unterscheidet, ist man gewillt, dem seltensten Verkehrsmittel einen Bonus zuzugestehen. In der vergleichsweise langen Pausendauer des Schienenverkehrs ist wohl im Wesentlichen der Grund für die geringere Lästigkeitswirkung zu sehen.

Dies ist auch der Grund, warum dem Schienenverkehr ein Bonus von -5 dB zugesprochen wird. Der Schienenbonus wird aber nach Erkenntnissen neuerer Untersuchungen stark angezweifelt. Am schlechtesten kommt der Straßenverkehr auf Hauptstraßen und Autobahnen weg.

Ein Fernsehteam, das zu einem Ortstermin mit einem Flughafengegner in einer Frankfurter Flughafen-Anrainergemeinde angereist war, versuchte vergeblich unterhalb der Einflugschneise das Interview zu führen. Es war schlichtweg nicht möglich. Aber nicht etwa wegen der anfliegenden Maschinen. Deren Triebwerksgeräusche wurden nämlich vom Krach der pausenlos vorbeifahrenden Lastwagen übertönt. Das Interview wurde abgebrochen. Das Tempolimit von 30 km/h wird ja nicht aus Willkür oder Schikane verhängt. 30 km/h ist die Geschwindigkeit, ab der das Geräusch von Reifen und Fahrwerk lauter ist als der Motor. Wer also Tempo 30 regelmäßig ignoriert, sollte sich mit Beschwerden über Lärm zurückhalten, der ihm zugefügt wird. Besonders die Breitreifen verlärmen die Umwelt und setzen den Bewohnern zu, Kinder werden mit tonnenschweren Geländewagen zum Kindergarten oder zur Schule gebracht und abgeholt. Wenn dann jemand mit 70 über die Landstraße »schleicht«, wird er pauschal schon mal als Sonntagsfahrer beschimpft. Vielleicht ist er aber nur umweltbewusst und will seinen Teil zur Lärmvermeidung beitragen?

Wenn Schienen- und Straßenlärm das Geräusch von Flugzeugen regelmäßig übertönen, kann man streng genommen nicht von fluglärmgeplagten Gemeinden reden. Diese Orte leiden ganz einfach unter Verkehrslärm.

Es gibt auch in Ortschaften mit Durchgangsverkehr verkehrsberuhigte Wohngebiete, die durch die Verlegung einer Abflugroute plötzlich von oben beschallt werden.

Ein großer Teil unserer Bevölkerung lebt in Innenstädten. Dort wären die Menschen vermutlich froh, sie könnten die Flugzeuge hören, die sie am Himmel sehen. Das ist aber wegen des Verkehrslärms von der Straße nicht möglich. Dabei trägt jeder Autofahrer zu diesem Verkehrslärm bei und mutet ihn wie selbstverständlich seinen Mitbürgern zu, ohne sich weiter darüber Gedanken zu machen, vom Feinstaub ganz zu schweigen. Und Tempolimits wegen Lärmschutz auf Autobahnen werden meist geflissentlich missachtet.

Glosse

SJP, eine charmante Wienerin im 23. Bezirk, schrieb im März 2011 in ihrem Internet-Blog über das Thema Lärm vs. Fluglärm:

Unlängst in meinem Postkasten: Eine Broschüre der »Bürgerinitiative gegen Fluglärm« über meinem Wohnort Liesing. Mit der Aufforderung, dass etwas getan werden muss, da man von Fluglärm früher stirbt, eher Krebs bekommt und außerdem und eben deswegen der Fluglärm das absolute Übel unserer Vergangenheit, Gegenwart und Zukunft ist. Vor allem die statistisch vorgerechnete höhere Wahrscheinlichkeit an Krebs (ich glaub, es war sogar Brustkrebs) zu erkranken, dargestellt in einer bunten, vielsagenden, Krebsarten- und Herzleidenstorte, die hat es mir angetan ...

Es sei den Herren und Damen dieser Initiative folgender Blogbeitrag hiermit ans fluglärmgeplagte Herz gelegt.

Zuvor aber noch eine kurze Darstellung der örtlichen Verhältnisse, damit sich der Leser auch ein detailgetreues Bild der vom Fluglärm beschallten Gebiete machen kann; und weiß, wovon ich schreib':

Da haben wir, von Osten nach Westen gesehen
- die Südbahn, mehrgleisig
- die Breitenfurterstrasse, eine der am dichtbefahrensten Bundesstraßen Wiens
- daneben steht unter anderen Häusern auch das Haus in dem ich wohne
- darin mein Postkasten mit oben erwähntem Schreiben
- dahinter Vorstadtgasserln, recht viel befahren
- danach Vorstadtgasserln, ruhig samt einer Volksschule und Wohnhäusern (schon etwas vornehmer)
- hinter diesem Vorstadtgemisch teure Villengegend (ganz ordentlich vornehm)
- dazwischen Blumen, Wiesen, Bäume, Frischluft, teure Autos etc. etc., was der vornehme Vorstadtmensch eben so braucht.

Ich mag diese Gegend (samt den darin lebenden Menschen) im Grunde sehr gerne, ich bin dort aufgewachsen (man hat einen Gemeindebau in die Villengegend gestellt – rotzfrech die Stadt Wien damals ...).

Die Initiatoren dieser Initiative wohnen jedenfalls hinter mir und unterscheiden sich dadurch vor allem durch folgende Tatsache von mir: Sie hören Fluglärm.

Die Menschen, die in meinem und den danebenstehenden Wohnhäusern wohnen hören im 5–15 Minuten-Takt die Schnellbahn (aus 2 Richtungen), dazwischen volle und leere, endloslange Güterwaggonzüge. Besonders hervorzuheben ist Sonntags Nacht der Verschub – der hat's dezibellisch in sich! Weiters hört man ca. 28 erdgasbetriebene, automatikgetriebene Autobuslinien (aus beiden Richtungen), die über die Eisenbahnbrücke brüllen (da hört keiner mehr den lautesten Fernseher). Weiters Randsteingelsen (= Möchtegernmotocrossmopeds der Klasse 50 ccm), die man noch ca. 10 Minuten lang hört, weil der Fahrer aufgrund der Mindermotorisierung gequält am Vollgashebel hängt. Dann gibt es da die LKWs – dicke, lange, laute, stinkige, leere, viele – vor allem leere Pritschenfuhren, die bergab vor der roten Ampel einen nicht zu überhörenden, scheppernden (weil leer) Bremsvorgang einlegen. Und

Auch Flugzeuge verursachen Verkehrslärm. Der Grad der Akzeptanz hängt von der Einstellung und der Einsicht ab, dass der öffentliche Luftverkehr unser Leben erleichtert. Man kann die Ablehnung auch auf eine mathematische Formel bringen: Leiden = Schmerz x Widerstand.

die, die in die andere Fahrtrichtung raufplärren, eh klar. Dann hätten wir da noch betrunkene Jugendliche (manchmal auch Erwachsene), die nächtens Schreikonzerte abhalten, sowie PKW-Rowdies, die gerne am Busbahnhof »Quietscherln« im Kreisverkehr üben. Und zu guter letzt Cabriofahrer, die mit geschmackloser aber dafür umso lauterer Musik in ihren offenen Wägen bei Rot warten, und somit die Häuserzeile mit ihren musikalischen Ergüssen beschallen. Unter all diesen Geräuschimmissionen geht ein Lärm deutlich unter: Der der Flugzeuge. Ich seh sie, das sogar sehr gut und es sind viele, aber verdammt noch mal: ICH KANN SIE NICHT HÖREN!!!!

Somit zurück zu den klugen Köpfen, die sich erdreisten, meinen Postkasten mit dieser Fluglärmkampfbroschüre zu befüllen. Ich frage mich, wie gedankenlos man eigentlich sein muss?!? Ob sich einer der reichen Villenbesitzer in meinem Rücken schon jemals ein einziges Mal Gedanken darüber gemacht hat, WARUM er den

Fluglärm hört?!? Eventuell weil weiter östlich die Wohnhäuser eine Lärmphalanx bilden wie die Mauer der Toten im Film »300«? Eventuell ist das der Grund warum der Hauseigentümer hinter uns Mietern, nachdem 2 Minuten ein kleines Fluggeräuscherl sein Ohr beim Sonnenliegen nach der Sonntagsjause im Garten beleidigte, wieder die Vogerln zwitschern hört?!?

Und uns da vorne an der Verkehrsfront macht ihr Angst mit Fluglärmkrebs?!? Wir sterben davor an ungezählten anderen Leiden, die durch echten Lärm verursacht werden mit einer Wahrscheinlichkeit von rund 5x pro Minute im Vergleich zu Euch!!! (Ja, ich werde gerade laut, denn so etwas regt mich wirklich auf! Und ich bin ein ruheliebender Mensch ...)

Ehrlich – und ich bitte nun meine geschätzten Leser ganz kurz für die nächsten zwei Zeilen die Augen zu schließen oder mir meinen kurzweiligen Verlust der guten Erziehung zu verzeihen – nehmt's Eure Wischpapierln und steckt sie Euch ... – in die Ohren, eh klar. Vielleicht hilfts!?

Eine Alternative ist natürlich, den Sonntag am Flughafen zu verbringen, den vielfältigen, reibungslosen Betrieb zu beobachten, seinen Kindern die große weite Welt zu erklären.

Fluglärm

Zu Beginn des Düsenzeitalters spielte Lärm in der breiten Bevölkerung keine Rolle. Damals überwog die Begeisterung für das neue Jetzeitalter. Plötzlich rückten die Kontinente dichter zusammen. In den 1970er Jahren wurde Fliegen sogar noch preisgünstiger. Loftleidir Icelandic flog für 999 DM von Luxemburg über Reykjavik nach New York. Jugend- und Studententarife wurden angeboten, es kümmerte uns herzlich wenig, was die Flugzeuge hinten »rausrotzten« und was sie an Lärm hinter sich ließen. Ab nach New York, und von dort trampen wir nach San Francisco. »Be sure to wear some flowers in your hair.«

Boeing und McDonnell-Douglas waren die führenden Jetproduzenten. Beim Triebwerkbau wurde auf Wirkungsgrad geachtet, Lärmreduktion war bestenfalls Nebensache. Heute hat sich da so einiges geändert, sowohl am Flugbetrieb, als auch bei den Flugzeugen und in der Wahrnehmung der Bevölkerung.

In den meisten Geräuschtabellen wird seit jeher das »Düsenflugzeug« mit 120 dB oder auch schon mal mehr angegeben. Das ist aus mehreren Gründen unsachlich, weil man erstens dort, wo eine solche Lautstärke entstehen könnte, nämlich beim Start und genau im heißen Abgasstrahl, nicht messen kann. Zweitens gibt es diese lauten Flugzeuge nur noch in Ländern, in denen Lärm und Flugsicherheit nicht als vorrangiges Problem gesehen wird. Drittens haben unterschiedliche Flugzeuge unterschiedliche Emissionen, die sich gar gewaltig voneinander unterscheiden. Trotzdem wird das »Düsenflugzeug« beharrlich von einer Lärmtabelle in die nächste übertragen. In der im Tabellenteil abgedruckten Emissionstabelle »Schallpegel gängiger Flugzeugtypen« sind die Startgeräusche aller gängigen Passagierflugzeuge aus Ost und West mit Untertypen aufgelistet. Man wird sehen, dass sich der Schalldruck stark verändert, je nachdem welches Triebwerk an ein und demselben Flugzeugtyp verwendet wird. Da gibt es Unterschiede bis zu 10 dB, was mehr als eine Halbierung der Lautstärke bedeutet.

Alle Maximalwerte bewegen sich aber zwischen 79 und 105 dB. Als besonders lästig wird die Impulshaftigkeit des Fluglärms im Anflug auf den Flughafen beschrieben.

Sichtlärm

Es ist allzu menschlich: So manches Geräusch entgeht einem, wenn man die Quelle gar nicht sieht. Umgekehrt entdeckt man ein Objekt, von dem man weiß, dass es eigentlich Lärm machen müsste. Also lauscht man, bis man – und sei es noch so leise und entfernt – das Geräusch identifizieren kann. Sieh da, in fast 2 km Höhe zwischen Waldshut und Wutöschingen, zwischen Südschwarzwald, Hochrhein und Schweizer Grenze senkt sich ein Flugzeug in Richtung Zürich hinab. Über deutschem Boden! Welch ein Skandal! Jetzt exportieren die Schweizer auch noch ihren Lärm nach Deutschland! Dass es sich dabei um ein deutsches Flugzeug handelt, das von Frankfurt nach Zürich unterwegs ist, kann man ja nicht sehen, das Ding ist ja noch viel zu weit oben.

Jüngst bezeichnete die Schweizer Staatssekretärin im Verkehrsministerium den Waldshuter Stadtrat als »Taliban«. Man mag dies mit einem Augenzwinkern als Retourkutsche für Peer Steinbrücks »Fünfte Kavallerie« verbuchen, mit der er der Schweiz im Bankenstreit drohte. Die Schweiz bedauert, dass deutsche Fluglärmgegner vom Hochrhein gerade dabei sind, dem Züricher Flughafen und den Airlines das Leben schwer zu machen und die operativen Kosten zu erhöhen. Nicht nur dass Passagiere aus Süddeutschland den Züricher Flughafen mitnutzen, weil er so bequem nahe ist, nicht nur dass die Schweizer skyguide der DFS in Süddeutschland die Arbeit abnimmt, jetzt mischen sich auch Deutsche in die inneren Angelegenheiten der Schweiz ein. Denn die Züricher trügen ihre Immissionen und die ihrer deutschen Nachbarn zu 100% selbst. Worüber sich die Nachbarn nördlich der Grenze beschweren ist überwiegend sogenannter »Sichtlärm«. Ich sehe ein Flugzeug, also muss da auch Lärm sein!

Aufmerksamkeitsgesteuerte Wahrnehmung

Ein Phänomen, das den Flughäfen zu schaffen macht, ist die »aufmerksamkeitsgesteuerte Wahrnehmung«. Als einst in London Heathrow die ersten Testflüge

Während der Sonntagsausflug zum Flughafen ja irgendwann vorbei ist, gibt es Rückzugsräume, wo man keine Wahl hat, als entweder lärmdämmende Maßnahmen durchzuführen, sich mit dem Geräusch abzufinden, oder umzuziehen.

der Concorde stattfinden sollten, veröffentlichte der Flughafen am Donnerstag zuvor einen Hinweis an die Bevölkerung, dass es am Freitag ab 9.00 Uhr aus diesem Grund etwas laut werden könnte. Da aber das Wetter an dem Tag schlecht war, verschob man die Testflüge auf die folgende Woche. Trotzdem gingen schon freitags die ersten Lärmbeschwerden ein, dass der Lärm des neuen Flugzeugs unerträglich gewesen sei. Ähnliches war auch im Rahmen der Flugroutenänderung in Frankfurt zu beobachten. Es gab bereits Beschwerden über die segmentierten Anflugverfahren, da wurden diese noch gar nicht angewandt.

Bodenlärm

Anlassen der Triebwerke, Testläufe, Rollen auf dem Vorfeld und den Rollwegen eines Flughafens verursacht eine Grundimmission. Das ist der am Airport ständig präsente Hintergrundlärm. Er wird

Die Triebwerke von rollenden Flugzeugen erzeugen ein Hintergrundgeräusch auf Flughäfen, das kilometerweit wie »Rosa Rauschen« zu hören ist. Hier experimentiert man mit Elektroantrieben und Schleppern.

zwar nicht in den kilometerweit entfernten Orten zu identifizieren sein, aber er trägt zum allgemeinen Grundrauschen bei, das überall in der Luft liegt.

Die gute Nachricht ist: Eine Industrie arbeitet an der Schalldämpfung. Flughäfen und Airlines sind sich ihrer Pflicht bewusst und arbeiten mit zahlreichen Einzelmaßnahmen daran, diese Geräusche Dezibel für Dezibel zu minimieren. So ist es an den meisten Flughäfen der Welt immer noch üblich, am Abstellort die Triebwerke anzulassen. Doch immer öfter geht man in Mitteleuropa dazu über, die Flugzeuge mit Schleppern von der Parkposition weg auf das Vorfeld zu ziehen, wo die Triebwerksgeräusche nicht mehr reflektiert werden. Auch durch verbessertes Queue-Management in der Warteposition vor dem Start wird es stiller. Die Bodenlaufzeiten werden dadurch verkürzt. Die Bereitstellung am Gate erfolgt nicht mehr mit bordeigener Leistung, sondern stillschweigend mit einem Schlepper. 10–12 m hohe Schallschutzwände halten den ärgsten Krach innerhalb des Flughafens; die Triebwerke selbst werden immer leiser. Auf Flughäfen werden Lärmschutzhallen gebaut, die den Schall von Triebwerkstestläufen umleiten und senkrecht nach oben richten.

Lärmschleppen

Gegenüberstellung von Lärmschleppen. Vergleich Boeing 727 gegen Airbus A320 an den Flughäfen Frankfurt, München, Stuttgart, Berlin, Wien und Zürich. Die rote Fläche ist der 85 dB Lärmteppich, die eine Boeing 727 hinter sich herzieht. Diese Flugzeuge waren in den 1980er Jahren an unseren Flughäfen noch gang und gäbe. Der hellgraue Bereich ist die 85 dB Lärmschleppe, die ein moderner Airbus A320 verursacht. Es gab übrigens in den 1980er Jahren verhältnismäßig wenig Lärmbeschwerden ...

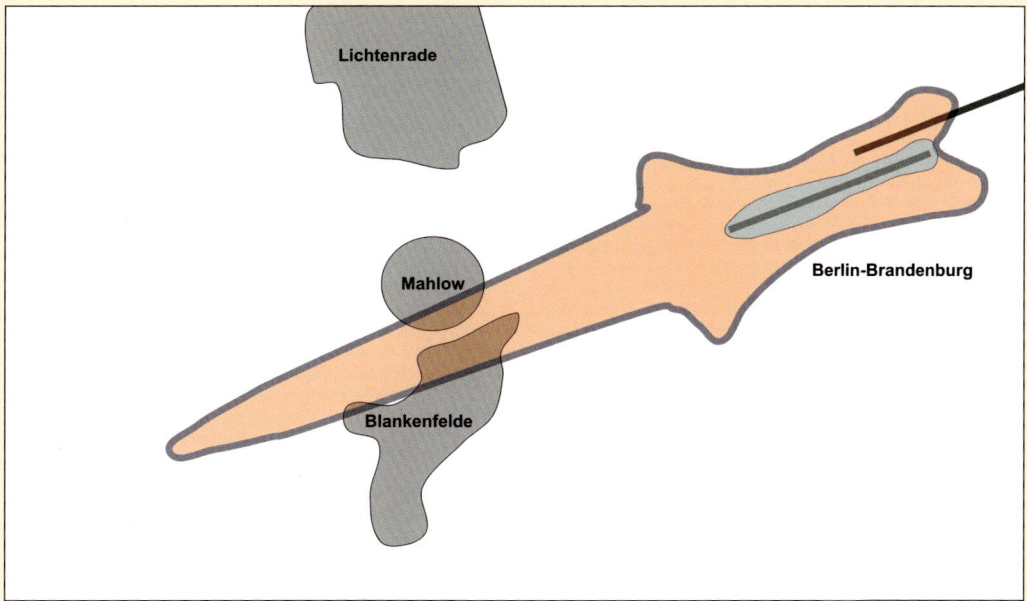

Theoretische Lärmschleppe einer Boeing 727 (rosa) verglichen mit einem A320 (grau) in Berlin.

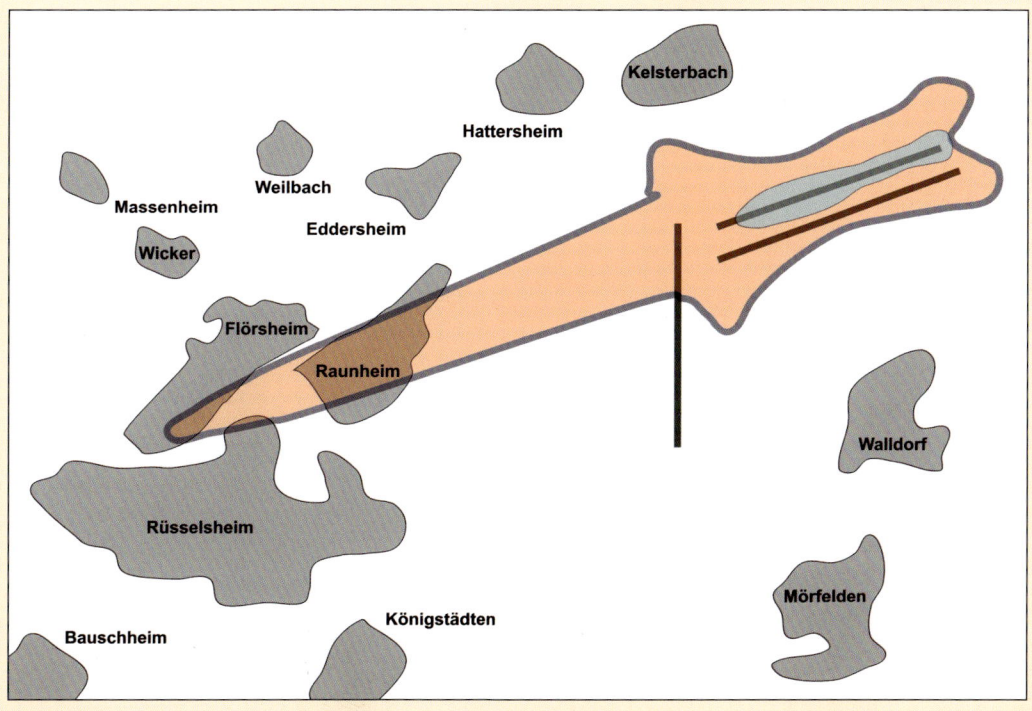

So sieht der Vergleich zwischen früher und heute in Frankfurt aus.

49

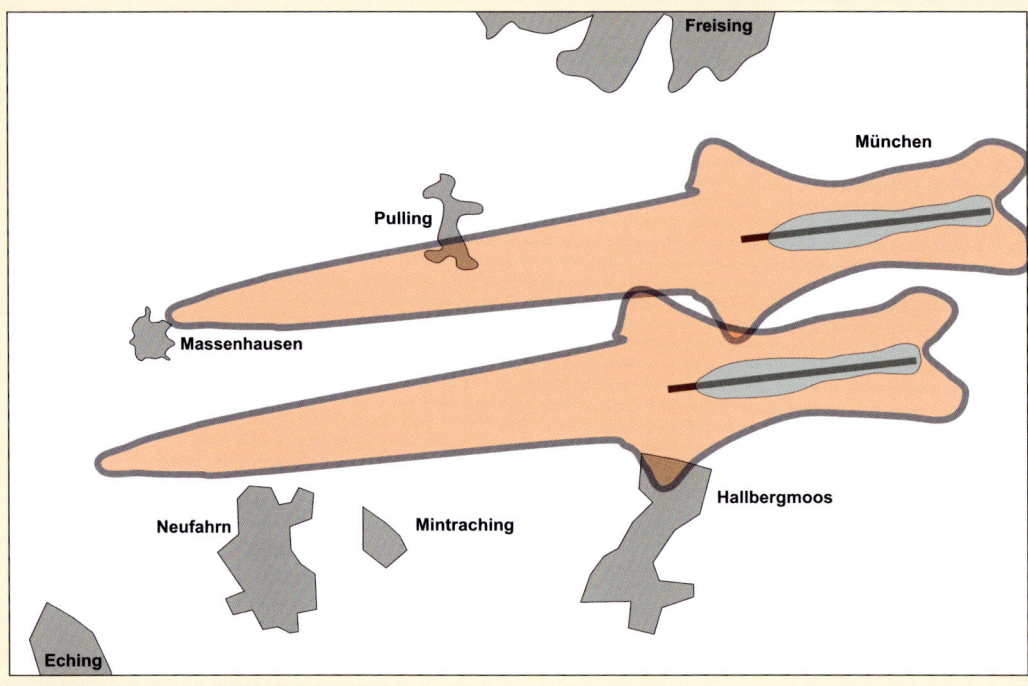

Doch obwohl die 85 dB-Lärmschleppen massiv kleiner, und die Flugzeuge um vieles leiser geworden sind, wächst der Protest …

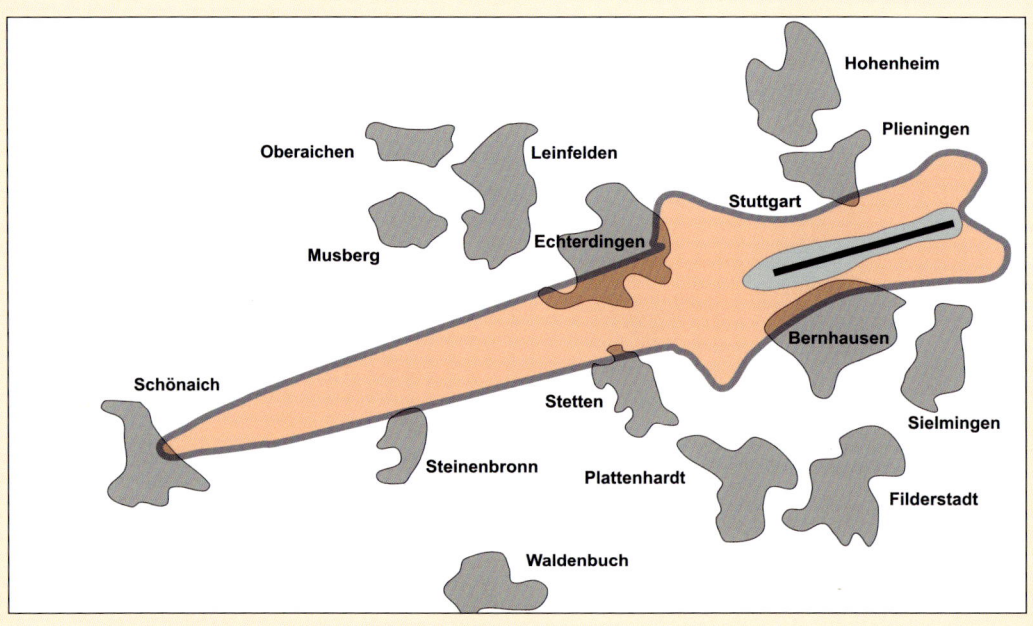

… offenbar hat sich die Gesellschaft verändert. Aber auch öffentlicher und privater Flugverkehr haben zugenommen.

50

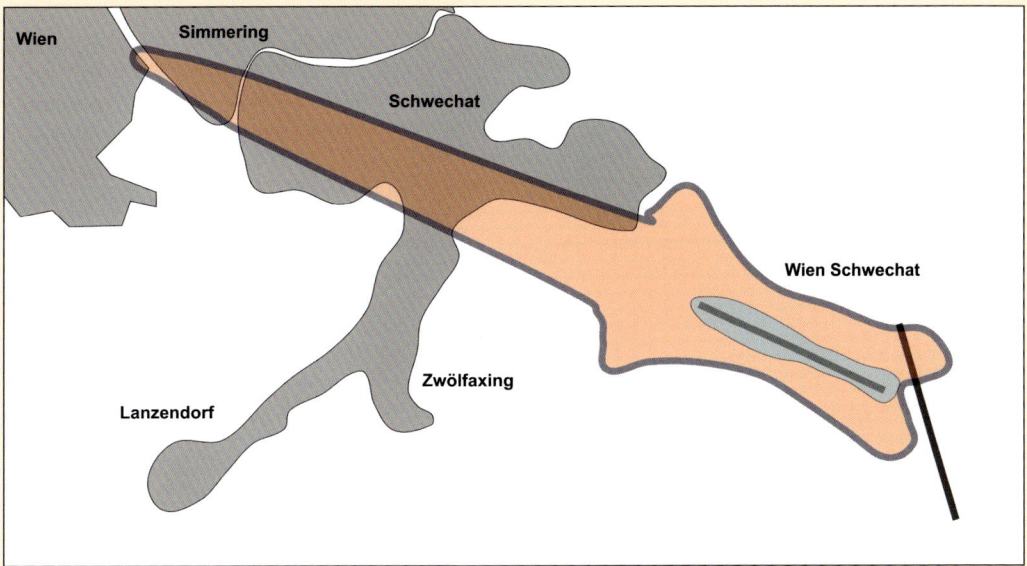

Wien Schwechat lag nach dem Zweiten Weltkrieg in der sowjetischen Besatzungszone. Nach Abzug der Russen wurde der Lärm der Boeing 727 als Sound der Freiheit verstanden. Heute ist nur noch ein Bruchteil der 85 dB-Lärmschleppe vorhanden.

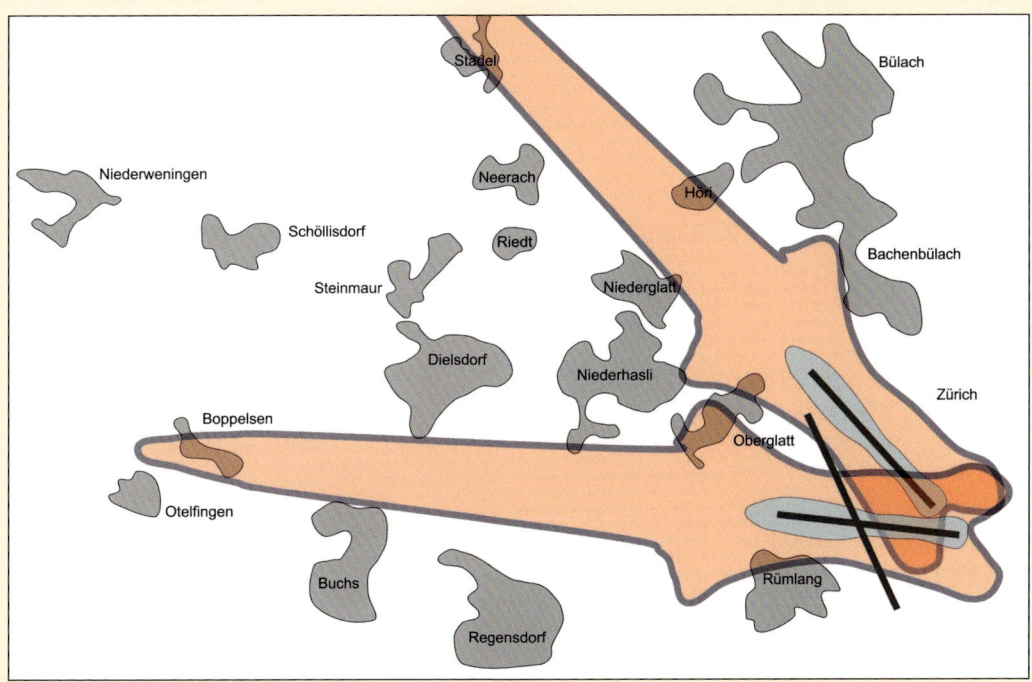

Besonders in Zürich mussten viele Zugeständnisse im Pistennutzungskonzept her.

51

**Angriff auf den
persönlichen Rückzugsraum**

Es gibt einen Entrüstungseffekt: Der durchaus in allen Bevölkerungsschichten akzeptierte Nutzschall einer Schlagbohrmaschine wird an einem Sonntag, oder während der allgemeinen Ruhezeiten schlagartig zum Störlärm, der den Puls über hundert treibt und die Halsschlagader anschwellen lässt. Das gleiche gilt für den Rasenmäher. Da gibt es auch kein Verständnis, wenn der Mann sechs Tage die Woche von morgens um 7.00 Uhr bis nachts um 22.00 Uhr arbeitet.

Wir Menschen umgeben uns mit einem Kokon, in dem wir uns wohlfühlen wollen. Der besteht je nach Neigung aus einer Gartenzwergidylle oder einem luxuriös eingerichteten Wohnzimmer mit duftenden Pflanzen und gedämpfter klassischer Musik. Vielleicht auch aus einer geselligen Runde, in der man sich angeregt unterhält. Es sind persönliche Rückzugsräume, seelische Reservate, in denen wir uns erholen möchten. Dringt nun jemand in dieses Sanktuarium ein, schalten wir in eine Art Verteidigungs-Modus. Das kann friedlich und überlegt ablaufen, oder mit Verärgerung und Aggression. Es kann einen spontanen Anruf bei der Polizei auslösen oder auf einen längeren Rechtsstreit hinauslaufen, um unsere Ruhe zu verteidigen. In jedem Fall sind wir im Allgemeinen nicht gewillt, dieses Eindringen über längere Zeit zu dulden. Der Störer soll ja um Himmelswillen nicht irgendwann auf sein Gewohnheitsrecht pochen können.

Wie ist das nun mit dem persönlichen Rückzugsraum? Die meisten Menschen pflegen ein Hobby. Für die einen ist es Drachenfliegen, für die anderen Schlagzeugspielen, wieder andere laufen Triathlon, während andere lieber Motorradfahren. Manche dieser Hobbies gehen geräuschlos vor sich, andere nun mal nicht. Darf sich nun der Motorradfahrer über den Schlagzeuger beschweren, der täglich im Keller des Nachbarhauses übt, wo der doch immer über den lauten Motor seiner Kawasaki schimpft? Darf sich der Briefmarkensammler über den Triathleten beschweren, nur weil der zwischen Hawaii und Sydney keinen Ironman auslässt und auf diese Weise Fluglärm produziert? Darf sich der Drachenflieger über den Fluglärmaktivisten von gegenüber beschweren, nur weil der ein Haus auf Mallorca hat?

Wenn man fair und ehrlich ist, darf man sich nicht den Lärm aussuchen, der einen gerade stört, während man anderen Menschen Lärm zumutet, den man selbst mitverursacht.

Elektrosmog, Viehwirtschaft und Glockengeläut

Vor den Toren Denvers wurde 1950 auf dem Gipfel des Lookout Mountain eine Antennenfarm angelegt, die mittlerweile auf zehn Antennentürme angewachsen ist. Die Betreiber bauten eine ganzjährig befahrbare Straße dorthin, und natürlich wurde diese Gegend auch mit Elektrizität versorgt. Die Sicht von diesem Berg über die Stadt Denver ist großartig, besonders da man an klaren Tagen die Rocky Mountains hoch über der Stadt sieht.

Im Laufe der Jahrzehnte wurde der Berg zum Geheimtipp unter Colorados Millionären, die sich dort Grundstücke kauften und teure Villen darauf bauten. 2004 wollten die Betreiber der Antennenfarm einen neuen Turm auf das Areal setzen, mit Antennen, die 90 Millionen Watt ausstrahlten. Dagegen liefen die Neu-Siedler jedoch Sturm, denn sie hatten viel Geld in ihre Häuser investiert. Jahrelang wurden Prozesse um die Baugenehmigung geführt, bis sich 2008 der Kongress durchsetzte und die Superantenne errichten ließ.

Von der Neuen Welt ins beschauliche Allgäu, wo Viehzucht und Milchwirtschaft seit jeher der wichtigste Wirtschaftszweig der Region ist. Plötzlich machte ein Pro-

Der Lookout Mountain in Denver ist ein spannendes Beispiel für eine »Wer war denn zuerst hier«-Geschichte. Angestammtes Recht gegen Gewohnheitsrecht, öffentliches Interesse gegen private Interessen, Bürger gegen Staat.

zess von sich reden: Eine zugereiste Lehrerfamilie aus Niedersachsen beschwerte sich über das Geläute der Kuhglocken. Sie hatten sich das Allgäu wegen seiner beschaulichen Atmosphäre und der ländlichen Wohnidylle und natürlich auch wegen der günstigen Kosten ausgesucht. Niemand hatte sie dazu gezwungen, sich hier niederzulassen. Wie also kamen sie dazu, sich gegen genau diese Idylle zu beschweren? Das Ehepaar gab an, ihre zweijährige Tochter

Milchwirtschaft und Tradition treffen auf Befremden und Ruhebedürfnis. So wie man anderen Menschen rücksichtslos Lärm zumuten kann, kann man sich auch rücksichtslos Ruhe erstreiten. Das passiert stets, wenn man sein persönliches Interesse über das der Allgemeinheit stellt.

Seit über tausend Jahren läuten in Deutschlands Kirchtürmen die Glocken, die Schlagwerke der Kirchturmuhren verkünden die Uhrzeit. Der Stundenschlag ist allerdings weltliches Geläut, der nicht durch die Religion, sondern nur durch die Tradition geschützt ist.

könne nachts nicht schlafen und die Eltern müssten sich des Nachts mit den Ohrenstöpseln abwechseln, weil sie sonst das Babyfone nicht hörten. Die Rechtsprechung erfolgte im vorliegenden Fall zum allgemeinen Entsetzen der einheimischen Bauern im Sinne der »zugroasten Preißen«, was im örtlichen Wirtshaus, wo man von einem Babyfone noch nie etwas gehört hatte, für geradezu rassistische Unmutsäußerungen sorgte.

Ein anderer Wahlallgäuer klagte gegen das sonntägliche Kirchengeläute in der katholischen Gemeinde, weil er sich am Sonntagmorgen dadurch gestört fühlte. In seiner norddeutschen Heimat wäre er davon verschont geblieben.

Als der Militärflugplatz Söllingen bei Baden-Baden in einen zivilen Regionalflughafen umgewidmet wurde, regte sich ein Anwohner in 30 km Entfernung derart über den ersten morgendlichen Start um 4.50 Uhr auf, dass er mit bewundernswerter Konsequenz sein Haus verkaufte und wegzog. Die Nachbarn nahmen den Flugbetrieb überhaupt erst wahr, als sie darauf aufmerksam gemacht wurden. Gestört hatte das bis dahin niemanden.

Irgendwann in seinem Leben muss offenbar jeder Bürger eine Kröte schlucken: Eine Straße wird an seinem Anwesen vorbeigeführt, der Neubau eines Kindergartens in Hörweite mag auch nicht seinem Lebenstraum vom ruhigen Eigenheim entsprechen, eine Supermarktkette eröffnet in der direkten Nachbarschaft eine Filiale. Er hat zwar dann den Vorteil der kurzen Wege, aber er ist auch einer höheren Belastung durch die Allgemeinheit ausgesetzt. In vielen Ländern herrscht eine andere Denkweise vor, die das Gemeinwohl über das Wohl des Einzelnen stellt, bzw. dies als selbstverständlich erachtet.

Bei uns ist es mittlerweile eher so, dass die Summe der Einzelinteressen den Erfüllungsgrad der Gemeinschaftsinteressen diktiert.

Gewöhnungseffekt

Problematisch ist der schleichende Anstieg des Hintergrundlärms. Irgendwo wird z.B. der Straßenverkehr umgeleitet, der Verkehrslärm steigt um 2 oder 3 dB an, obwohl die Umgehungsstraße vielleicht so weit entfernt ist, dass die Geräusche kaum in unser Bewusstsein dringen. Bald aber setzt der Gewöhnungseffekt ein, und schon haben wir einen höheren Grundlärmpegel. Das Gleiche gilt auch für einen Flughafen, der irgendwo in der Nähe ist. Wir vermögen kaum den Übergang von Winterflugplan zum geschäftigeren Sommerflugplan zu unterscheiden, weil der von Airline zu Airline verschieden ist und sich allmählich vollzieht. Nur wenn Änderungen schlagartig auftreten, wird es uns auffallen. Als der Hongkonger Flughafen Kai Tak geschlossen wurde, konnten die Menschen des Nachts anfangs nicht schlafen, weil das gewohnte Geräusch landender Flugzeuge ausblieb.

Wir haben gelernt, dass der Sympathiewert eines Geräuschs ausschlaggebend ist, wie schnell wir uns damit abfinden wollen. Als Berlin 1948/49 von den Sowjets eingeschlossen war, landeten und starteten über ein Jahr lang alle zwei bis drei Minuten amerikanische und britische Transporter. Zeitweise sogar im 60 Sekunden-Takt. Und die machten damals einen Höllenlärm. In der Rekordzeit von 90 Tagen wurde der Flughafen Tegel gebaut, ein Unternehmen, das heutzutage alleine für die Genehmigung im Schnitt

Als in Hongkong der alte Stadtflughafen geschlossen wurde, lagen viele Menschen des nachts wach, weil sie den gewohnten Flugbetrieb über ihren Köpfen vermissten.

15 Jahre braucht. Keinem Menschen wäre es eingefallen, sich dagegen zu beschweren, denn die Luftbrücke erhielt Millionen Menschen am Leben, sie verhinderte eine militärische Konfrontation und wurde von der Bevölkerung begrüßt. Selbst die 126 Flugunfälle, in deren Folge 31 Amerikaner, 40 Engländer und fünf Deutsche ums Leben kamen, konnten die Begeisterung und Dankbarkeit der Berliner nicht trüben. 277.560 Versorgungsflüge wurden durchgeführt, 2,3 Millionen Tonnen Fracht eingeflogen, davon 1,5 Mio. Tonnen Kohle zum Heizen. Der Tagesrekord an transportierter Fracht lag am 16. April 1949 bei 12.940 Tonnen, das sind immerhin 22 Güterzüge mit je 50 Waggons. Die Kosten für die Luftbrücke lagen bei ca. 32 Mrd. DM, ohne den Wa-

renwert und die Flugplatzkosten im Westen. Insgesamt waren 57.000 Personen an der Durchführung beteiligt, denen wir bis heute zu Dank verpflichtet sind.

Während die Menschen damals darüber glücklich waren, dass zur Halbzeit der Luftbrücke die tägliche Kalorienverbrauchsmenge je Einwohner von 1.600 auf 1.880 Kalorien hochgesetzt werden konnte, geht es uns heute gut. Wir leben von der Friedensdividende, jetten mal auf einen Espresso nach Florenz, zum Baden nach Mallorca oder zum Shopping nach New York, empfinden aber gleichzeitig den Lärm der Urlaubsflieger als Zumutung.

Rückschluss

Können wir denn aus den verschiedenen, teilweise einfachen Alltagserlebnissen bereits irgendwelche Rückschlüsse ziehen, bevor wir ins Eingemachte gehen und uns ganz auf den Fluglärm konzentrieren? Müsste man die Diskussion schon jetzt zum Abschluss bringen, ließe sich schlussfolgern: Es ist der jeweilige Standpunkt, die persönliche Betroffenheit, die das Denken und Handeln steuert. Als Anwohner einer Feuerwehrwache würde ich vielleicht das Martinshorn der zu jeder Tages- und Nachtzeit ausrückenden Feuerwehr anders empfinden als der Mensch, der im brennenden Haus auf die eintreffenden Löschzüge wartet. Ein Handelsvertreter empfindet die Nähe eines Flughafens als äußerst praktisch, solange er häufig auf Geschäftsreise geht. Dieselbe Nähe wird ihn nach seinem Ruhestand vielleicht stören. Allerdings kann man den Flughafen jetzt nicht stilllegen, nur weil er ihn nicht mehr braucht und ihn nachtlandende Flugzeuge nerven.

Die Berliner Luftbrücke war ein Beispiel von höchst willkommenem Fluglärm. Solang die Maschinen über der Stadt brummten, war Berlin noch offen und die Versorgung der Stadt gesichert.

Eine landende Maschine wird auf St. Maarten willkommen geheißen. Flugzeugliebhaber aus aller Welt versammeln sich am Strand und freuen sich über die tief anfliegenden Metallvögel. Auch die Einwohner haben durchweg eine positive Einstellung zum Luftverkehr. Das ist auch naheliegend, verbinden die Flugzeuge die Insulaner doch mit der Außenwelt. Auf der Insel ist man sich bewusst, dass die Flugzeuge viel mehr als Touristen und Umsatz für die örtliche Wirtschaft bringen, sie entladen nämlich auch Fracht aus ihrem Cargo-Hold. Und diese Fracht findet sich am nächsten Tag in den Läden wieder. Genauso wie in Berlin oder München, oder Zürich, oder Wien. Nur wurde es bei uns zu einer unbemerkten Selbstverständlichkeit.

Das Ohr

Im Zusammenhang mit unserem Thema bietet sich vielleicht ein kurzer Blick auf das Hörorgan an, um die physiologischen Abläufe zu verdeutlichen, die es uns überhaupt erst ermöglichen Töne und damit auch Lärm wahrzunehmen.

Wenn man den Aufbau des Ohrs studiert, gerät man ins Staunen über die geniale Konstruktion, die makrophysikalischen, chemischen und bioelektrischen Zusammenhänge. Da verbietet es sich eigentlich von selbst, dieses empfindliche Gebilde mit überhöhtem, völlig unnötigem Lärm zu torpedieren und zu zerstören.

Außenohr

Die Ohrmuschel dient zur Minderung von Windgeräuschen, fängt Schallwellen auf und leitet sie durch den äußeren Gehörgang auf das Trommelfell, eine hauchdünne Membran. Sie hat etwa 1 cm Durchmesser und ist 1/10 mm dick. Das Trommelfell ist jedoch nicht wie bei einer Trommel flach gespannt, sondern hat die Form eines flachen Kegels, dessen Mit-

telpunkt in die Paukenhöhle hineinragt. Es verschließt den Gehörgang zum Mittelohr. Von der Spannung des Trommelfells hängt die deutliche Wahrnehmung der aufgenommenen Töne ab. Im Alter lässt sie manchmal nach.

Mittelohr

Das Mittelohr wird auch Paukenhöhle genannt. Die Paukenhöhle steht durch die Ohrtrompete (Eustachische Röhre) mit dem Nasen-Rachenraum in Verbindung.

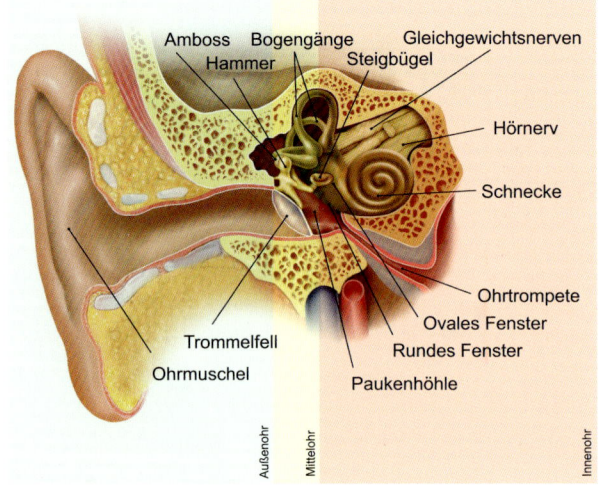

Amboss Bogengänge Gleichgewichtsnerven
Hammer Steigbügel
Hörnerv
Schnecke
Ohrtrompete
Ovales Fenster
Trommelfell
Rundes Fenster
Ohrmuschel
Paukenhöhle

Außenohr Mittelohr Innenohr

Bei Schwankungen des Luftdrucks, z.B. bei Start und Landung mit dem Flugzeug oder bei der Einfahrt eines Zuges in einen Tunnel, findet über diese Röhre der Druckausgleich zwischen Mittelohr und Außenwelt statt. Sie ist allerdings verschlossen und wird nur beim Schlucken geöffnet. Im Mittelohr sitzen die drei kleinsten Knöchelchen des menschlichen Körpers: der Hammer, der Amboss und der Steigbügel. Die Steigbügelfußplatte sitzt am ovalen Fenster des Innenohres. Um die feinen Nuancen der Schallwellen zum Innenohr zu übertragen, bilden die drei Gehörknöchelchen einen Hebelapparat, der die auf das Trommelfell einwirkenden Schwingungen um 30% verstärkt. Da die Steigbügelfußplatte 20 Mal kleiner ist als das Trommelfell, konzentriert sich die Kraft 25- bis 30-fach auf eine kleine Stelle am ovalen Fenster der Schnecke und setzt die Flüssigkeit darin in Bewegung.

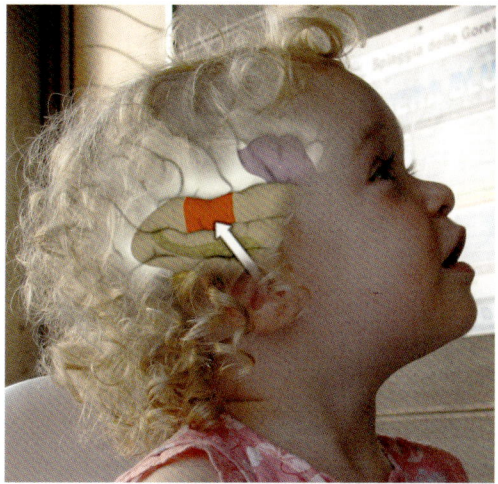

Das Ohr hört immer. Der Hörkortex vergleicht und bewertet ankommende Geräusche in bekannt und unbekannt, gefährlich oder ungefährlich und entscheidet dann über aufwachen oder weiterschlafen.

Innenohr

Das Innenohr besteht im Wesentlichen aus der Schnecke, einem knöchernen Gehäuse mit zweieinhalb Windungen. Sie ist durch zwei, durch Häute verschlossene Fenster mit dem Mittelohr verbunden, dem runden und dem ovalen Fenster. Im Schneckengang befinden sich drei häutige Spiralgänge, die mit Flüssigkeit gefüllt sind und über die Gehörknöchelchen in Schwingung versetzt werden können. Die Flüssigkeiten haben eine unterschiedliche Viskosität. Damit die Flüssigkeiten schwingen können, sind weitere Membranen erforderlich. Eine davon ist das Nebentrommelfell im runden Fenster. Den Boden des Schneckenganges bildet die Basilarmem-

bran. Auf ihr sitzt, durch Stützzellen getrennt, das eigentliche, reizaufnehmende Hörorgan mit etwa 20.000 (V- oder W-förmig angeordneten) Sinneszellen. Diese sind wiederum durch eine Deckmembran geschützt. Die Sinneszellen sind elektromechanische Wandler. Sie wandeln die vom Trommelfell auf die Schnecke übertragenen Schallwellen in elektrische Impulse um. Der Hörnerv schließlich führt die elektrischen Impulse zum Hörzentrum im Gehirn.

Hörzentrum

Wie ein eingeschaltetes Mikrofon nimmt unser Ohr die Geräusche rund um uns herum auf, 24 Stunden täglich. Auch im Schlaf ist es immer »ganz Ohr«. Doch ohne die Verbindung zum Hörzentrum im Gehirn stünden die Geräusche zusam-

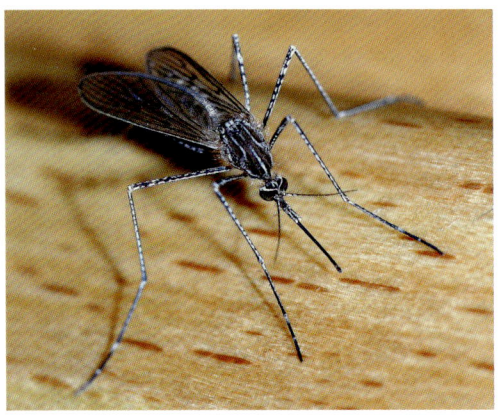

Leise, hinterhältig, schmerzhaft und bisweilen sogar gefährlich. Eine Stechmücke kann einem Menschen schlaflose Nächte bereiten.

menhanglos da. Das Ohr nimmt auch leise Signale wahr, schickt sie ans Hörzentrum, wo sie mit erlernten Gefahrensignalen verglichen werden, die im Gehirn gespeichert sind. Um nämlich vor Gefahr zu warnen, kann das Ohr nicht geschlossen werden wie die Augen. Wie die Zusammenhänge in der Psychoakustik funktionieren, ist noch relativ unerforscht. Gesichert ist, dass sich das Hörzentrum (primärer Cortex) auf der oberen Windung des Temporallappens in der Großhirnrinde befindet. Es ist in der rechten und der linken Gehirnhälfte doppelt vorhanden und etwa so groß wie ein Daumennagel. Dort enden auch die Hörnerven vom Innenohr. Jedes Hörzentrum weist elf verschiedene biomagnetische Felder auf, die für die unterschiedlichen Frequenzen zuständig sind. Dem linken Hörcortex fällt die Rolle der Interpretation der ankommenden akustischen Signale zu. Er aktiviert die linke Gehirnhälfte und filtert bestimmte Geräusche heraus. Er erkennt Sequenzen und den »Fußabdruck« von akustischen Ereignissen und ordnet sie

ein. Dabei arbeitet er mit dem rechten Hörcortex zusammen, der seinerseits die akustischen Signale auf unterschiedliche Weise verarbeitet. Zwischen beiden Gehirnhälften findet also ein reger Austausch statt, sie ordnen Geräusche ein, ergänzen fehlende Informationen und interpretieren sie. Das Gehirn vollbringt dabei im Unterbewusstsein unvorstellbare Leistungen. Erst wenn unbekannte oder bedrohliche Geräusche wie z.B. ein Feueralarm oder Einbruchsgeräusche einen Warnreiz auslösen, wird das Bewusstsein aktiviert, der Schlaf gegebenenfalls unterbrochen.

Eine millimetergroße Stechmücke ist nun wirklich nichts gegen das Energiepotential eines landenden Jumbos von 80 m Länge. Zwar sind beides Flieger, trotzdem gibt es viele Menschen, die trotz nachtlandenden Flugzeugen seelenruhig weiterschlafen, während sie das leise, aber hinterhältige Singen eines anfliegenden Blutsaugers im Schlafzimmer in Großalarm versetzt und womöglich eine schlaflose Nacht bereitet. Denn der Mensch hat gelernt, dass ihm der Jumbo nichts tut, während er von den Mückenstichen schmerzhafte Quaddeln davontragen wird.

Erkenntnisse

Wir haben bisher gelernt, dass schon +6 dB als Verdopplung des Schalldrucks empfunden werden, dass eine fortgesetzte Geräuschaufnahme von über 80 dB Hörschäden verursachen kann, und dass die ungeschützte Einwirkung von Geräuschen auf unser Gehör jenseits der Schmerzschwelle über 120 dB unter allen Umständen zu vermeiden ist, um unsere empfindlichen Ohren nicht zu schädigen.

Der Schlaf

Der Mensch verbringt etwa ein Drittel seines Lebens mit Schlafen. Körper und Geist brauchen diese Ruhephase, um sich zu regenerieren, quasi die Akkus aufzuladen. Das zumindest ist die Erklärung, die sich mangels genauer wissenschaftlicher Erkenntnisse durchgesetzt hat. Im Schlaf stellen wir unsere Körperfunktionen um. Auch wenn wir nicht ansprechbar sind und still liegen, ist der Schlaf ein aktiver, ja lebenswichtiger Vorgang. Die Körpertemperatur sinkt ab. Der Körper produziert in den ersten Stunden des Schlafs Wachstumshormone. Das Gehirn verarbeitet Erlebtes ab, räumt es auf, speichert Wichtiges dauerhaft und löscht Unwichtiges. Nur im Zustand der Ruhe kann der Organismus Dinge im Gedächtnis dauerhaft speichern, weil die Belastung aller körpereigenen Systeme durch äußere Stressoren auf ein Minimum reduziert ist. Gegen Ende der Schlafperiode schüttet der Körper das Stresshormon Kortisol aus, die Körpertemperatur steigt wieder an, wir wachen gekräftigt auf und stellen uns dem Alltag mit all seinen Reizen und Herausforderungen.

Männer und Frauen schlafen unterschiedlich. Während bei Frauen Pubertät, Menstruationszyklus, Schwangerschaft und Menopause die Schlafqualität beeinflussen, ist es bei über der Hälfte der Männer mehr oder weniger starkes Schnarchen, bei einem Viertel sogar die Obstruktive Schlafapnoe (OSA), was zu Schlafstörungen führt.

Der Konstanzer Schlafmediziner Dr. Hans-Wolfgang Mahlo erklärt zu fluglärmbedingten Einschlafstörungen: »Frauen sind vermutlich genetisch so ausgestattet, dass sie immer mit einem Ohr bei der Familie und besonders bei den Kindern sind. Wenn nun der Einschlafdruck (mentale und körperliche Müdigkeit, Einschlafzeit, Körpertemperaturabsenkung) verbraucht ist, kommt es nach einer Weckung nur noch verzögert zu einem erneuten Einschlafen. Frauen stehen dann akustisch zwischen dem Schnarchen der Männer (50%) und den Signalen aus den Kinderzimmern.

Bis zum Morgen durchlaufen wir rund fünf Schlafzyklen (5x90 Minuten), Der erste Schlafzyklus ist reich an Tiefschlaf, der letzte reich an REM-Schlaf. Wenn zu wenig Tief- und/oder REM-Schlaf in der Schlafphase vorhanden sind, wird der Schlaf als nicht erholsam wahrgenommen.

■ Schlafbedarf in Stunden

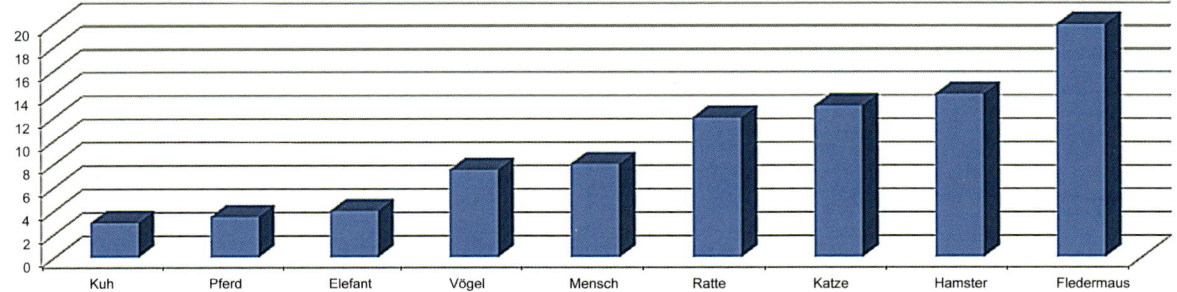

Da also Frauen von Einschlafstörungen etwas häufiger betroffen sind als Männer werden sie sich sicherlich mehr über Fluglärm beklagen. Darüber hinaus sind an- und abschwellende Geräusche auch immer tief im Gefühl verwurzelte Warnsignale. Hat man eine positive Einstellung zur Luftfahrt, wird der Fluglärm meist als nicht störend und schon gar nicht als bedrohlich empfunden.«

Schlafstörungen

Nicht umsonst sagt man »In der Ruhe liegt die Kraft«. Diese Ruhe muss aber erst einmal hergestellt werden. Da mit zunehmendem Alter 60% der Männer und 40% der Frauen mehr oder weniger laut schnarchen, liegt die erste Lärmemission schon mal im eigenen Bett. Weiß man nun, dass der Schalldruck eines Schnarchers zwischen 20 und 90 dB liegt – Letzteres entspricht dem Geräusch eines startenden Airbus 450 m neben der Startbahn gemessen –, dann braucht man sich um nächtlichen Verkehrslärm und Schallschutzfenster erst einmal keine Gedanken zu machen. Weitere Ursachen für Schlafstörungen sind Licht, laufender Computer oder Fernseher im Schlafzimmer, zu hohe Raumtemperatur, eine schlechte Matratze, Kaffee, Alkohol, Nikotin, Ärger, unverarbeiteter Streit, Beziehungsprobleme, aber auch die häufige Umstellung bei Schichtarbeitern. Etwa 10% der Bevölkerung leidet unter Schlafstörungen. Bei einer Umfrage der DAK gaben 40% davon als Grund besondere Belastungen und Stress an, je ein Viertel Schichtarbeit oder Sorgen und Ängste, 14% Schmerzen und 11% führen den Verkehrslärm an. Es gibt einen Zusammenhang zwischen Schlafstörungen und Erkrankungen des Herz-Kreislaufsystems bis hin zum Schlaganfall.

Kommen wir nachts nicht zu Ruhe, sind wir tags darauf natürlich nicht ausgeschlafen. Wenn dies regelmäßig passiert, ist es wichtig, die Ursache wie Krankheiten oder Stressfaktoren zu erforschen, sonst kommt es sehr schnell zu einer Verselbständigung der Insomnie (Schlaflosigkeit). Innerhalb weniger Wochen befindet man sich in einem Teufelskreis, aus dem man ohne Hilfe nicht mehr herauskommt. Wenn schon der Gang ins Bett mit der ängstlichen Frage verbunden ist, wie wohl diese Nacht wieder verlaufen wird, dann ist das Gedankenkino eröffnet. Die Angst vor dem Wachliegen und Grübeln führt zur Angst, wie man den nächsten Tag überstehen soll, wenn man schon wieder nicht ausgeschlafen ist. Man grübelt über die Ursachen, befürchtet darüber krank zu werden oder womöglich den Job zu verlieren. Man greift zu Alkohol, Tranquilizern oder Schlafmitteln, wobei man gleichzeitig die Abhängigkeit fürchtet.

Diese Gedanken führen zum Erregungsanstieg. Statt Puls, Blutdruck und Temperatur für die Ruhephase abzusenken, tritt das Gegenteil ein. Wenn keine organische Krankheit vorliegt, muss man die äußeren Gegebenheiten untersuchen und gegebenenfalls verändern. Viele Menschen leiden unter Schlafstörungen, obwohl sie niemals ein Flugzeug hören.

Man muss »Schlafhygiene« herstellen. Dazu gehören:

1. Regelmäßige Bett-Zeiten, die höchstens um 30 Minuten täglich abweichen sollten. So kann sich der Körper an einen biologischen Rhythmus gewöhnen.
2. Das Nickerchen untertags mindert den Schlafdruck am Abend. Wer also seine Schlafstörungen in den Griff bekommen möchte, sollte darauf verzichten. Auf keinen Fall aber sollte er einen Kurzschlaf nach 15.00 Uhr einlegen, auch nicht abends vor dem Fernseher.
3. Nicht zu lange in halbwachem Zustand im Bett liegen bleiben.
4. Alkohol hilft zwar manchen Menschen beim Einschlafen, aber er vermindert gravierend die Schlafqualität, besonders in der zweiten Nachthälfte. Daher sollte man drei Stunden vor dem Schlafengehen keinen Alkohol mehr trinken. Wer ohnehin an Schlafstörungen leidet, sollte nicht häufiger als ein bis zweimal pro Woche Alkohol trinken.
5. Kaffee, Cola, schwarzer und grüner Tee (je nach Ziehzeit) sind Wachmacher. Zumindest trägt das Koffein zu Schlafstörungen bei. Die schlafschädigende Wirkung von Kaffee kann 8-14 Stunden anhalten! Schlafgestörte sollten deshalb zumindest bis sie ihr Problem im Griff haben, nach 10.00 Uhr vormittags diese Getränke nicht mehr zu sich nehmen.
6. Nikotin wirkt schlafstörend, besonders in seiner Wechselwirkung mit Alkohol. Nach 19.00 Uhr sollte auf

In der Schlafphase verarbeitet und sortiert der Mensch Erlebtes, und schöpft Energie für die nächste Wachphase. Er bewertet die Informationen und bildet Gedächtnis.

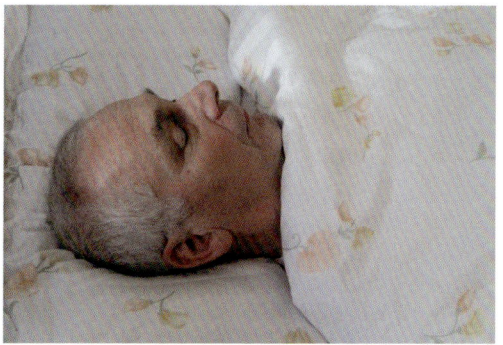

Tabak ganz verzichtet werden. Ein üppiges Essen am Abend belastet den körpereigenen Verdauungsapparat und trägt nicht zu einem gesunden Schlaf bei. Daher sollte man das Abendessen drei Stunden vor dem Zubettgehen einnehmen. Allerdings sind ein Rippchen Schokolade mit einem Glas warmer Milch mit Honig mitunter hilfreich. Dies enthält einen Stoff namens »L-Tryptophan«, der eine schlafregulierende Wirkung hat.

7. Auch wenn es den Gepflogenheiten unserer Sportvereine zuwider läuft, wo man sich abends zum Training trifft, Schlafgestörte sollten körperliche Anstrengungen nach 18.00 Uhr vermeiden. Das aufgepeitschte Nervensystem benötigt mehrere Stunden, bis es wieder heruntergefahren ist. Gleichwohl ist eine regelmäßige körperliche Betätigung besonders für ältere Menschen wichtig.

8. Die Gestaltung des Schlafzimmers soll schlaffördernd sein. Wenn es gleichzeitig als Arbeitszimmer dient, ist es das nicht.

9. Eine Pufferzone zwischen Alltag und Schlafengehen verhindert das gedankliche Nachhängen an Sorgen und Planungen für den kommenden Tag. Zwei Stunden vorher sollte man diese Aktivitäten abgeschlossen haben, gegebenenfalls durch Aufnahme in eine ToDo-Liste gedanklich ablegen. Jetzt kann die Erholungsphase beginnen.

10. Ein regelmäßiges Ritual bereitet Geist und Körper auf die Nacht vor: Verschließen der Haustür, Lichter aus, Umziehen für die Nacht, Heizung abdrehen, Abendtoilette. Dies sollte nicht länger als 30 Minuten dauern.

11. Nachts beim evtl. Gang zur Toilette ist der Kühlschrank (sprich Naschen) tabu.

12. Ideal ist gedämpftes Licht beim Gang zur Toilette. Grelles Licht weckt den Körper und verstellt die innere Uhr.

13. Im Handel gibt es Projektor-Uhren, die die Uhrzeit über dem Bett an die Decke projizieren. Schlafgestörte sollten darauf verzichten, um nicht sofort wieder ins Grübeln zu verfallen: »Die Nacht will mal wieder nicht vorbeigehen!« Schon ist die Unbefangenheit gegenüber dem Schlaf vorbei.

14. Ein morgendlicher Spaziergang von einer halben Stunde Länge (z.B. um Brötchen zu holen) hilft, den Schlaf-Wach-Rhythmus zu stabilisieren und hat gleichzeitig eine stimmungsaufhellende Wirkung.

Wer kennt nicht das Phänomen, dass man eine Minute bevor der Wecker klingelt aufwacht und die Höllenmaschine schon mal vorsorglich abstellt? Und wer hat andererseits nicht schon einmal verschlafen, weil er das Klingeln des Weckers überhört hat? Und wer hat nicht schon früh morgens die erstaunte Frage beantworten müssen: »Hast du denn gar nicht mitgekriegt, was heute Nacht los war?« Welche Eltern eines heranwachsenden Jugendlichen hingegen lagen nicht schon nachts im Leichtschlaf, unruhig lauschend, ob sich leise die Wohnungstür öffnet und der Nachwuchs endlich nach Hause kommt? Der Körper schläft, der Geist ist wach und das Gehör sowieso. Die Erwartungshaltung beschäftigt die Sinne und verhindert mitunter einen erholsamen Schlaf, je nach positiver oder negativer Verknüpfung.

Gesundheitliche Folgen von Lärm

Wenn sich nun zwei Lager gegenüberstehen und sich gegenseitig der Hysterie, beziehungsweise gesundheitsschädigenden Verhaltens bezichtigen, hilft es vielleicht schon einmal weiter, die wichtigsten Begriffe zu klären, mit denen man hantiert. Dabei wird man aber erstaunlich schnell an Grenzen stoßen, die nicht oder schwer zu beweisen sind.

Die WHO definiert **Gesundheit** als »*einen Zustand des vollständigen körperlichen, geistigen und sozialen Wohlergehens und nicht nur das Fehlen von Krankheit oder Gebrechen*«.

Nach Parsons ist: »*Gesundheit ein Zustand optimaler Leistungsfähigkeit eines Individuums, für die wirksame Erfüllung der Rollen und Aufgaben für die es sozialisiert worden ist.*«

Noch schwieriger wird's bei Nietzsche: »*Gesundheit ist dasjenige Maß an Krankheit, das es mir noch erlaubt, meinen wesentlichen Beschäftigungen nachzugehen.*«

Im Ayurveda versteht man unter Gesundheit: »*Die Harmonie des Bewusstseins mit den Körperfunktionen, einschließlich dem Wohlbefinden durch Harmonie im Kontakt zwischen Mensch und Umwelt. Entscheidend für die Ge-*

sundheit ist die persönliche Wahrnehmung von Reizen, die auf uns einwirken.«

Studiert man die zahlreichen Definitionsversuche von Ärzten, Psychologen und Soziologen wird erkennbar, dass der Zustand schwer zu beschreiben ist und man sich leichter tut, ihn negativ von der Krankheit abzugrenzen.

Würde man nun hoffen, den Begriff **Krankheit** wenigstens präzise definiert zu bekommen, sieht man sich wieder enttäuscht. Der Brockhaus beschreibt Krankheit als »*Störung des körperlichen, seelischen und sozialen Wohlbefindens.*«

Und weiter: »*Bei der Abgrenzung der Krankheit von Gesundheit ist eine bestimmte, aus einer Vielzahl von Beobachtungen mithilfe statistischer Methoden gewonnene Schwankungsbreite zu berücksichtigen, innerhalb derer der Betroffene noch als gesund angesehen wird. Bei der Beschreibung einer Krankheit muss zwischen ihren Ursachen und ihren sichtbaren Anzeichen unterschieden werden. Außerdem können sich unterschiedliche Verläufe zeigen: Eine akute Krankheit setzt plötzlich und heftig ein. Eine chronische Krankheit beginnt langsam und verläuft schleichend. Manche Krankheiten verlaufen in Schüben, d.h., es*

67

wechseln sich Phasen der Besserung mit Phasen der Verschlechterung ab, oder sie treten nach scheinbarer Ausheilung erneut auf. Die Feststellung einer Krankheit (Diagnose) beruht auf der Erhebung der Krankengeschichte (Anamnese) sowie der Untersuchung des Betroffenen mit Auswertung der geschilderten und festgestellten Symptome. Die erhobene Diagnose dient der Festlegung einer evtl. notwendigen Behandlung, der Voraussage über den Verlauf der Krankheit (Prognose) und Maßnahmen der Krankheitsverhütung (Prävention).«

Nach der ayurvedischen Medizin *»macht sich der Körper bemerkbar, wenn die Harmonie zwischen Mensch und Umwelt gestört ist. Werden diese Signale nicht beachtet, reagiert er mit Krankheiten, die als körperliche Veränderungen wahrgenommen werden. Man versteht darunter aber nicht den Beginn einer Erkrankung, sondern bereits deren Auswirkung.«* Deshalb bemüht man sich im Ayurveda weniger um die Heilung von körperlichen Symptomen, sondern um die Wiederherstellung des ursprünglichen Gleichgewichtes. Dazwischen ist Grauzone. Das sind z.B. Menschen mit einer starken Konstitution, oder solche, denen – um den Bogen zum Thema zu schlagen – beim Luftverkehr der Lärm gar nicht bewusst wird, und schließlich diejenigen, die keine negativen Gedanken an sich heranlassen. Ein Blogger in einem Fluglärmforum gibt zu bedenken: *»… dass auch ein gesunder Mensch krank sein kann, er weiß es nur nicht und wird es hoffentlich nie erfahren. Wenn er z.B. […] eine Gefäßverengung von nur 30% hat, wird ihn das nicht umbringen, so der Wert nicht steigt. Aber sein Immunsystem ist nachweislich geschwächt. […] Reist er* *meinetwegen im Urlaub nach Afrika und kommt mit einem aggressiven Virus zurück, benötigt er die Abwehrkräfte eines Gesunden. Die hat er aber nicht mehr und stirbt. Er war eben leider kein Gesunder, sondern ein Kranker, bevor er nach Afrika reiste.«*

Es ist tatsächlich so, dass jeder dritte Bundesbürger jenseits der 40 an Gefäßverengung und/oder Bluthochdruck leidet, in vielen Fällen ohne es zu wissen. Ob dies durch Lärm, Ernährung, Alkohol, Nikotin oder durch andere Stressoren verursacht wurde, lässt sich nur schwer feststellen.

Die Statistik gibt einen gewissen Aufschluss: In deutschen Städten ab 100.000 Einwohnern liegt das jährliche Schlaganfallrisiko bei einem Verhältnis von 2 zu 1000. Knapp 350.000 Menschen starben 2010 in Deutschland an den Folgen von Herz-Kreislauf-Erkrankungen. Der Trend war in den letzten Jahren glücklicherweise rückläufig. 92% der Verstorbenen waren mindestens 65 Jahre alt.

Um nun zum Thema zurückzukommen: Flughafenbefürworter und Flughafengegner stehen sich in zwei Lagern weitgehend unversöhnlich gegenüber. Hier die Glücklichen, die der Fluglärm nicht aufregen kann, dort die Gegrämten, die schon beim Anblick eines Flughafenwegweisers Herzrasen kriegen. Natürlich hat jedes Lager seine Berater, seine Professoren, seine Ärzte, die sich auch gegenseitig anzweifeln. Studien für und gegen den Flughafen füllen Regale und Internetseiten und werden von der Gegenseite regelmäßig zerpflückt. Experten halten Vorträge auf Mediationsveranstaltungen und nehmen Einfluss auf Politiker und Journalisten. Man ist schnell zur Hand mit dem Vorwurf der Täuschung

68

und der Lüge gegenüber dem jeweils anderen. Am Schluss weiß keiner mehr, wem er glauben soll und zieht sich auf seine bekannte Position zurück. Überzeugungsarbeit in die jeweils andere Richtung zu leisten ist dann ziemlich fruchtlos.

Konkurrierende Studien, Gutachten, Analysen und Synopsen

Zur Wirkung von Lärm gibt es Studien, Gutachten und Zusammenfassungen von Material über das Thema. Während eine Studie auf Beobachtungen, Versuchsreihen und wissenschaftlicher Auswertung von Messungen und der Aufbereitung von statistischen Daten beruht, und möglichst umfassend alle Aspekte eines Themas umfassen soll, ist ein Gutachten lediglich die Stellungnahme eines Sachverständigen, bei dem überdurchschnittliches Fachwissen zu einem Thema vorausgesetzt wird. »Gutachter« kann sich in Deutschland streng genommen jeder nennen, der Begriff ist nicht gesetzlich geschützt. Während eine Studie Quellen nennen muss, kann ein Gutachter auf eigene Erkenntnisse, Erfahrungen und Überzeugungen zurückgreifen, die er für richtig hält und die er nicht näher erläutern muss.

Flughafenskeptiker in Frankfurt werfen der Gegenseite vor, nur Gutachten und Stellungnahmen von Personen zu verwenden, die dem Flug- (und Geschäfts-) betrieb wohlwollend gegenüberstehen und mögliche Grenzwerte entsprechend interpretieren. Ohne den Kontrahenten etwas unterstellen zu wollen, hier liegt ganz offenbar der Kern des Problems: Eine lärmkritische Studie steht gegen ein lärmtolerantes Gutachten. Da letzteres die Grundlage für den Flughafenausbau war, treibt es die Fluglärmgegner auf die Barrikaden. Für den Grad der Zumutbarkeit von Fluglärm fehlen – so bedauerlich das ist – derzeit noch sowohl gesetzliche Vorschriften, als auch außergesetzliche Normen: Zum sozialen Frieden trägt das wenig bei.

Ganz von ungefähr kommen diese Unterstellungen natürlich nicht, gibt es doch aus allen Bereichen von Wirtschaft und Industrie Negativbeispiele, bei denen die Verbraucher gegängelt, geblendet, belogen und über den Tisch gezogen werden. Kein Lebensbereich bleibt davon verschont.

So kämpfte beispielsweise der Schweizer Ernährungswissenschaftler Dr. Hans-Ulrich Hertel seit 1989 für die Veröffentlichung seiner beunruhigenden Entdeckungen über Nahrung aus Mikrowellenöfen und die Veränderungen im menschlichen Blut, was Nebenwirkungen ohne Ende bis hin zum Krebs erzeuge. Die Industrie konnte ihn aber mit Hilfe verschiedener Schweizer Gerichte unter Androhung von Geld- und Freiheitsstrafen mundtot machen. Erst nachdem 1998 der Europäische Gerichtshof für Menschrechte das Schweizer Urteil aufhob, durfte er seine Studie veröffentlichen.*

Eine vergleichbare Schlacht tobt auch um das Cholesterin. Die Pharmaindustrie hätte den Wert gerne so tief wie möglich, weil sie damit ein bestimmtes Interesse verfolgt. Andere Wissenschaftler wollen nach der Analyse von 19 wissenschaftlichen Studien herausgefunden haben,

---

* http://www.zentrum-der-gesundheit.de/mikrowelle.html

dass *je* höher der Cholesterin-Spiegel war, desto geringer war die Wahrscheinlichkeit für die Entwicklung von Krebs und anderen schweren Krankheiten *(Dr. Gottfried Lange)*. Wer darf nun wen der Lüge bezichtigen?*

Da es für den verunsicherten Bürger oder Konsumenten immer schwerer wird zu erkennen, wem er vertrauen oder was er glauben kann und was nicht, erscheint es am besten, jeder informiere sich umfassend, denke in Ruhe für sich selbst nach und komme zu seinem eigenen Entschluss. Das war übrigens auch der Auslöser für dieses Buch.

Lärmwirkungsstudie

Wie wirkt nun Lärm auf den Menschen? Da gibt es den »direkten Wirkungspfad«. Der wirkt über den persönlichen Ärger. Man regt sich über den Lärm auf, das bedeutet Stress, und der hat auf Dauer gesundheitliche Folgen. Aber wer gibt schon gerne zu, dass er es zumindest teilweise selbst in der Hand hat, die negative Wirkung von Lärm zu verstärken oder zu mildern? Nicht umsonst spricht der Volksmund davon, dass man sich sogar zu Tode ärgern kann. Niemand wird im Ernst bestreiten wollen, dass Ärger krank macht. Wird der Ärger auch noch kultiviert, beschäftigt man sich gar Tag und Nacht damit, kann er zur epigenetischen Veränderung des Erbgutes führen. Man kann aber empfundene Missstände auch mit Gleichmut ertragen und gegen die Ursachen angehen.

Der »indirekte Wirkungspfad« ist wegen des unbewussten Verlaufs schwerer zu erforschen, besonders wenn der Lärm auf den Schlaf wirkt. Vor allem wenn man negativ konditioniert ist, wird der Schlaf von Stressreaktionen geprägt.

Weil der Gesetzgeber bei neuen Erkenntnissen oder veränderten Situationen eine Nachbesserungspflicht für seine Gesetze hat (hier FluglärmG), aber auch weil es an diesem Thema noch viel zu forschen gibt, wurde wie eingangs erwähnt eine neue Lärmwirkungsstudie in Auftrag gegeben, die größte und umfassendste bisher. Sie wird von einem Gremium aus ca. 60 Mitgliedern begleitet, die von den betroffenen Kommunen, von der Luftverkehrsseite, der Landespolitik (Parteien), Umwelt- und Naturschutzverbänden, Bürgerinitiativen, Fachverbänden, Gewerkschaften und Kirchen vorgeschlagen und vom hessischen Ministerpräsidenten berufen wurden. Mehrere renommierte Forschungs- und Fachinstitutionen der Medizin, Psychologie, Sozialwissenschaft, Akustik und Physik haben sich zu einem Forschungskonsortium zusammengeschlossen, um der gesamtheitlichen Erforschung der Wirkung von Verkehrslärm nachzugehen.

Diese Studie wurde von der Frankfurter Flughafengesellschaft initiiert, ein Umstand, der den Flughafengegnern natürlich verdächtig erscheint, schon weil auch andere Lärm-Emittenten einbezogen werden sollen. Dabei erscheint das nur konsequent. Wenn nämlich jemand vorgibt, der Lärm mache ihn krank, dann ist es schon wichtig zu wissen, ob die Person gleichzeitig auch Straßen- oder Schienenlärm ausgesetzt ist. Daher werden adressgenaue Daten erhoben und in

---

* http://www.vitalstoff-journal.de/wissen-fuer-sie/archiv-der-gesundheitsbriefe/gesundheitsbriefe-archiv90/cholesterin-ist-lebensnotwendig-fuer-ihre-gesundheit

statistischen Analysen mit den Wirkungsdaten in Beziehung gesetzt.

Die Flughafenskeptiker befürchten hingegen, dass diese Studie feststellen wird, dass zwar ein Anstieg von Kreislauferkrankungen rund um den Flughafen zu beobachten ist, diese Mehrerkrankungen wegen der Gesamtverkehrssituation aber nicht statistisch signifikant dem Fluglärm zugeordnet werden können. Darüber hinaus werden womöglich weitere Studien empfohlen werden, was viel Zeit kosten wird. Man erinnert dabei gerne an sogenannte wissenschaftliche Untersuchungen im Auftrag der Tabak-Konzerne aus den 1970er Jahren, in denen das Risiko des Rauchens und die Folgen des Passivrauchens als »statistisch nicht relevant« bezeichnet wurden.

Auswirkungen auf das Immunsystem

Wir wissen, dass der Mensch ein Immunsystem hat, das ihn vor Krankheiten schützen soll. Das besteht aus Immunglobulinen, B-Lymphozyten, B-Zellen, T-Lymphozyten, Helferzellen, Suppressorzellen und sog. Killerzellen. Diese müssen in einem bestimmten Gleichgewicht zueinander stehen, damit sie sich gegenseitig helfen können, unseren Körper zu schützen. Unser Immunsystem steht mit unserem Gehirn, unserer Psyche und unserem Nervensystem in Verbindung. Über Einzelheiten der Wechselwirkung kann die Forschung bisher allerdings nur spekulieren.

Bekannt ist jedoch, dass z.B. Mobbing unsere Psyche aus dem Gleichgewicht bringt, was das Autoimmunsystem stört und zu körperlichen Erkrankungen unter-

schiedlichster Art führen kann. Psychische Dauerbelastungen oder starke seelische Konflikte sind eine mögliche Ursache von Krebs. Stress, Sorge im Zusammenhang mit dem Arbeitsplatz, Mobbing, Unzufriedenheit, familiärer oder nachbarschaftlicher Unfrieden oder permanenter Kummer können Ursachen für eine Falschprogrammierung des Immunsystems sein. Auch Armut kann krank machen, ebenso andauernder Lärm. Inwieweit der Ärger über Flugzeuge, die den Wohnort überfliegen, damit hineinspielt, wird sich nie genau bestimmen lassen. Bekannt ist aber, dass entspannte Menschen glücklicher und gesünder sind.

> **Fluglärm macht krank**

> **Lärm macht krank**

Auswirkungen auf das Herz-Kreislaufsystem

In einer Fall-Kontroll-Studie zu kardiovaskulären und psychischen Erkrankungen im Umfeld des Flughafens Köln-Bonn (vom BVerwG auch *Medikamenten-Studie* genannt) wurden die Werte von einer Million Menschen über 40 an Hand von Krankenkassenabrechnungen (Rezepten, Verschreibungen) ausgewertet. Es zeigte sich ein linearer Anstieg von Herz-Kreislauferkrankungen mit ansteigendem Dauerschallpegel, dem diese Personen langfristig ausgesetzt waren. Psychische Erkrankungen waren nicht nachzuweisen. Vor allem erkannte man bei nahezu allen Analysen erhöhte Erkrankungsrisiken bei

Anflug auf Zürich, Piste 28. Sowie diese geöffnet wird, kommen die Flugzeuge wie an einer Perlenschnur aufgereiht zur Landung.

der Teilpopulation mit Fluglärmbelastung, die keinen Anspruch auf eine Finanzierung von Schallschutzmaßnahmen durch den Flughafen hatte. Köln-Bonn zählt etwa hundert Starts und Landungen pro Nacht. Dabei konnten jedoch wesentliche Faktoren wie soziale Umstände, Nikotin- oder Alkoholkonsum nicht berücksichtigt werden. Diese können nämlich ebenfalls zur Krankheitsentstehung und damit zu Arzneiverordnungen führen. Deshalb erlauben die Ergebnisse die Feststellung eines Kau-

salzusammenhanges zwischen Fluglärm und Arzneiverordnungen nicht. Genauere Aufschlüsse wären nur mit der Untersuchung einer Kontrollgruppe aus der Allgemeinbevölkerung möglich, was der Studie auch ausdrücklich vorangestellt wird. Regierung und Luftverkehrswirtschaft begründen damit die Notwendigkeit einer noch umfassenderen Untersuchung.

20 Millionen Menschen in der Bundesrepublik Deutschland leiden an der Volkskrankheit Bluthochdruck. Ursachen sind

im Allgemeinen Stress, Bewegungsmangel, Alkohol- und/oder Nikotinkonsum. Ein Teil der Mediziner sieht die Krankheit nicht zwingend im Zusammenhang mit dem Umfeld eines Flughafens, schließlich konnte man aus dem entschlüsselten Erbgut des vor 5300 Jahren verstorbenen Gletschermanns Ötzi neben einer Laktoseintoleranz auch eine Herz-Kreislaufinsuffizienz feststellen. Je nach Wohnlage der Gutachter kann auch ein privater Interessenskonflikt nicht ausgeschlossen werden.

Einer WHO-Studie zufolge sind 1,8% der Herzinfarkte in wirtschaftlich starken europäischen Ländern auf Verkehrslärm zurückzuführen. Herz-Kreislauf-Erkrankungen sind demnach die häufigste Todesursache in der EU und belasten das Gesundheitsbudget mit etwa 40%. Eine 2008 erschienene Studie der Organisation Transport & Environment zeigte, dass Schienen- und Straßenlärm europaweit jedes Jahr für 50.000 tödlich verlaufende Herzinfarkte und 200.000 Fälle von Herz-Kreislauf-Erkrankungen verantwortlich sind.

Die WHO-Studie rechnete die durch Krankheit beeinträchtigten Lebensjahre im Vergleich zur durchschnittlichen Lebenserwartung der rund 345 Millionen EU-Bürger hoch. Demnach liegt die Gesamtsumme von »verlorenen gesunden Jahren« in der EU bei mindestens einer Million pro Jahr.

Nun sind diese Zahlen zwar auf Verkehrslärm im Allgemeinen bezogen, es lässt sich aber doch nicht bestreiten, dass der Fluglärm von oben eine intensivere Qualität hat und deshalb einen besonderen Platz in der Psychoakustik einnimmt: Zwei gleichlaute Schallereignisse werden unterschiedlich empfunden, wenn das eine von der Straße nach oben, und das andere von oben nach unten dringt. Natürlich spielen auch Plötzlichkeit, Lautstärke, Frequenz und die Akzeptanz eine Rolle.

Die Schweiz hat die jährlichen Kosten des Verkehrslärms mit neun Milliarden Schweizer Franken für das ganze Land beziffert. Darin enthalten sind direkte Kosten für Lärmsanierungen, Bau von Lärmschutzwänden oder den Einbau von Schallschutzfenstern. Dazu kommen die indirekten Kosten wie Wertverlust der Immobilien sowie lärmbedingte Gesundheitsschäden wie Kopfschmerzen, Bluthochdruck und Herz-Kreislauf-Erkrankungen. Auch Produktionsausfälle durch verminderte Leistungsfähigkeit oder Umsatzeinbußen im Tourismus wurden dazu addiert.

Tinnitus

Etwa jeder fünfte Mensch ist schwerhörig, jeder zehnte leidet unter Tinnitus. Die Betroffenen nehmen das Phänomen als Sausen, Zischen, Pfeifen, Dröhnen oder Klingeln wahr. Während viele Patienten mit dieser Beeinträchtigung gut umgehen können, klagen andere über großen psychischen Stress mit Konsequenzen für Beruf und Privatleben.

Die Ursachen sind schwer einzugrenzen und kaum überschaubar. Mittelohrentzündungen, Knalltraumata, Dauerlärm, Hörstürze, Stress oder Altersschwerhörigkeit können zu Tinnitus führen. Es kann aber auch ein Hinweis auf eine Funktionsstörung der Halswirbelsäule oder von Kiefergelenkserkrankungen sein. Tinnitus wird durch Durchblutungsstörungen der Hals-, Kopf- oder Wirbelsäulengefäße sowie Stoffwechselerkrankungen begünstigt. Über 200 psychosomatische und psychologische Ursachen haben Tinnitus im Schlepptau.

Die oben schon erwähnten Sinneszellen im Innenohr, welche die Schallwellen in elektrische Signale umwandeln und an das Hörzentrum schicken, sind dabei geschädigt. In vielen Fällen kann man den Tinnitus mit Sauerstoff und blutverdünnenden Infusionen erfolgreich behandeln, in anderen Fällen bleibt das Pfeifen ein Leben lang.

Phonophobie

Phonobhobie bzw. Geräuschphobie ist eine psychologische Reaktion, bei der nur bestimmte, negativ besetzte Geräusche als unangenehm bis unerträglich laut empfunden werden, während dies bei anderen Geräuschen nicht der Fall ist, nicht einmal dann, wenn deren Lautstärke höher ist. Phonophobie geht einher mit

- Fluchtreaktionen
- Angst vor dem Geräusch
- Schweißausbruch
- Zunahme der Herzfrequenz
- Benommenheit
- Panikattacken
- Stimmungsschwankungen im Zusammenhang mit dem gefürchteten Geräusch

Bei einer fortschreitenden Phonophobie werden immer leisere Geräusche als bedrohlich empfunden, das Spektrum weitet sich aus. War eine Phonophobie anfangs nur auf Fluglärm ausgerichtet, kann sich daraus eine Hyperakusis entwickeln. Phonophobie kann man z.B. durch Exposition therapieren, aber auch durch Maßnahmen, wie bei der Hyperakusis.

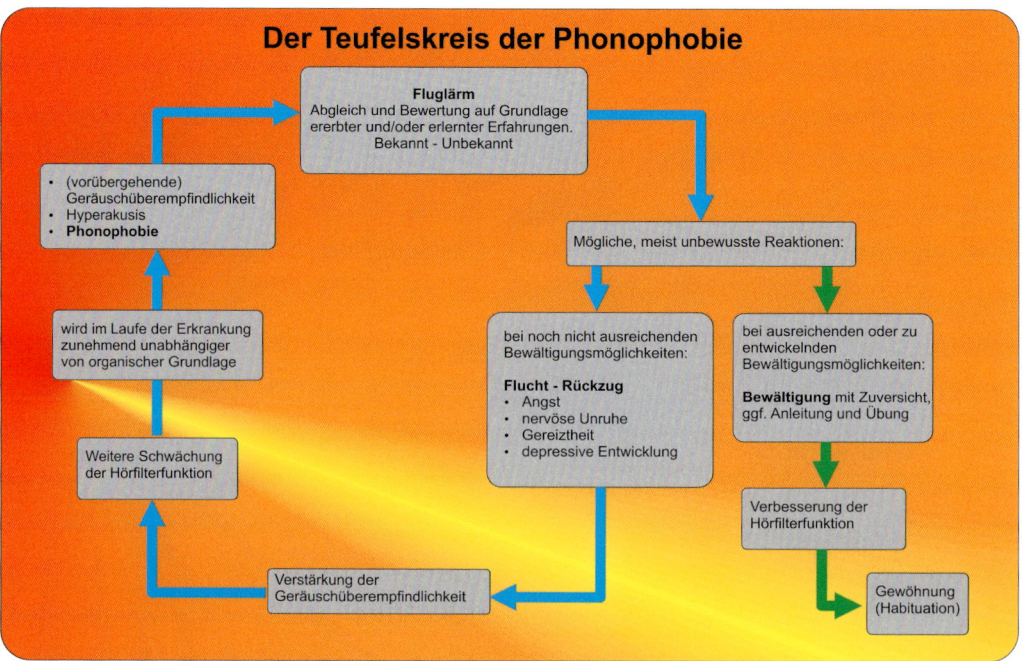

Der Teufelskreis der Phonophobie

Hyperakusis

In Deutschland leiden ca. 500.000 Menschen unter der sogenannten Hyperakusis. Das ist eine pathologisch gesteigerte Empfindlichkeit gegenüber Schallereignissen, die normalerweise noch nicht als unangenehm laut empfunden werden. Die Hyperakusis tritt oft zusammen mit Tinnitus oder Phonophobie auf. Sie ist noch so wenig erforscht, dass sich auch Ärzte noch über Ursachen und Behandlung streiten. Da keine konkreten Ursachen festgestellt werden können, vermutet man Stress und emotionale Gründe. Als wirksame Therapie haben sich erwiesen:

- Abbau von Vermeidungsverhalten (beispielsweise kein Tragen eines Gehörschutzes bei normalen Umgebungsgeräuschen)
- Verminderung von Ängsten durch entsprechende diagnostische Maßnahmen, die belegen, dass das Gehör des Patienten intakt ist und durch normale Alltagsgeräusche keinen Schaden nehmen wird
- Hörtherapie zur Gewöhnung an Alltagsgeräusche
- begleitende Psychotherapie, sofern die Hyperakusis eine seelische Komponente aufweist

Lärm als Folter

Von China bis Guantanamo wurde Lärm auch als Foltermethode eingesetzt, die bis zum Tod führen kann. Der Schalldruck zerstört nicht nur das Gehör, sondern bringt sogar die Lungenbläschen zum Platzen. Auch bei uns wurden im Mittelalter Delinquenten auf Glocken gebunden, die Tag und Nacht läuteten. Die Opfer wurden dabei in den Wahnsinn getrieben. Lärm ab 180 dB führt in der Regel zum Tod. Reedereien setzen vermehrt Schallkanonen gegen Piraten ein, die im Bereich von 2100-3100 Hertz einen schrillen Ton von etwa 150 dB aussenden. Er führt im Nahbereich zu einem starken Schmerzreiz, kann allerdings durch Tragen von Gehörschutz wieder neutralisiert werden.

Der Nocebo-Effekt

Wir alle kennen den Placebo-Effekt. Placebo ist lateinisch und heißt »ich werde gefallen«. Ein Patient erhält ein Medikament ohne Wirkstoff. Trotzdem erfährt der Patient eine positive Veränderung seines subjektiven Befindens, das schließlich sogar objektiv messbar ist.

Der wenig bekannte Nocebo-Effekt funktioniert genau anders herum. Nocebo ist auch lateinisch und heißt »ich werde schaden«. Wird dem Medikament, das wiederum keinen Wirkstoff hat, eine negative Nebenwirkung zugeschrieben, besteht eine erhöhte Wahrscheinlichkeit, dass der Proband über diese Nebenwirkung klagt. Es gibt diese Fälle auch bei Fehldiagnosen von Ärzten, oder bei den berühmten Aktenverwechslungen, wo völlig gesunden Menschen eine stark verkürzte Lebensdauer eingeredet wird. Prompt stellen sich auf Grund der veränderten Erwartungshaltung entsprechende Symptome ein (selbsterfüllende Prophezeiung).

Der Münchner Arzt Dr. Markus Thoma schreibt dazu: »*Der Nocebo-Effekt wird unter Ärzten und Zahnärzten im Gegensatz zum weithin bekannten Placebo-Effekt kaum thematisiert. Während beim Placebo-Effekt von vornherein die positi-*

ve Erwartungshaltung im Vordergrund steht, durch eine ärztliche oder zahnärztliche Maßnahme einen günstigen Einfluss auf ein Krankheitsgeschehen zu nehmen, werden beim Nocebo-Effekt zunächst Befürchtungen aufgebaut, durch äußere Einflüsse krankgemacht zu werden.«

Nebenwirkungen sind vielfach Erkrankungen mit psychosomatischen Ursachen. Dabei können Übelkeit, Kopfschmerzen, Erschöpfung oder Benommenheit auftreten. Objektive Symptome wie Hautausschlag, Hypertonie und erhöhte Herzfrequenz können sich dazugesellen. Es kann zu einer leichten und vorübergehenden Erkrankung kommen, es kann aber auch chronisch werden und im Extremfall sogar zum Tode führen. Das wirklich Gefährliche am Nocebo-Effekt ist die krankmachende Angst vor eingebildeten Gefahren. Frauen sind häufiger davon betroffen als Männer, Ältere mehr als Jüngere.

Ein berühmtes Beispiel ist die Arjenyattah-Epidemie. Am 21.03.1983 klagte eine Schülerin an einer Schule im Westjordanland über Atemnot und Schwindel. Kurz darauf meldeten sich sechs weitere Schülerinnen mit denselben Beschwerden. Als dann 17 weitere Schülerinnen »erkrankten«, wurde die Schule geschlossen. Ein gelbes Pulver an den Fensterrahmen diente als Beweis für Rückstände von Giftgas. Tatsächlich war es Blütenstaub, was man aber erst viel später herausgefunden hatte. Am nächsten Tag lagen 60 Schülerinnen im Krankenhaus. Die Medien waren voll davon. Weitere 949 Personen meldeten sich danach mit Kopfschmerzen, Schwindel, Bauchschmerzen, Muskelschmerzen und Ohnmacht, 77% davon waren weiblich. Die Labore konnten jedoch keine Ursachen feststellen, es gab keine Giftspuren in Blut oder Urin, Messungen am Ausbruchsort der Epidemie erbrachten keinerlei Belastung.

Mittlerweile unterstellten die Palästinenser der israelischen Besatzung einen Giftgasangriff, die Schülerinnen wurden schon am zweiten Tag mit Flugblättern zum Kampf gegen die Besatzer aufgefordert und an ihre Verpflichtung gegenüber ihrem Volk erinnert. Eine Nachrichtenagentur sprach von Massenmord, der PLO-Chef Arafat gar von Völkermord, die Vereinten Nationen drückten Israel gegenüber »ihre Besorgnis« aus. Nach zwei Wochen war die Epidemie jedoch, so plötzlich wie sie gekommen war, wieder vorbei. Heute weiß man, dass sie durch psychologische und nicht-medizinische Faktoren gesteuert war. Vor allem führte die öffentliche Aufmerksamkeit der Medien zu einer Massenhysterie.

Die über Generationen angelegte *Framingham-Herz-Studie* der amerikanischen Gesundheitsbehörde stellte fest, dass Frauen, die sich vor einer Herzkrankheit fürchteten, innerhalb von 20 Jahren mit vierfacher Wahrscheinlichkeit einen Infarkt oder plötzlichen Herztod erlitten. Die Ergebnisse der Studie wurden übrigens im Hinblick auf Tabakkonsum und Hypertonie korrigiert.

Nicht zu unterschätzen ist der volkswirtschaftliche Schaden des Nocebo-Effekts. Die Kosten für Behandlung von Medikamenten-Nebenwirkungen wurden gemäß einer Studie im Jahr 1995 allein in den USA auf 76,6 Milliarden Dollar geschätzt, wovon ein erheblicher, derzeit allerdings nicht zu beziffernder Anteil der menschlichen Einbildung und eben dem Nocebo-Effekt zugeschrieben wird.

Interessengruppen

Airlines

Linienfluggesellschaften haben eine öffentliche Aufgabe. Um ihre Marktzulassung zu erhalten müssen sie bestimmte Merkmale erfüllen, die ihnen laut Chicago Convention und dem deutschen LuftVG auferlegt wurden: Die Gewerbsmäßigkeit, die Öffentlichkeit, die Regelmäßigkeit, die Linienbindung, die Betriebspflicht, die Beförderungspflicht und die Tarifpflicht. Seriöse Airlines haben ein großes Interesse, ökologisch zu arbeiten. Nicht etwa nur wegen des Umweltgewissens. In erster Linie sparen sie Lärmzuschläge bei den Start- und Landegebühren. Neue Flugzeuge sind außerdem ökonomischer im Verbrauch, die Wartungsintervalle sind länger, das Flugzeug kann also mehr Geld verdienen. Auch der Ruf der Airlines ist besser, wenn sie eine Flotte von blitzsauberen, neuen Flugzeugen mit niedrigem Durchschnittsalter vorweisen können.

Wenn Flugzeuge am Boden stehen, kosten sie Geld; wenn sie fliegen, verdienen sie Geld. Auf allen internationalen Airports tobt eine Schlacht um die günstigsten Slotpaare. Langstreckenflüge werden gerne so gelegt, dass sie am frühen Morgen ankommen, damit der Kunde den Tag nutzen kann. Aus der Zeitverschiebung ost- oder westwärts und der Streckenlänge errechnet sich dann die günstigste Abflugzeit. Allerdings muss dann am Zielort auch ein Slotpaar frei sein. Und so entstehen dann mitunter nächtliche Abflug- oder Ankunftszeiten zu Hause, die zwar für Passagiere und Personal unbequem, aber nicht zu ändern sind. Bestimmte Strecken können nicht einfach gestrichen werden, weil man auch mit der Beifracht Geld verdient.

Grundsätzlich sind Airlines daran interessiert, sich das Umfeld ihrer Heimatflughäfen gewogen zu halten. Um den Grundlärm am Flughafen zu senken, experimentieren Lufthansa und DLR derzeit mit einem neuen Bugradantrieb, der von einer Brennstoffzelle alimentiert wird. Dies würde zumindest schon mal ein geräuschloses Rollen ermöglichen. Nebenbei würde allein die Lufthansa 44 Tonnen Sprit pro Tag sparen. Das gleiche wäre auch für die APU (Auxiliary Power Unit) denkbar, jenem kleinen Zusatztriebwerk, das am Boden den Strom für die Bordversorgung, die Klimaanlagen und den Start der Haupttriebwerke ermöglicht. Diese Aggregate verursachen nämlich

Es liegt im ureigenen Geschäftsinteresse einer jeden Fluglinie, sich den Bürgern so kooperativ und entgegenkommend zu zeigen, wie nur irgend möglich. Denn die Airlines wissen auch, dass die Passagiere im dichten Angebot der Unternehmen die Wahl haben, mit wem sie zukünftig fliegen.

ein omnipräsentes Hintergrundgeräusch an allen Flughäfen der Welt.

Je leiser die Flotte einer Fluggesellschaft ist, umso geringer wird der Widerstand des Umfelds gegen ihren Betrieb, auch an Tagesrandstunden oder in der Nacht sein.

Übrigens haben zumindest die amerikanischen Airlines im Laufe ihrer Existenz kein Geld verdient. Im Gegenteil: Seit Beginn der Passagierfliegerei haben sie – alle zusammengenommen – 33 Milliarden Dollar Miese gemacht. Sir Richard Branson formulierte es einmal so: »Wie wird man Millionär? Beginnen Sie als Milliardär und kaufen Sie sich eine Airline«.

Flugsicherung

Aufgaben und Luftraum

Der Flugsicherung obliegen unter anderem die Überwachung und Lenkung des Flugverkehrs, die wirtschaftlich und ökologisch optimale Durchführung von Flügen, die Verkehrsflusssteuerung und das Luftraum-Management, der Fluginformationsdienst, der Betrieb von Telekommunikations-, Navigations- und Ortungssystemen, der Nachrichtenaustausch zwischen verschiedenen Flugsicherungsorganisationen und -dienststellen. In Deutschland wird dies wahrgenommen durch die DFS, in Österreich von Austro Control und in der Schweiz von skyguide.

Die oberste Aufgabe der Flugsicherung ist es also, sicheren, zügigen und geordneten Luftverkehr auf der Grundlage nationaler und internationaler Vorschriften abzuwickeln. Dazu gehört die Sicherheitsmindesthöhe. Diese beträgt für Flüge nach Instrumentenflugregeln (IFR) außer bei Start und Landung über Städten, dicht besiedelten Gebieten, Industrieanlagen und Menschenansammlungen 300 m über dem höchsten Hindernis im Umkreis von 8 km. Dies ist international so festgelegt. Von Lärm oder Lärmvermeidung ist hier erst einmal nicht die Rede, denn das Sicherste für alle Beteiligten ist noch immer ein gerader Anflug auf der verlängerten Achse der

Landebahn. Das gleiche gilt für den Abflug. Trotzdem arbeiten – gerade für Frankfurt, Berlin und Zürich – eine Menge Leute an Lösungen für eine verbesserte Verträglichkeit für die Bevölkerung. Das erfordert aber Zeit. Und Geduld.

Die Anflugkontrolle eines Verkehrsflughafens hat einen bestimmten Luftraum zur Verfügung. Da der Obere Luftraum bei Flugfläche 245 beginnt, ist der Luftraum darunter bis hinab zur Sicherheitsmindesthöhe dem Regionalverkehr und den Flügen vorbehalten, die auf einem der umliegenden Flugplätze landen oder starten. Außerdem bewegen sich hier der Allgemeine Luftverkehr vom Segelflieger bis zur zweimotorigen Sportmaschine und ein Teil des militärischen Verkehrs. Der Luftraum, der der Anflugkontrolle für eine sichere, zügige und geordnete Arbeit zur Verfügung steht, ist also begrenzt.

Für die vertikale Staffelung sind in diesem Luftraum 1000 Fuß (~300 m) vorgeschrieben. Der horizontale Mindestabstand innerhalb von 20 nautischen Meilen

Fluglotsen arbeiten hochmotiviert daran, Flugzeuge sicher, zügig und geordnet von ihrem Startflughafen zu ihrem Zielflughafen zu bringen. Im Rahmen veröffentlichter Verfahren werden sie gewissenhaft Städte und in ihren elektronischen Karten eingezeichnete Gefahrenzonen meiden.

Jeder dieser Kontrollstreifen steht für ein Flugzeug, das mit 300, 400 oder 500 km/h durch den Sektor des Controllers fliegt. Jeder dieser Streifen steht aber auch für hunderte von Passagieren. Es gibt keinen »Freeze-Button«, mit dem man eine komplexe Situation im Luftverkehr mal eben anhalten kann. Wer will nun dem Anfluglotsen einen Vorwurf machen, wenn er mal eine Maschine ein paar Meilen später zum Endanflug eindreht als sonst?

(NM) oder 36 km um den Flugplatz beträgt 3 NM (5,55 km); jenseits des Nahbereichs beträgt er 5 NM (9,26 km). Zusätzliche Aufschläge gibt es für Wirbelschleppen hinter Großraumflugzeugen. Da man von anderen Lufträumen einen horizontalen Sicherheitsabstand einhalten muss, sind der planerischen Vielfalt Grenzen gesetzt.

Man muss immer berücksichtigen, dass die sich laufend verändernde Verkehrslage ein dreidimensionaler, dynamischer Prozess ist, auf den es in Sekundenschnelle zu reagieren gilt. Eine Richtungsänderung kann z.B. durch eine drohende Staffelungsunterschreitung geboten sein. Da kann man keine Rücksicht darauf nehmen, dass dadurch der Ortsrand einer Gemeinde überflogen werden könnte.

Näheres zur hochkomplexen Arbeit der Fluglotsen findet sich für weiter Interessierte übrigens auch in meinem Buch »Beruf Fluglotse«, das ebenfalls im Motorbuch Verlag erschienen ist.

Lärmschutzkommission

Im § 32b des deutschen LuftVG wird eine Kommission angesprochen, die die Genehmigungsbehörde, das Bundesaufsichtsamt für die Flugsicherung (BAF) und die Flugsicherungsorganisation über Lärmschutzmaßnahmen berät. Genehmigungsbehörde, BAF und Flugsicherung informieren ihrerseits die Kommission über die beabsichtigten Maßnahmen.

Die Kommission darf der Genehmigungsbehörde, der BAF und der Flugsicherung Vorschläge zum Lärmschutz unterbreiten. Werden diese nicht für geeignet oder durchführbar gehalten, ist die Kommission darüber unter Angabe von Gründen zu informieren.

Der Kommission sollen angehören: Vertreter der in der Umgebung des Flugplatzes betroffenen Gemeinden, Vertreter der Bundesvereinigung gegen Fluglärm, Vertreter der Airlines, Vertreter des Flugplatzbetreibers, Vertreter der von der Landesregierung bestimmten obersten Landesbehörden sowie weitere Mitglieder, soweit es die besonderen Umstände des Einzelfalles erfordern. Die Kommission soll nicht mehr als 15 Mitglieder haben. Die Mitgliedschaft ist ehrenamtlich.

Flughäfen

Das Chicagoer Luftfahrtabkommen von 1944 regelt die Einrichtung und den Betrieb von Flughäfen. 191 Länder haben diesen Vertrag unterschrieben. Auf dieser Grundlage verpflichten sich auch die Mitgliedstaaten, Flughäfen einzurichten und nach bestimmten Standards zu betreiben. Die weltweit etwa 49.000 Flughäfen sind kein Selbstzweck. Wie jeder Bahnhof und jeder Seehafen dienen sie vor allem dem öffentlichen Interesse, sie haben nämlich eine Transportaufgabe zu erfüllen. Und wie jedes Wirtschaftsunternehmen muss ein Flughafen wirtschaften, um die enormen Kosten für Liegenschaften, Technik, Personal, Sicherheit und Betrieb einzufahren sowie Rücklagen für Reparaturen, Anpassung, Ausbau und Wachstum zu bilden. Gewinne und Rücklagen zu erwirtschaften ist nicht der Hauptzweck. Lässt man einen Flughafen verkommen, werden die Passagiere ihn meiden und zu anderen, zeitgemäßen, bequemeren oder sichereren Airports ausweichen. Er kann dann nicht mehr kostendeckend arbeiten, wird entweder Zuschüsse von der öffentlichen Hand fordern oder die Gebühren erhöhen und dann von immer mehr Airlines gemieden werden.

Da jedoch Liegenschaften und technische Einrichtungen Geld kosten, wird ein Flughafen versuchen, möglichst viel Verkehr anzulocken und für die Passagiere möglichst komfortabel zu erscheinen. Verkehrsanbindung, kurze Wege im Terminal, kurze Umsteigezeiten, kurze Gepäckumschlagzeiten und attraktive Verbindungen in alle Welt sind entscheidend für den Erfolg eines Flughafens im internationalen Vergleich.

Auf der Einnahmenseite lebt der Airport zuallererst einmal von Lande- und Startentgelten. Auf eine Basisgebühr, die normalerweise nach MTOW (Maximum Take Off Weight – Maximales Startgewicht) berechnet wird, kommen Zuschläge für Nachtbetrieb, Lärmzuschläge, Passagiergebühren, Abstellgebühren, Entgelte für Bodenverkehrsdienste und Infrastruktureinrichtungen. Natürlich verdient der Staat mit, denn zu allen diesen Gebühren addiert sich auch noch die Umsatzsteuer. Darüber hinaus verdient der Airport über Konzessionen und Vermietung von Immobilien, Ladenflächen und von Abfertigungsschaltern, zollfreien Läden, Werbeflächen sowie dem Frachtbetrieb. Und dann wären da noch die Parkgebühren. Denn so manch einer, der sein Auto nach einer Geschäfts- oder Urlaubsreise aus dem Parkhaus holt, zahlt mehr Parkgebühren als er für sein Flugticket hinlegen musste.

Ein gut angebundener Flughafen ist ein Motor für die Wirtschaft, auch wenn das viele Flughafenskeptiker nicht gerne hören. Stimmt das Umfeld, sind die Rahmenbedingungen günstig, werden Konzerne Filialen eröffnen, Speditionen lassen sich nieder, Transportunternehmen, ausländische Vertretungen, Zulieferbetriebe, Fabriken und Großhändler. Menschen siedeln sich an, ziehen den Einzelhandel nach sich, Dienstleistungen werden ausgebaut, ein primärer und ein sekundärer Arbeitsmarkt entstehen. Bauunternehmen und Baumärkte haben Hochkonjunktur, Steuern fließen, die Kultur wächst, der internationale Handel blüht. Küchenchefs aus aller Welt eröffnen Restaurants und bereichern die Lebensqualität der Region. Ich ganz persönlich bin heilfroh, wenn unsere Flughafenbetreiber Geld verdienen und die Investoren Gewinne einfahren. Denn investitionsfreudige Chinesen warten nur darauf, sich in europäische Filetstücke einzukaufen. Wie werden diese wohl mit Lärmbeschwerden umgehen, falls sie z.B. den Flughafen Kassel-Calden übernehmen?

All dies hat nun einmal seinen Preis: Der Flughafen kann ohne Flugzeuge nicht überleben. Und diese müssen, dem heiligen Florian sei's geklagt, starten und landen.

Mit Inbetriebnahme der vierten Piste in Frankfurt wurden zusätzliche Slots geschaffen. Die britische Fluggesellschaft bmi gehörte zu den ersten, die eine neue Direktverbindung mit drei täglichen Flügen nach East Midlands anboten. Damit wird z.B. eine weitere zukunftsorientierte Industrieregion des Vereinigten Königreichs mit dem Rhein-Main Gebiet verknüpft, was beidseitig zu Jobs und wirtschaftlichem Wachstum führen kann. Weitere wirtschaftliche Zentren können mit der erweiterten Kapazität des Frankfurter Flughafens für den eigenen Handel erschlossen werden.

Dies bringt uns eigentlich zu einem viel tiefer liegenden und im Prinzip unserer

Gesellschaft innewohnenden Problem: Unsere Wirtschaft ist ganz auf Wachstum aufgebaut. Autos, Waren, Konsumgüter, Möbel, mechanische, elektrische und elektronische Geräte werden nicht mehr so gebaut, dass sie ein Menschenleben lang halten oder gar darüber hinaus, sondern dass sie nach einigen Jahren ersetzt werden müssen. »Geplante Obsoleszenz« nennt man das. Ein Artikel, der nicht kaputt geht, ist eine Katastrophe für das Geschäft. Gleichzeitig gibt es den Wunsch der Bevölkerung auf Teilhabe zu möglichst geringen Preisen. Werbung, kurze Produktlebensdauer und Kredite sind die Säulen dieses Wachstums um seiner selbst willen. PC-Drucker mit teuren Ersatzpatronen sind nur ein Beispiel. Das gesamte Gerät zu ersetzen ist bisweilen billiger als drei neue Farbpatronen zu kaufen.

Die Nachfrage nach billigem Fleisch führt zur Massentierhaltung und Fütterung mit Klärschlamm oder sonstigen Unappetitlichkeiten. Zusammengeklebtes Formfleisch aus Resten ist billiger als ein gewachsener Schinken. Am Ende ist Geiz eben gar nicht so geil. Und auch im Passagiergeschäft führen immer billigere Flugtickets zu einer erhöhten Nachfrage. Gleichzeitig drücken die Billigtickets die Kosten, die Anbieter greifen auf billige Arbeitskräfte zurück. Das ist eigentlich nicht der Motor, den wir wollen. Nach diesem Exkurs, der aber letztlich mit zum Gesamtbild gehört, wieder zurück zu den Flughäfen.

Da Flughäfen im nationalen wie im internationalen Wettbewerb mit anderen Airports stehen, ist jeder bemüht, sein Angebot auszubauen. Unter Investitionszwang und Kostendruck verliert das Management schnell einmal den Blick für die Notwendigkeit, die Anwohner mitzunehmen. Denn wer etwas will, findet Wege es zu ermöglichen. Aber, wer etwas nicht will, findet Begründungen, es zu verhindern! Flughäfen und deren Wachstum sind nämlich auch Zankäpfel, Reizthemen und Gegenstand von Anwohnerprotesten.

Wirtschaft

Der reibungslose Betrieb und die Verknüpfung eines Flughafens mit dem internationalen Streckennetz sind von enormer Wichtigkeit für die Volkswirtschaft, die Finanzkraft und für den kulturellen Erfolg eines Standortes, einer Region oder sogar eines Landes. Das ist nicht nur wegen der meist mehreren zehntausend direkten Arbeitsplätze wichtig, sondern wegen den Hunderttausenden, die indirekt dadurch gesichert sind. Bisweilen muss man diesem höheren Ziel auch schon einmal Einzelinteressen unterordnen.

Die Los Angeles County Economic Development Corporation (LAEDC) schätzte 2007 den finanziellen Gegenwert einer jeden Transpazifik- oder Transatlantikverbindung eines Großraumflugzeugs für die örtliche Wirtschaft auf jährlich 620 Millionen Dollar, 3.120 Arbeitsplätze und 156 Millionen Dollar in Löhnen und Gehältern. Im Jahr 2006 entfielen allein auf die internationalen Überseeverbindungen am Flughafen Los Angeles 82 Milliarden Dollar durch Einkünfte des Flughafens, durch Ausgaben der Besucher in Südkalifornien und Frachtdienste für die Warenwirtschaft. Sie alimentierten 362.000 direkte und indirekte Arbeitsplätze und erzeugten 19 Milliarden Dollar an Gehältern

(www.laedc.org/reports). Da jede Region der Welt anders strukturiert ist, kann man diese Rechnungen natürlich nicht 1:1 auf die verschiedenen Airports in Europa übertragen, aber interessant sind die Zahlen aus den USA noch allemal. Ausländische Reisende gaben 2010 in Deutschland 26 Milliarden Euro aus, das waren 5,4% mehr als im Vorjahr. 60 Millionen Übernachtungen von Ausländern wurden in ganz Deutschland gezählt, über die Hälfte davon in Städten mit über 100.000 Einwohnern. (Quelle: Deutsche Zentrale für Tourismus e.V., Incoming-Tourismus, Deutschland, Edition 2011)

Politik

Politiker aus Bund, Ländern und Gemeinden werden für vier oder fünf Jahre gewählt. In dieser Zeit darf erwartet werden, dass sie ihre ganze Arbeitskraft in ihr Amt einbringen, sieben Tage die Woche. Sie müssen sich weiterbilden in Themen, wo sie vorher noch nicht Experten waren, sie müssen ihr Urteilsvermögen schärfen, sie müssen im Sinne der Bürger, der Wirtschaft, des Umweltschutzes entscheiden, sie müssen Interessen gegeneinander abwägen oder bündeln, Mehrheiten organisieren und sich gegebenenfalls auch

Wenige bundesdeutsche Flughäfen ziehen soviel Geschäfte, Industrien und Konferenzzentren an sich wie Frankfurt am Main. Das Geschäftszentrum Squaire bietet Geschäfte, Supermarkt, Tagungsräume, Hotel, Fitnesszentren und vieles mehr. Unterirdisch liegt ein ICE Fernbahnhof, direkt daneben ein Regional- und S-Bahnhof, Bussteige, Taxistände, und Parkhäuser. Der Weg vom oder zum Gate ist kurz, weshalb der Rhein-Main-Flughafen in Frankfurt ein bevorzugter Konferenzort ist.

schon mal auf die Seite von Minderheiten schlagen. Sie sollen alle Entscheidungen vor ihrem Gewissen verantworten können, auch wenn es zum persönlichen Nachteil und auf Kosten einer Wiederwahl ausgehen könnte. Sie müssen jeder Versuchung der Vorteilsnahme widerstehen und darauf gefasst sein, dass ihr Privat- und Familienleben unter die Lupe genommen und jede Schwachstelle breitgetreten wird. Sie müssen damit leben, dass sie schon am Tag nach ihrer Wahl als Taugenichtse oder Gauner verunglimpft werden, weil »Politiker das eben sind«, wie der Stammtisch sagt.

Gewählter Politiker zu sein ist ein spannendes Amt, das viel mit Vertrauensvorschuss zu tun hat. Wenn sie diese Herkulesaufgabe treu und redlich erledigen, seien ihnen auch ihre Diäten, Bezüge und Aufwandsentschädigungen gegönnt, denn in der Kernzone Europas leben 100 Millionen Menschen in etwa 17.000 Städten und Gemeinden in Deutschland, Österreich und der Schweiz. Diese müssen ja irgendwie verwaltet, versorgt und geschützt werden.

Eine solche Politikeraufgabe ist z.B. der Ruheschutz der Bürger. Er möge dafür Sorge tragen, dass es Rückzugsräume gibt, in denen der Bürger Ruhe und Erholung findet. In Flughafennähe ist das so gut wie unmöglich. Landesregierungen und Stadtparlamente sind sowohl den Bürgern als auch der Förderung der Wirtschaft in ihrem Verantwortungsbereich verpflichtet. So steht das wirtschaftliche Interesse, möglichst viele Flugbewegungen in einem 24-Stunden-Betrieb zu ermöglichen dem Ruheinteresse der Bürger entgegen. Überzeugen statt erzwingen dürfte dabei die bessere Methode sein.

Passagiere

Ein Flughafen, der zu jeder Zeit Verbindungen in alle Welt anbietet, macht eine Region für Firmen und internationale Institutionen attraktiv. Auch Privatleute schätzen die zahlreichen Verbindungen in die große weite Welt und die leichte Erreichbarkeit.

Wenn man aber die täglichen Schlagzeilen in der Zeitung liest, wenn man im Internet auf all die Fluglärmaktionen stößt, muss man sich unweigerlich fragen, gibt es denn überhaupt noch Leute, die fliegen? Wer sitzt denn eigentlich noch in all diesen Flugzeugen? Doch nicht etwa Flughafenbefürworter und Flughafengegner einträchtig angeschnallt nebeneinander? Mit über 60 Milliarden Euro Umsatz haben deutsche Reisende 2010 wieder einmal die Weltmeisterschaft unter den Auslandsurlaubern gewonnen. Die Deutschen produzieren allein durch ihr tägliches Leben jährlich etwa zehn Tonnen CO_2 pro Kopf. Das ist so viel wie eine Flugreise nach Australien. Jeder Mensch, der sich ein Flugticket kauft, produziert Emissionen. Egal wie viel das Ticket kostet, 500 oder 5.000 Euro. Würden wir aber keine Fernreisen mehr unternehmen, würden vor allem die Länder darunter leiden, die vom Tourismus leben.

Verfolgt man die Reiseanalyse der Forschungsgemeinschaft Urlaub und Reisen, erkennt man einen moderaten Anstieg der Urlaubsreisen von 1970 bis in die Mitte der 1980er-Jahre. Nach der deutschen Wiedervereinigung zeigte die Kurve steil nach oben. Machten die Bürger bis dahin einen Urlaub pro Jahr, entwickelte sich in den 1990er-Jahren der Trend zu zusätzlichen Kurzreisen von bis

Die Abflughalle B des Frankfurter Flughafens. Die Tafel liest sich wie das Städteregister eines Weltatlasses, dabei zeigt sie nur einen Zeitraum von zwei Stunden an!

zu fünf Tagen. Dieser Trend verstärkt sich jährlich. Waren es 2008 noch 17% der Deutschen, registriert man jetzt schon 25% der Bevölkerung, während 70 bis 80% mindestens einmal pro Jahr in Urlaub fahren oder fliegen. Konkret unternehmen jährlich etwa 10 Millionen der über 35 Millionen deutschen Haushalte 28 Millionen Urlaubsreisen mit dem Flugzeug. Für den Airport und die Anrainergemeinden macht es keinen Unterschied, ob jemand für drei Wochen verreist oder für einen Tag. Aber die Häufigkeit der Reisen ist sehr wohl zu spüren.

Der Reisemarkt für private Flugreisen teilt sich in fünf Segmente auf:
• Städtereisende (alle Altersgruppen, »Junggebliebene«) – 18,8%

• Erholungs- & Familienreisende (30–44) – 28%
• sog. »Best-Ager« (50+) – 22,6%
• Kultur- & Wissensreisende (45+) – 23,6%
• sog. »Silver Traveller« (60+) – 7%

Signifikante Änderungen im Reiseverhalten sind nur über den Preis zu erzielen. Eine Studie des österreichischen Bundesministeriums für Wirtschaft, Familie und Jugend kommt zum Ergebnis, dass das Flugzeug derzeit für den Jahresurlaub das dominante Verkehrsmittel ist. 68% der Österreicher nutzen es für einen Flug ins Ausland. Stiegen die Ticketpreise für Urlaubsflüge um das Doppelte, würden künftig 15% trotzdem fliegen, 45% würden aber weniger Urlaubsflüge

87

unternehmen, 8% ein näheres Urlaubsziel wählen. Jeder Fünfte würde auf eine Flugreise verzichten. Stiegen die Ticketkosten sogar um das Dreifache an, würden nur noch 7% der befragten Flugreisenden trotzdem fliegen, 39% würden dann ganz auf einen Flug verzichten. 33% würden weniger fliegen, 5% ein näheres Reiseziel wählen.

Für den größten Teil des mitteleuropäischen Raums dürfte die folgende Annahme zutreffen: Sollte eine Abfolge von mehreren extrem heißen oder verregneten Sommern mit unattraktiven Bedingungen im eigenen Land oder in den bisher frequentierten Urlaubsregionen eintreten, würde etwa ein Viertel der Bevölkerung ihr Reiseverhalten ändern und klimatisch angenehmere Regionen aufsuchen.

Bürgerinitiativen

Die etwa 600 Bürgerinitiativen gegen Fluglärm in Deutschland schätzen ihre bundesweite Anhängerschaft auf einige Millionen, die mehr oder weniger aktiv die verschiedenen Kampagnen unterstützen. Die Schätzungen sind nur ungefähr, da sich nur eine Minderheit als eingetragene Mitglieder aktiv engagiert. Der Spiegel schätzt 750.000 belastete Bürger in Nachbarschaft der neun verkehrsreichsten Flughäfen Deutschlands.

Seit November 2011 ist das Terminal 1 des Frankfurter Flughafens Schauplatz von Lärm-Demonstrationen, zu denen tausende von Fluglärmgegnern strömen. Die Forderungen dieser Bürgerinitiativen decken ein weites Spektrum ab: Lärmschutzauflagen, Nachtflugverbot, Verlegung der Routen, Reduzierung des Flugbetriebs um etwa die Hälfte, Aufgabe der Hubfunktion,

Rückbau der neuen Landebahn und steilere Anflüge. Manche wünschten sich sogar die Schließung des Flughafens samt Einsperrung des Personals.

Wir können stolz auf unsere Presse-, Rede- und Versammlungsfreiheit sein. Das sind demokratische Errungenschaften, die nicht eingeschränkt werden dürfen. Wir möchten in unserem sozialen Umfeld mündige Bürger, die sich am politischen Leben beteiligen. Ebenso ist aber auch wünschenswert, dass die Vernunft eine faire Chance erhält, dass Argumente von der jeweils anderen Seite gehört und validiert werden.

Wie effektiv die Arbeit der Bürgerinitiativen ist, erkennt man daran, dass die Politik plötzlich zuhört, dass sie auf Forderungen eingeht und Gesprächsbereitschaft zeigt. Medien, Gewerkschaften, Kirchen greifen das Thema auf. Lärmschutzauflagen werden erstritten. Bürgerinitiativen im Bausch und Bogen als hysterisch abzutun, ist sicherlich ein großer Fehler, der sich rächen kann. Die Effektivität einer Bürgerinitiative erkennt man nämlich auch daran, dass sich unter dem Stichwort »Mitmachen« plötzlich Bürger gegen Fluglärm wehren, die gar nicht so genau wissen, was sich unter dem Begriff überhaupt verbirgt. Ist es die simple Tatsache, dass man ein Flugzeug hört (wahrnimmt), oder beginnt die Belästigung erst, wenn eine normale Unterhaltung nicht mehr möglich ist? Lebt man in der Nähe eines Flughafens, ist es eigentlich selbstverständlich, dass man die Flugzeuge hört, die dort starten und landen. Was sollen sie auch sonst machen. Der Bewegung schließen sich teilweise aber auch Menschen an, die sich gar nicht im Klaren darüber sind, welche Bedeutung der Luftverkehr für das tägliche Leben eines jeden Einzelnen hat.

Als Deutschland nach dem Krieg sein Wirtschaftswunder erlebte, hat sich kein Mensch über die Jets in Frankfurt, Hamburg oder München aufgeregt, und die waren nun wirklich laut. Aber wir werden ganz offenbar Zeugen eines konsumorientierten Wertewandels, der den wirtschaftlichen Fortschritt als Selbstverständlichkeit voraussetzt. Wir haben Sonnenstudios, Nagelstudios, sieben Friseure und zehn Apotheken pro Straße, Billigflieger zum Ballermann, private Lärmmessstationen und trotz vergleichsweise leiser Flugzeuge Fluglärmproteste in nie dagewesenem Umfang.

Menschen lassen sich erfolgreich steuern, wenn man die Urängste anspricht, ihre Gesundheit. Dabei haben die Bürger den Fluglärmgegnern ja einiges zu verdanken: Schallschutzmaßnahmen, schalldichte Fenster, leisere Triebwerke, leisere An- und Abflüge. All diese Maßnahmen kosten Geld, schmälern den Gewinn und kommen nicht freiwillig zustande, weil etwa Airlines und Airports so sozial eingestellt sind. Nein, sie wurden erstritten und sie entstammen der Einsicht, dass nur im vernünftigen Miteinander produktiv gearbeitet werden kann. Bisweilen muss dieser Einsicht gerichtlich nachgeholfen werden.

Wie stark sind diese Bürgerinitiativen nun landesweit wirklich? Bei den Zusammenschlüssen der Anrainerorte eines Flughafens addieren Ortsbürgermeister, Parteisprecher oder Aktivisten gerne die Einwohnerzahlen zusammen und kommen auf hohe Zahlen, aus denen sie entsprechendes Gewicht ableiten. Tatsächlich sind darunter auch zigtausende Mitarbeiter des entsprechenden Flughafens und deren Familien, die eine gänz-

lich andere Einstellung dazu haben. Es sind auch Menschen darunter, die den Fluglärm gar nicht als solchen empfinden und sich auch nicht von Nachbarn und Aktivisten »kirre machen lassen«, wie sie das selbst formulieren. Natürlich rundet man die Zahlen dann gerne auf die nächste volle Million auf oder ab, je nachdem in wessen Interesse es gerade ist.

Die Kehrseite der Lärmschutzauflagen

Welche seltsamen Auswüchse allzu starr ausgelegte Lärmschutzauflagen haben können, zeigte sich am 05.12.2010, als die Rückreise des Fußballvereins Borussia Dortmund als frisch gebackener Herbstmeister von einem Spiel in Nürnberg zur Provinzposse geriet. Die Schutzgemeinschaft Fluglärm Dortmund – Kreis Unna e.V. hatte ein Nachtflugverbot durchgesetzt, das um 23.00 Uhr beginnt. Um 22.55 Uhr befand sich das Flugzeug mit ausgefahrenem Fahrwerk im langen Endanflug auf Dortmund. Um 23.00 Uhr

BBI-Fluglärmgegner drohen mit Klageflut

31. Mai 2011 22.53 Uhr, THOMAS KITTAN

Fluglärmgegner fordern Potsdam und Berlins Südwesten zu umfliegen - oder drohen mit einer Klagewelle.

Märkische Allgemeine

Fluglärmgegner ziehen durch Berlin-Mitte

31.05.2011

Hunderte Demonstranten unterwegs

Potsdam/ Berlin - Heute am frühen Abend und erstmalig Fluglärmgegner durch Berlin-Mitte. Mehrere hundert Demonstranten aus der Hauptstadt sowie Brandenburg demonstrierten auf der Friedrichstraße und behinderten dort zeitweise den abendlichen Berufsverkehr.

Düsseldorf
Fluglärmgegner: Jets gefährden Gesundheit

Fluglärm-Gegner aus der Region wollen Flughafen-Zufahrten blockieren

Von Michael Heinze

Fluglärmgegner decken den Bazl-Chef mit Einsprachen ein

Die Planung für den Flughafen Zürich bewegt die Gemüter. Seit dem Start der Vernehmlassung sind beim Bundesamt für Zivilluftfahrt bereits 700 Einsprachen eingegangen.

Stahnsdorfer eröffnen

Fluglärmgegner in Hessen bekommen Zulauf
29.07.2011

Fluglärmgegner wollen Airport blockieren
Von Von Tobias Reichelt

Fluglärmgegner wittern Morgenluft

Geld an Fluglärmgegner wird im März gezahlt

Fluglärm-Gegner aus der Region wollen Flughafen-Zufahrten blockieren
29.04.2011 - MAINZ

Fluglärmgegner schreiben an Merkel
30.09.2010 - MAINZ

Fluglärm-Gegner machen jetzt mobil

HEIST: Bürgerinitiative sammelt Spenden für Anwalts-Honorar

VON SEBASTIAN HÖHN

Fluglärm in Niederösterreich: Für Fluglärmgegner keine Argumente für den Bau einer neuen Piste

Fluglärmgegner kritisieren Bundeswehrdebatte

THURGAUER ZEITUNG DONNERSTAG, 4. NOVEMBER 2010

Fluglärmgegner frohlocken

Die Mehrheit der 15000 Stellungnahmen zum neuen Flughafen Kloten kommt aus dem Osten, sagen die hiesigen Fluglärmgegner. Das sei ein starkes Zeichen gegen noch mehr Ostanflüge.

FRAUENFELD

«Keine Volksabstimmung»

Fluglärmgegner wollen im Rahmen der Umweltverträglichkeitsprüfung für dritte Fall mitreden

"Wir sind sicher keine Querulanten"

Von Mathias Ziegler

Die Fluglärmgegner melden sich in lauter zu Wort

BBI: Zeuthener Fluglärmgegner setzen ein Lichtzeichen
Donnerstag, 09. Dezember 2010 10:45

Von Redaktion

Zeuthen sagt mal NEIN

Weitere Information:

- Antifluglärmgesetz von Thomas Mehrfort

Ausgewählte Artikel zum Thema:

- Mit dem Bus zur Demo - Ticketverkauf auf Wochenmarkt
- BBI: Hellriegel informierte in Zeuthen über Anträge und mögliche Klagen
- Tausende protestieren in Zeuthen gegen Fluglärm

Demonstration: 350 Fluglärmgegner
Roland Heinrich

Fluglärmgegner klagen die Republik

Die Antifluglärmgemeinschaft (AFLG) will Entschädigungen für die Wertminderung von Liegenschaften einklagen.

Musterprozess

Villingen-Schwenningen
Fluglärm-Gegner übergeben Lösungskonzept

Dr. Jacobs: Widerstand gegen den Flughafen wächst
Fluglärmgegner reichen Resolution des Rates an

Fluglärmgegner opponieren kategorisch gegen Pistenausbau
Reaktionen zu SIL-Bericht - Aargauer Regierung befremdet - Zürcher Regierung wartet ab

Fluglärmgegner reichen Beschwerde gegen das BAZL ein
Flüge in den Randstunden einschränken

Aufrieb für

Munition für Fluglärmgegner

Fluglärmgegner decken den Bazl-Chef mit Einsprachen ein
Aktualisiert am 10.10.2010

Die Planung für den Flughafen Zürich bewegt die Gemüter. Seit dem Start der Vernehmlassung sind beim Bundesamt für Zivilluftfahrt bereits 700 Einsprachen eingegangen.

Erstmals belegt ein amtliches Dokument, dass es im Thurgau Fluglärm gibt.

Wer sitzt eigentlich noch in all diesen vielen Flugzeugen?

waren es noch genau 29 Sekunden bis zur Landung. Da kam die Anweisung zum Durchstarten. Eine Ausnahmegenehmigung über die Landesregierung unter Hinweis auf die Verdienste des Vereins für seine Stadt war nicht erteilt worden. Nach der Ausweichlandung in Paderborn musste dann ein Bus organisiert werden, der die müden Spieler über vereiste Straßen ins hundert Kilometer entfernte Dortmund brachte. Wir reden hier von Spitzensportlern, die für ihren Verein und für ihre Stadt eine sportliche Höchstleistung in einem eiskalten, verschneiten Fußballstadion in den Knochen hatten! Wenn nicht einmal dafür eine Ausnahmegenehmigung am heimischen Flughafen zu kriegen ist, dann stimmt das schon nachdenklich.

Wir sitzen vor dem Fernseher und verfolgen mit Spannung und Stolz, wie eine deutsche Mannschaft einen EM- oder WM-Titel gewinnt. Wenn die Athleten dann todmüde aber um 22:55 in Frankfurt landen, erwarten wir, dass sie um Mitternacht mit ihren 30 Kilo Sperrgepäck mit dem Zug nach Hause fahren, nach Berlin, nach München, Hannover oder Bremen, je nachdem, wo sie zuhause sind. Hauptsache, es startet kein Flieger mehr nach 23.00 Uhr, der sie in 50 Minuten in ihre Heimat bringen könnte. In anderen Ländern pilgern die Bürger zum Flughafen und bereiten ihren Helden dort einen Ehrenempfang!

Ein noch größeres Drama für Airlines und Passagiere barg unvermittelt das Urteil des Hessischen Verwaltungsgerichtshofs zum totalen Nachtflugverbot in Frankfurt zwischen 23.00 Uhr und 5.00 Uhr morgens:

Ein Jumbo mit 420 Passagieren rollte in Frankfurt kurz nach 22.00 Uhr zum Start für einen Transatlantikflug. In Sitzreihe 44 meldete sich ein Passagier bei der Flugbegleiterin und klagte über Leibschmerzen. Die Stewardess meldete dies dem Kapitän. Der zögerte nicht lange: Er würde keinen Flug über den Atlantik antreten mit einem Passagier an Bord, dessen Zustand sich rasch verschlechtern könnte. Er drehte um, rollte zurück ans Gate, wo inzwischen ein Arzt und ein Krankenwagen warteten. Sicherheitshalber musste das Gepäck des Passagiers im Frachtraum lokalisiert und ausgeladen werden. Das dauerte eine halbe Stunde, ehe der Jumbo wieder zur Piste rollen konnte. Aber es waren noch fünf Maschinen vor ihm. Als er an die Reihe kam, war es punkt 23.00 Uhr. Die Startfreigabe wurde ihm verweigert. Der Kapitän schimpfte auf die Flugsicherung. Die Flugsicherung schimpfte auf die Landesregierung. Die Passagiere schimpften auf alle Beteiligten. Es nutzte nichts. Der Jumbo musste ein zweites Mal zurückrollen. Alle 420 Passagiere mussten aussteigen und ihr Gepäck abholen. Die Airline konnte sie im Sheraton Hotel am Airport unterbringen. Jedem Passagier stand nun auch noch die Verspätungsgebühr von 600 Euro zu. Die alleine macht eine Viertelmillion Euro plus Hotelkosten. Airlines sind dagegen übrigens nicht versichert.

Wenige Tage darauf verspätete sich eine A380 nach Südafrika, deren Kapitän wegen einer fehlerhaften Kontrollanzeige sicherheitshalber einen Techniker an Bord rief, um den Zustand eines Aggregats zu prüfen. 550 Passagiere übernachteten daher im Hotel, weil die neue Startzeit kurz nach 23.00 Uhr gelegen hätte.

Alles wegen ein paar Minuten? Die Airlines halten seitdem Nacht für Nacht

1000 Hotelzimmer vor, die natürlich auch dann zu bezahlen sind, wenn sie nicht gebraucht wurden.

Wenn morgens die erste Maschine wegen günstigem Rückenwind eine halbe Stunde früher in den Frankfurter Luftraum einfliegt, dann darf sie erst um 5.00 Uhr landen. Bis dahin muss sie Warteschleifen fliegen. Oder den Passagieren blüht eine Ausweichlandung in Düsseldorf oder Köln mit anschließender Zugfahrt nach Frankfurt. Herzlich willkommen in Deutschland!

Die Beteiligten machen bei alldem natürlich auch nur ihren Job. Fluglotsen werden Entscheidungs- und Gewissenskonflikten ausgesetzt, auf die sie nie vorbereitet waren. Um die Ankunftsslots an ihren Destinationen nicht zu verlieren, flogen Frachtmaschinen übergangsweise abends von Frankfurt nach Köln, warteten dort drei Stunden, bis das Einflugfenster in den russischen und chinesischen Luftraum offen war. Da die Besatzungen ihre Höchstarbeitszeit überschreiten würden, mussten Ersatzcrews bereitgehalten werden die den Weiterflug durchführten. Fracht wurde auf Lastwagen durch halb Deutschland von Frankfurt auch nach Leipzig gekarrt, um von dort auf Reisen zu gehen. Hier wurden in wenigen Monaten 40 Millionen an unnötigen Kosten verbraten, die Umwelt zusätzlich belastet. Dieses Konzept erwies sich auf Dauer als wenig praktikabel. Der wichtigste Frachtflughafen Europas war an die Kette gelegt.

Die Frachtkomponente am Frankfurter Flughafen war über viele Jahrzehnte gewachsen. Die zentrale Lage und die zahlreichen Verbindungen in alle Welt erwiesen sich als Glücksfall, denn die Waren können auf ganz kurzem Weg zwischen Passagierflugzeugen und Frachtern umgeladen werden.

Doch allzu rigide Nachtflugverbote bergen auch ein nicht zu vernachlässigendes Sicherheitsproblem. Die Cockpitcrew wird gehetzt, weil sie im Falle einer Verspätung entweder am Startflughafen vom Nachtflugverbot bedroht wird, oder womöglich am Zielflughafen nicht mehr landen darf. Da schleicht sich schnell Hektik ein – der absolute Feind der Sicherheit. So kann es schon mal sein, dass man beim Start etwas übersieht, vergisst, außer Acht lässt, wie einst der Kapitän eins Jumbos in Taiwan, der noch vor einem anstürmenden Taifun auf eine geschlossene Piste geriet und beim Start einen Bagger rammte. 83 Menschen kamen damals um Leben. Auch bei dem Zusammenstoß zweier Jumbos auf Teneriffa mit über 583 Toten war Eile im Spiel. Wann immer gehetzt wird, besteht die Gefahr Fehler zu machen. Und im Luftverkehr können sich kleinste Nachlässigkeiten zu tödlichen Desastern summieren. Daher ist eine flexible Regelung beim Nachtflugverbot geradezu lebenswichtig.

Betroffene Bürger

Deutschland im Jahr 2012. Wenn in einer Stadt lediglich eine Bus-Route verlegt werden soll, um die Anwohner einer Hauptstraße zu entlasten, beschweren sich sofort die Anwohner der Straße, die die neue Route aufnehmen soll. Die Stadtverwaltung befindet sich somit in dem Dilemma, zur Enttäuschung der Hauptstraßen-Anwohner alles beim Alten zu lassen, oder sich gegen die Proteste der Anwohner der neuen Route durchzusetzen, oder den Busverkehr zu reduzieren, zum Nachteil der Allgemeinheit. Dieses Dilemma lässt sich neuerdings bei uns 1:1 auf jeden Flughafen übertragen.

Man muss aber auch die andere Seite sehen. Der Ort Flörsheim bei Frankfurt lag bisher nicht unter einer Anflugroute. Nach dem Bau der neuen Piste wird er bei bestimmten Wetterlagen pausenlos in niederen Höhen überflogen. Die Bürger fühlen sich kalt enteignet. Ungefragt werden sie dem Anfluglärm ausgesetzt und damit weitgehend alleingelassen. Nicht jeder kommt mit dieser neuen Situation zurecht. Der Fluglärm und die unweigerlich tobende Fluglärmdiskussion drücken auf die Werte der Immobilien, die vielleicht als Altersversorgung gedacht waren. Eine solche Ortschaft dann noch mit der verkehrsgünstigen Anbindung an den Flughafen zu bewerben, ist in ihren Augen keine Option mehr.

Die Situation rund um die Berliner Flughäfen scheint hoffnungslos verfahren. Der geschichtsträchtige Stadtflughafen Tempelhof ist geschlossen. Tegel und Schönefeld folgen. Über zehn Jahre baut man schon am Großflughafen Berlin-Brandenburg International (BBI), 20 km Luftlinie vom Stadtzentrum. Zu weit draußen für viele Geschmäcker, aber eine Schnellbahn gewährleistet eine zügige Verbindung, die Berliner fanden sich damit ab. Jetzt »entdeckt« man, dass dort auch Flugzeuge starten und landen sollen. Und schon gehen die Bürger der einzelnen Vororte auf die Barrikaden. »Wenn wir überflogen werden, klagen wir uns durch alle Instanzen«. Die Rechtsanwälte wird's freuen. Was, bitte, sollen die Routen- und Verfahrensplaner jetzt anfangen? Und wer fordert, dass mehr Reisen auf die Bahn verlagert werden, muss sich bewusst sein, dass er die Anrainer von Bahnstrecken mehr Lärm aussetzt.

Routenvorschläge und Alternativen kursieren, werden mit Kampfnamen bezeichnet, sind Gegenstand von Bürgerveranstaltungen und Wutprotesten. Volksabstimmungen werden gefordert. Die Routen sollen nicht über Gemeinden führen. Werden sie daran vorbei geführt, sind es die Erholungsgebiete, die nicht überflogen werden sollen. Berliner Flughafengegner forderten gar – kurz vor der Fertigstellung – die Verlegung des gesamten Airports nach Sperenberg, 40 km weit draußen, worüber natürlich schon andere Anwohner entsetzt die Hände über dem Kopf zusammenschlugen. Da aber bis 2012 statt den veranschlagten 1,5 Milliarden Euro schon satte 8 Milliarden verbaut wurden, wird das wohl nicht umsetzbar sein.

Was die Bürger auf die Barrikaden treibt, ist nicht die pure Existenz eines Flughafens, sondern Kapazitätserweiterung und Wachstum desselben. Die Aktionäre verdienen damit Geld, die Bürger kriegen den Lärm. In Amerika sagt man bei solchen Gelegenheiten »They got the goldmine, we got the shaft« (etwa: »Die bekommen die Goldmine, wir den Schacht«). Da bleibt in diesem Moment nicht viel Bereitschaft abzuwägen, was sonst noch an wirtschaftlichen Standortvorteilen in der Region hängen bleiben, denn diese sind ja meist nur indirekt und unbemerkt ins Leben eines Jeden eingeflossen.

> Wozu brauchen die Berliner überhaupt einen Flughafen? Die Grenze ist doch jetzt offen?

Lärmbeschwerden

Während nicht betroffene Menschen Fluglärm als ein Wohlstandsproblem empfinden, begreifen die stark betroffenen Anrainergemeinden denselben als existentielle Bedrohung. Allein in Frankfurt zählt der

Deutsche Fluglärmdienst e.V. (DFLD) über eine halbe Million Lärmbeschwerden pro Jahr. Bundesweit sind es Millionen Beschwerden, die bearbeitet werden müssen. Die meisten davon erweisen sich indes als objektiv unbegründet!

Dank Internet kann man nämlich seinem Unmut oder seiner Laune mit ein paar Mausklicks auf vorgefertigten Beschwerdebriefen Luft machen. Die Einfachheit und Automatisierung typischer Fluglärm-Websites laden dazu ein, massenhaft Beschwerden abzuschicken. Cookies tragen sogar die Absenderadresse ein. Sie können ein krankhaft manisches Suchtverhalten erzeugen oder unterstützen, indem man gefahrlos und gänzlich ohne eigenen Aufwand dem verhassten Lärmerzeuger Arbeit und Kosten verursachen kann. Die reine Datensammlung der Schallereignisse durch die Website-Betreiber ist ja zu begrüßen, der Missbrauch aber sollte erschwert werden.

Substanzlose Massenbeschwerden sind nichts anderes als Sand im Getriebe von Behörden, Flughäfen und Firmen. Sie ändern nichts an der Situation, halten aber den Betrieb auf und verursachen Kosten, die letztendlich zu Lasten der Allgemeinheit gehen. Die wirklich berechtigten Beschwerden gehen dann in der Masse unter!

Ausgerechnet das bürokratische Italien hat schon vor Jahrzehnten eine clevere Lösung des Problems eingeführt: Offizielle Schreiben an Behörden sind nur auf »Carta Bollata« zulässig, einem Bogen Papier mit genau einhundert Zeilen, Wasserzeichen und Prägung. Dieser offizielle Bogen ist über Behörden oder Tabakläden zu kaufen, kostet (2011) 1,81 Euro. Für unterschiedliche Anliegen sind unterschiedliche Gebühren zu entrichten. Eine Beschwerde z.B. kostet in Italien derzeit 14,62 Euro. Dieser Betrag ist zusätzlich mit einer aufgeklebten Steuermarke zu begleichen. Jede Beschwerde muss einzeln eingereicht werden, entweder persönlich bei einer Behörde oder per Einschreiben. Das stellt sicher, dass berechtigte Anliegen nicht im Spam untergehen, mit dem die Behörden sonst von gewohnheitsmäßigen Beschwerdeführern überschwemmt würden. Und was ist besser, als dass der Bürger sicher sein kann, dass eine seriöse Beschwerde auch ernst genommen und verfolgt wird. Sollte er Recht bekommen, erhält er seine Kosten zurück. Italienische Behörden haben dank dieser Bearbeitungsgebühr beispielsweise keinen Ärger mit selbsternannten Parkplatzwächtern, die vor lauter Langeweile am Tag hunderte von Anzeigen schreiben.

Von einer Million Lärmbeschwerden in Deutschland stammen nämlich 800.000 von genau vier Personen! Hätten wir das italienische System, müssten die vier erst einmal knapp zwölf Millionen Euro hinblättern, die sie natürlich zurück erstattet bekämen, sollten sich die Beschwerden als berechtigt erweisen.

Italienische Gebührenmarke für eine Lärmbeschwerde. Sie garantiert, dass die Eingabe auch bearbeitet wird.

Eine Frage der Perspektive

Unten: Wie macht man ein dramatisches Foto, wie dokumentiert man Fluglärm auf einem Speicherchip? Diese Frage stellte sich mir u.a. für das Titelbild dieses Buches. Das Naheliegendste ist, man begibt sich in die Gemeinden, aus denen die meisten Beschwerden kommen. Da ich in der Nähe vom Flughafen Frankfurt wohne, fiel meine erste Wahl auf Raunheim. Schon an der Hauptstraße wird der Protest auf Schildern sichtbar.

Rechts oben: Doch als ich mich in den Anflugkorridor stellte, und versuchte mit dem 50 mm-Objektiv anfliegende Flugzeuge so abzubilden, dass man den Eindruck haben musste, der Dachstuhl würde gerammt, war ich enttäuscht. Die Maschinen erschienen nur als kleine Punkte hoch über den Dächern.

Natürlich kann man nun mit dem Teleobjektiv versuchen, einen Jumbo formatfüllend ins Bild zu rücken, und möglichst noch einen Hausgiebel abzubilden, aber das spiegelt dann ja nicht die Realität wieder.

Rechts unten: Zweiter Versuch mit dem Teleobjektiv an derselben Stelle. Die Maschine ist trotzdem 700 m über dem Dachgiebel.

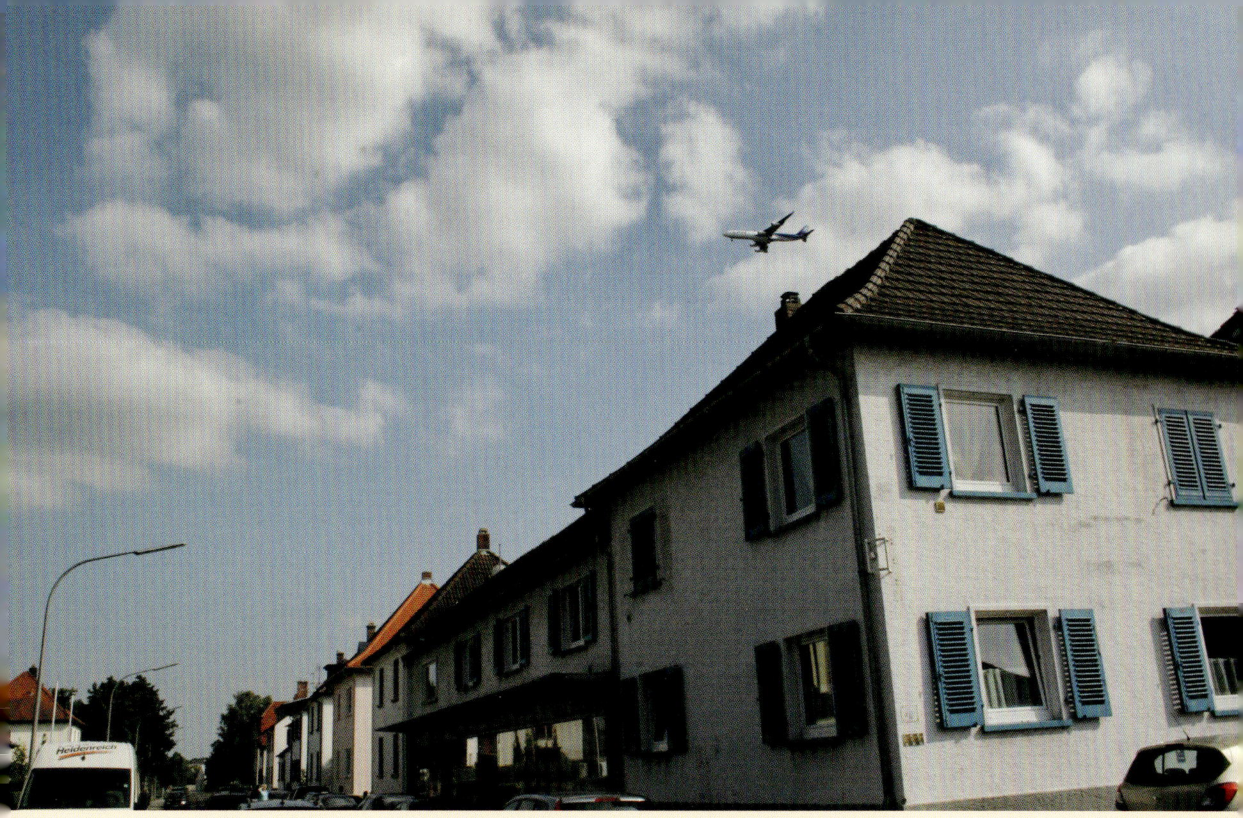
Heidenreich

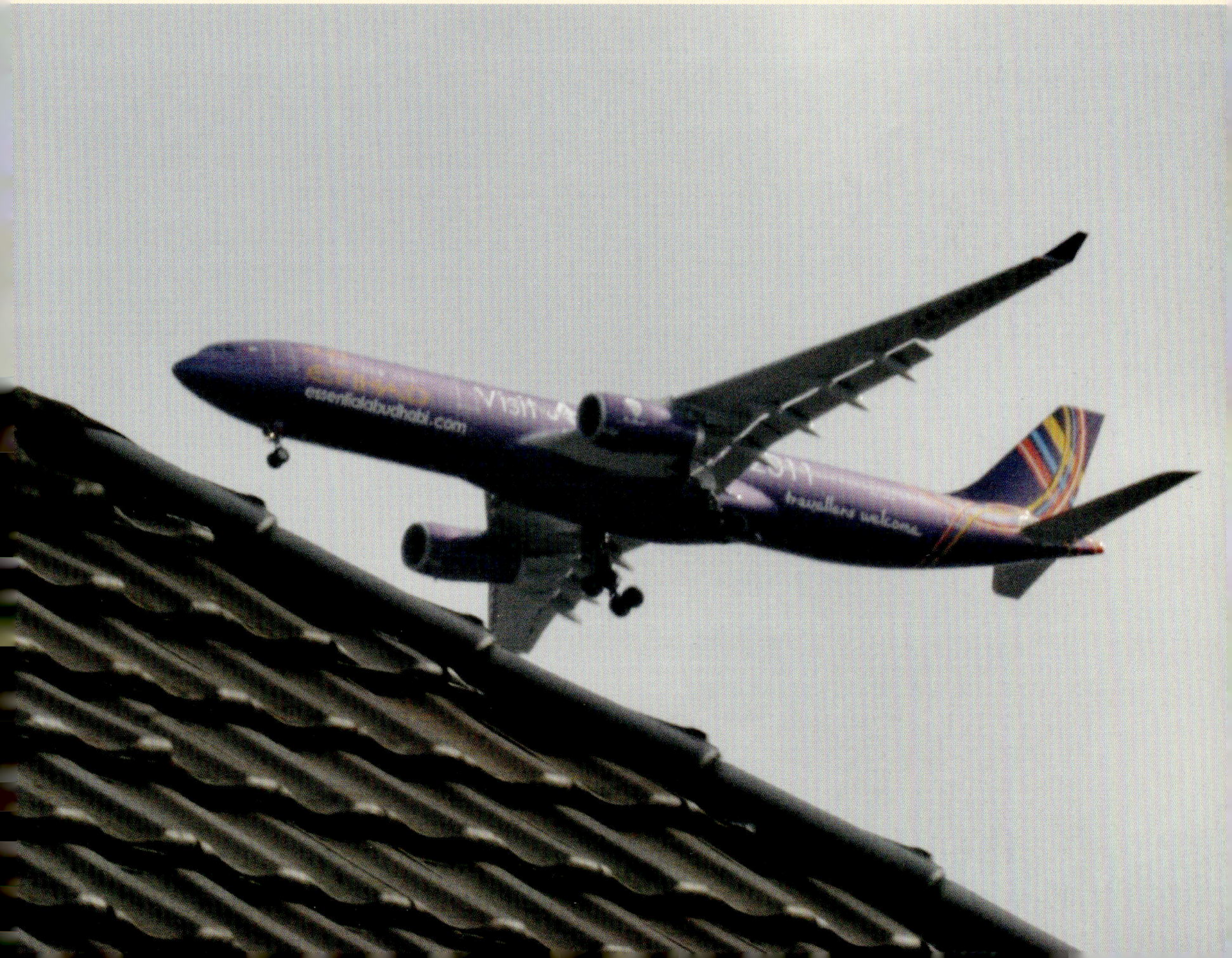
essentialabudhabi.com
travellers welcome

Das Haus an der Piste 28 in Zürich

Da ich rund um den Frankfurter Flughafen keine aussagekräftigen Fotos machen konnte, die nicht entweder durch Brennweiten getürkt oder bedeutungslos waren, reiste ich nach Zürich. Dort gibt es ein »berühmtes« Haus, das 600 m vor der Landebahn 28 steht und regelmäßig in ca. 30 m Höhe überflogen wird. Ein Anruf beim Besitzer des Hauses offenbarte Erstaunliches. Auf die Frage, wie er denn zum Fluglärm stehe, sagte er: »Ich empfinde das nicht als Lärm, sondern als Bereicherung. Ich habe halt eine positive Einstellung zum Luftverkehr.«

»Ja stört das nicht die Konzentration bei der Arbeit?«, fragte ich den Vermessungsingenieur.

»Na ja, manchmal, wenn ein Jumbo besonders tief ankommt, renne ich schon zum Fenster und schaue zu den Piloten ins Cockpit.«

»Segeln die denn alle im Leerlauf übers Haus?«

»Nein, manche müssen da nochmal Gas geben, um die Schwelle genau zu treffen, ich finde das spannend.«

Nun sind nicht alle Bürger Zürichs so tolerant wie der Ingenieur in dem Haus vor der Piste 28. Aus Gründen der Lärmvermeidung werden nämlich außer bei starkem Westwind vorrangig die beiden anderen Pisten benutzt. Die sind auch um einiges länger. Da diese aber in Nord-Süd Richtung führen, müssen die Anflüge über deutschem Gebiet begonnen werden. Und da gehen seit einiger Zeit die Bürger aus dem Südschwarzwald auf die Barrikaden. Auf höchste Ebene wird dieser Streit getragen, der dann in komplizierten Beschränkungen endet, die keinen Sinn mehr machen.

Auszug aus dem Pistenkonzept des Flughafens Zürich:

»*In der Zeit von 21.00 Uhr bis 6.00 Uhr erfolgen Landungen in der Regel auf die Piste 28, in Ausnahmefällen auf die Piste 34. Von 6.00 Uhr bis 7.08 Uhr erfolgen Landungen in der Regel auf die Piste 34, ausnahmsweise auf die Piste 28. Sind die in der aktuellen Fassung der 220. Durchführungsverordnung zur Luftverkehrsordnung der Bundesrepublik Deutschland genannten Bedingungen erfüllt, erfolgen Landungen auf die Piste 14 oder auf die Piste 16. An Samstagen, Sonntagen und den gesetzlichen Feiertagen gemäß der aktuellen Fassung der 220. Durchführungsverordnung zur Luftverkehrsordnung der Bundesrepublik Deutschland erfolgen Landungen in der Zeit von 7.08 Uhr bis 9.08 Uhr in der Regel auf die Piste 34, ausnahmsweise auf die Piste 28; von 20.00 Uhr bis 21.00 Uhr auf die Piste 28, in Ausnahmefällen auf die Piste 34. Sind die in der aktuellen Fassung der 220. Durchführungsverordnung zur Luftverkehrsordnung der Bundesrepublik Deutschland genannten Bedingungen erfüllt, erfolgen Landungen auf die Piste 14 oder auf die Piste 16.*«

So wird also ausgerechnet nachts auf der kürzesten Piste gelandet …

Da ich für mein Foto ein Großraumflugzeug über dem Haus an der 28 haben wollte, das wegen der kürzer werdenden Tage Ende August vor 21.00 Uhr landete, musste ich also an einem Sonntag nach Zürich, weil da die Piste schon um 20.00 Uhr geöffnet wurde. Im strömenden Regen stellte ich mich vor das Haus. Von weitem sah man die Landescheinwerfer der wie an einer Perlenkette aufgereihten Flugzeuge. Eines nach dem anderen flogen sie genau über das Hausdach. Im letzten Licht des Tages tauchte dann die Boeing 777 von Emirates Airlines über dem Haus auf. Das könnte mein Bild werden. Aussagekräftig, stimmungsvoll, beeindruckend. Und als dann noch die untergehende Sonne Haus und Flugzeuge golden einfärbte, kam sogar noch ein Schuss Romantik hinzu.

Weniger romantisch berührt dürften sich die Hausbewohner jedoch fühlen, wenn Wirbelschleppen von Flugzeugen Dachziegel hochreißen und Dächer abdecken. Dachziegel werden aus diesem Grund auf Kosten des Flughafens verschraubt.

Eigenheimbesitzer

Wer an ein Stück Land oder seine eigenen vier Wände gebunden ist, reagiert anders auf die Erweiterung eines Flughafens, als jemand, der zur Miete wohnt und – theoretisch zumindest – jederzeit die Wohnung wechseln könnte. Es treten nämlich verschärfte finanzielle Risiken auf, wenn z.B. auf der Immobilie eine Hypothek lastet. Sollte die Bank den Verkehrswert des Hauses auf Grund der Lage herabstufen, klafft womöglich urplötzlich eine finanzielle Lücke. Die Freiwilligkeit, mit der ein Mieter in der Region verbleibt, bietet sich dem Hauseigentümer im Allgemeinen nicht. Kein Wunder also, dass die betroffenen Menschen mit all diesen Sorgen krank werden können. Weiß man nun, dass der Mensch den nächtlichen Schlaf unter anderem dazu braucht, den Tag mit all seinen Sorgen zu verarbeiten, wird er sich doppelt darüber erregen, wenn er sich dazu ausgerechnet wegen des Fluglärms außer Stande fühlt. Verständlich, dass diese Menschen des Nachts auf jedes Fluggeräusch lauern, statt sich zu erholen und dass hier ein Protestpotenzial heranwächst.

Entrüstung gibt es aber auch unter gut etablierten Besitzern von Villen und Eigentumswohnungen in vornehmen Bezirken, deren Immobilienwerte sich auf Grund der Flughafennähe, der verkehrsgünstigen Lage und des Wirtschaftsbooms in den letzten 40 Jahren teils verzehnfacht haben. Sie fürchten nun einen Verfall des Immobilienmarktes. Das ist sicher ärgerlich, fällt aber im Vergleich zum ersten Fall eher unter »Jammern auf hohem Niveau«.

Den Mieter braucht das alles nicht existenziell zu stören. Er kann notfalls die Wohnung wechseln, ohne sich in ein zu großes finanzielles Abenteuer zu stürzen.

2004 ließ das Umweltbundesamt 29 Studien zur Lärmwirkung auf Immobilienwerte auswerten. Wegen des unterschiedlichen Aufbaus und der verschiedenen Strukturen und Spezifika der untersuchten Gebiete waren sie allerdings schwer zu vergleichen. Mit Hilfe des »Noise Sensitivity Depreciation Index« NSDI versuchte man, zu einem übergreifenden Ergebnis zu kommen. Der NSDI stellt einen in Prozenten ausgedrückten Wertminderungsfaktor pro Dezibel Lärmbelastung dar. So ergab sich ein mittlerer NSDI von 0,87%. Eine Immobilie im Wert von 200.000 Euro bei einem Ausgangslärm von 55 dB, würde bei einer Steigerung des Fluglärms auf 65 dB eine mittlere Wertminderung von 8,7% erfahren. Die Streuung der NSDI-Werte liegt in Europa zwischen 0,44% und 1% pro Dezibel über der Lärmuntergrenze. Letztere ist jedoch in den einzelnen Ländern unterschiedlich, was den Vergleich weiter verkompliziert. Die Credit Suisse senkte 2004 unabhängig von NSDI-Berechnungen den Hypothekenwert für Grundstücke in von Fluglärm betroffenen Gemeinden am Flughafen Zürich pauschal um 5%, um damit den geringeren Wert ihrer Kreditsicherheiten zu kompensieren. Positiv wirkt sich aber auch ein Großstadteffekt aus, so dass z.B. für das Rhein-Main-Gebiet ein durchschnittlicher NSDI von 0,3% errechnet wurde. Dort haben die Makler auch noch eine gute

Wenn wir unsere Dachziegel gegen Wirbelschleppen verschrauben müssen, dann stimmt etwas nicht im Spannungsfeld Anwohner-Flughafen-Überflughöhe.

Nachricht für Villenbesitzer: Trotz aller Unkenrufe werden händeringend hochwertige Villen zu kaufen gesucht.

Fluglärmgegner führen gerne den Artikel 2.2 des Grundgesetzes mit dem Recht auf körperliche Unversehrtheit an. Es ist aber verfassungsrechtlich nicht abschließend geklärt, ob sich dieser Artikel über den Schutz der körperlichen Unversehrtheit in biologisch-physiologischer Hinsicht hinaus auch auf das psychische oder sogar das soziale Wohlbefinden erstreckt.

Mieter

Mietern steht nach § 536 BGB unter bestimmten Voraussetzungen das Recht auf Mietminderung zu. So hat z.B. das Landgericht Kiel 1979 entschieden, dass »erheblicher Fluglärm und das Fehlen von Isolierverglasung eine Mietminderung von 10% rechtfertigen«. Allerdings urteilte z.B. das Landgericht Berlin 1981 »Wer in die Nähe eines Flughafens zieht, ist nicht zur Mietminderung berechtigt, wenn die Schallschutzvorschriften beachtet wurden«. Man wird sich also im Einzelfall juristisch beraten lassen oder den Rat eines Mietervereins oder einer regionalen Bürgerinitiative einholen müssen.

Schulen

Der eine oder andere Lehrer an Schulen im Einzugsgebiet eines Großflughafens ist auch Fluglärmaktivist. Dagegen ist an sich nichts einzuwenden. Wenn er aber den Unterricht dazu nutzt, um bei jedem hörbaren Flugzeug die Schüler darauf

Mein Vater hat mir erzählt, dass die Belastung in den letzten 20 Jahren ganz allmählich erhöht wurde. Es kamen einfach immer mehr Flugzeuge. Wir hatten uns im Laufe unseres Lebens mit dem Flughafen arrangiert, wenn auch widerwillig. Da das Wachstum kaum merklich vor sich ging, hatten wir Zeit zur Anpassung.

Mit der Eröffnung der neuen Nordwestbahn in Frankfurt wurde dieses Gleichgewicht aber urplötzlich gestört. Bekannte von uns waren so konsequent und zogen schon vor zehn Jahren nach Hanau um, ein Gebiet abseits der alten ILS-Anflüge. Niemals hätte sich jemand träumen lassen, dass ein ganzes Chemiewerk verlegt wird, um eine neue Bahn noch näher an Frankfurt zu bauen. Und plötzlich finden sich unsere ehemaligen Nachbarn in Hanau wohnend wieder in einer Einflugschneise auf den Flughafen. Nicht der Flughafen ist das eigentliche Problem, sondern dessen Wachstum in bisher unbelastete Gebiete hinein.

Hätte Frankfurt nicht die Hub-Funktion, könnte man den Flugverkehr um 40% verringern und die neue Bahn gleich wieder schließen. Das gleiche gilt für das Umladen und Weiterfliegen der Waren. Das bringt der Frankfurter Region gar nichts, nur dem Airport. Müssen wir wirklich mit Mega-Hubs wie Dubai konkurrieren? Die liegen in der Wüste, bei uns umklammern besiedelte Gebiete den Airport. Wenn man den Prognosen des Flughafens glauben darf, steht uns ein Wachstum auf >700.000 Flugbewegungen pro Jahr bevor.

Die Existenz des Rhein-Main Airports steht bei uns Fluglärmgegnern gar nicht zur Debatte, sondern das ungezügelte Wachstum, die gefühlte Rücksichtslosigkeit bei der Durchsetzung der Erweiterungen, die kalte Enteignung. Wir stellen nicht das bürgerliche Grundrecht auf Freizügigkeit in Frage, nehmen aber für uns das Recht auf körperliche Unversehrtheit in Anspruch. Und selbst da sind wir zu Zugeständnissen bereit.

aufmerksam zu machen, dass dies eine Einschränkung ihrer Lebensqualität sei, beschwört er den weiter vorne besprochenen Nocebo-Effekt geradezu herauf und erweist seinen Schutzbefohlenen einen Bärendienst. Dadurch wird nun tatsächlich die Konzentration gestört, bei den Schülern stellt sich womöglich Unwille, Opposition oder Resignation ein. Statt Schüler zum verantwortungsbewussten, aber unverkrampften Umgang mit dem Flughafen in der Nachbarschaft heranzuführen, schürt man damit Unzufriedenheit, Auflehnung und Protest. Das ist oftmals gewollt, denn es vergrößert die Protestgemeinde. Für den Lehrauftrag der Schule und den Lernerfolg der Schüler ist es aber bisweilen abträglich. Schlechte Noten werden von Schülern, Eltern oder Lehrern gerne auf den Fluglärm geschoben. Das ist einfach, das Gegenteil ist schwer beweisbar. Lernschwächen werden indes dadurch ggf. nicht erkannt und können nicht korrigiert werden. Würde man stattdessen das Thema Luftverkehr, Luftfracht, Nutzen und Missbrauch sachlich diskutieren, könnten die Schüler womöglich zu einer positiven Einstellung zum Flughafen und zu einer umweltbewussten Nutzung des Luftverkehrs kommen.

Der Lärm, dem die Schüler durch den Flugverkehr ausgesetzt sind, ist geradezu nichts im Vergleich zu dem Radau, dem sich die Schüler meist vollkommen freiwillig – per MP3-Player oder Diskothek – aussetzen. Oft beginnt das schon in der Fünfminutenpause auf dem Gang vor dem Klassenzimmer oder im Pausenhof.

Viel nützlicher wäre es, die Klassenzimmer gegen Schall zu dämmen, auch gegen den von den Schülern selbsterzeugten. Versuche haben erwiesen, dass bei Schülern 25% mehr vom erlernten Stoff hängen bleibt, wenn der sogenannte Lombard-Effekt unterdrückt wird. Damit bezeichnet man das Phänomen, dass Unterhaltungen in vollen Räumen immer lauter werden, weil man sich – besonders bei Gruppenarbeiten – seinem Gegenüber verständlich machen will. Jeder kennt das aus dem Lokal oder der Kneipe, dort kann man denselben Effekt beobachten.

Aber auch hier gibt es eine andere Seite: Wir wissen alle, dass die Schulen die Stiefkinder der Stadt- und Gemeindeverwaltungen sind. Fassaden, Decken, Wände, Heizungen, sanitäre Anlagen und Fenster gehörten längst renoviert, aber es ist kein Geld in den öffentlichen Kassen. Die lausigen Fenster schirmen den Lärm von außen nicht ab. So kommt es, dass in manchen belasteten Gemeinden die Kinder wie im Sprachlabor unter Kopfhörern im Klassenzimmer sitzen. Und das kann ja wohl nicht sein! Und wenn Diktate immer wieder mitten im Satz unterbrochen werden müssen, weil gerade ein Jumbo über das Schuldach einschwebt, dann stimmt etwas nicht am System.

Es gibt mehrere Vergleichsuntersuchungen aus verschiedenen Ländern der EU zum Leseverstehen und Langzeitgedächtnis von Kindern, die in der Unterrichtszeit Lärm ausgesetzt sind – mit beunruhigendem Ergebnis.

Ich wuchs in Konstanz im vierten Stock eines Altbaus an einer vielbefahrenen Verkehrsader auf. 21 Jahre lang habe ich den ganzen Straßenverkehr von Baden-Württemberg in die Schweiz miterlebt, der diese Straße benutzen musste, weil sie über die einzige Rheinbrücke weit und breit führte. Wenn tief unten ein Bus oder ein Lastwagen vorbeifuhr, klingelten bei uns oben im Wohnzimmerschrank die Gläser. Es gab noch keine Umweltzonen, keine ASU-Plakette, der Begriff Feinstaub existierte noch gar nicht, Katalysatoren auch nicht, Bremsbeläge bestanden zur Hälfte aus Asbest. Im Winter hielten wir unsere Fenster geschlossen, damit die Wärme nicht hinausging. Niemand hatte ein Gefühl von Käfighaltung. Im Sommer standen die Fenster weit offen, Tag und Nacht, trotz des Lärms. Ein Kirchturm stand 120 m neben unserem Haus. Die Turmuhr schlug die Viertelstunden, tags wie nachts, die Stunden konnte man jeweils mitzählen, und zwar nachts um 12.00 Uhr genauso wie nachmittags um 5.00 Uhr. Trotzdem war Lärm nie ein Thema. Und es würde mir nicht im Traum einfallen, meine schlechten Noten in Latein und Griechisch, oder gar mein Sitzenbleiben auf den Lärm zu schieben. Ich war damals ganz einfach stinkfaul, hatte meine Prioritäten falsch gesetzt, zog lieber mit einer Band umher und machte Musik. Und ich glaube nicht, dass ich einen Lärmschaden davongetragen habe.

Im Stadtstaat Singapur, der auf seinen stadtnahen Flughafen als internationales Drehkreuz angewiesen ist, lässt man bei den Kindern erst gar keine Vorbehalte aufkommen. Geräusche von Flugzeugen werden sie nie stören, zumindest nicht bewusst. Die ganze Stadt, alle drei Millionen Bürger sind stolz auf ihren Flughafen, der elf Mal in Folge zu einem der drei besten Airports der Welt gekürt wurde.

Die Praxis, dass Eltern ihre kleinen Kinder regelmäßig zu Fluglärmdemonstrationen mitnehmen, wo tausende von Menschen Schilder tragen, auf denen von Krankheit, Tod und Terror zu lesen ist, kann einem schon zumindest fragwürdig erscheinen. Müssen Kinder das Erlebte nicht nachts im Schlaf verarbeiten, wo doch gerade auf Demos ständig davon geredet wird, dass ihr Schlaf, ihre Gesundheit, ja ihr Leben bedroht sind von Flugzeugen, Flughäfen und lügenden Politikern? So zumindest argumentiert Dr. Oppes, eine italienische Traumatologin: »Alle Ereignisse außerhalb der Norm hinterlassen ihre Spuren im Gehirn eines emotional empfindlichen Menschen. Unser Gehirn merkt sich alles, Bilder, Geräusche, Gerüche. Oft bekommt man die Rechnung, wenn man sie am wenigsten erwartet.«

Der Kinder- und Jugendlichenpsychotherapeut Christian Gronau von psychologe.de gibt zu bedenken: Bleibt die Demo friedlich, kann sie auch für kleine Kinder durchaus mit gewinnbringendem Erleben verbunden sein. Der kleine Junge, der stolz auf den Schultern seines Papas thront, freut sich darüber, dass der Zeit für ihn hat, ihm »die Welt erklärt« und die Familie gemeinsam etwas Spannendes miteinander unternimmt. Kinder freuen sich darüber, wenn die Eltern sich verstehen, wenn Neues, Aufregendes um sie herum passiert – solange sie sich von den Eltern ausreichend gehalten, verstanden und geschützt fühlen können.

Grundsätzlich können und sollen wir unsere Kinder nicht in Watte packen und das richtige Maß an »Realitätszumutung« ist durchaus wachstumsfördernd. Auch Überbehütung kann schädlich sein. Dass es unterschiedliche, kontroverse Meinungen gibt und man sich für die eine oder andere entscheiden kann, gehört dazu. Dass es Böses, Lüge, Aggression, Gewalt und Streit auf der Welt gibt, wissen Kinder längst – und sehen es vermutlich jeden Tag im Fernsehen. Kinder identifi-

Eine Vorschulklasse in Singapur erlebt ihren Flughafen. In der frühesten Kindheit entwickeln die Kinder so ein positives Verhältnis zum Airport und zum Luftverkehr. Es ist eher unwahrscheinlich, dass sie sich im Erwachsenenalter an der Lebenslinie stören wird, den der Airport für den Stadtstaat darstellt.

zieren sich jedoch in hohem Maße mit dem Erleben der Eltern: Was geschieht, ob und wie sie es verstehen und verarbeiten können, hängt in hohem Maße von deren Vermittlung ab: Sichere Eltern, die in gutem Kontakt mit ihren Kindern sind, ihre Fragen in kindgerechter Weise beantworten und ihre Ängste ernst nehmen, sind dazu unerlässlich.

Das genaue Gegenteil wird erreicht, wenn die Eltern das Gehör der Kinder dem Lärm lauter Instrumente wie Trompeten oder Vuvuzelas aussetzen. So nahm ein Vater sein Kleinkind zu einem Fanfarenball mit. Das Ergebnis war ein zerstörtes Gehör, das Kind brauchte bereits zur Einschulung ein Hörgerät.

Wachstumsgegner

Wenn Städte wachsen, wenn Regionen wachsen, wenn die Wirtschaft wächst, wächst auch der Mobilitätsbedarf. Der Verkehr auf den Autobahnen nimmt zu, der Bedarf an Geschäfts- und Urlaubsreisen ebenfalls. Die Airlines sehen einen Bedarf und steuern ihr Angebot nach. Sollte der Flughafen an die Grenzen seiner Kapazität stoßen, wird er versuchen, zu erweitern. In Frankfurt wurde eine vierte Piste gebaut, in München ist eine dritte in Planung. Mit der erweiterten Kapazität gingen neue, tiefere Anflugverfahren einher. Plötzlich wurden Gemeinden betroffen, in denen man vorher nie ein Flugzeug zu Gesicht bekam. In der Bevölkerung regte sich massiver Protest. Es gibt Menschen, die arbeiten in der Tourismusbranche, brauchen den Flughafen und kennen seine Bedeutung. Trotzdem sorgen sie sich um die Nachhaltigkeit, den Schutz der Region und ihrer Bevölkerung. Boykott ist also nicht die Antwort.

Stand früher einmal ein »ökologisches Sendungsbewusstsein« im Vordergrund, das Bürger dazu trieb zu prozessieren, bis die Investoren die Lust verloren und ihr Geld anderswo anlegten, so ist es mehr und mehr die Sehnsucht nach Ruhe und weniger Wachstum. Doch wie soll es Wachstumsstopp geben, wenn sich bei der derzeitigen Wachstumsrate die Weltbevölkerung in nur 60 Jahren verdoppelt? Da auch der Migrationssaldo bei der demographischen Entwicklung in Mitteleuropa eine ausschlaggebende Rolle spielt, werden wir kaum in der Lage sein, das wirtschaftliche Wachstum zu begrenzen, auch wenn der Trend in den drei deutschsprachigen Ländern derzeit rückläufig ist. Wir werden uns vielleicht sogar gezielt um Zuwanderer bewerben müssen, wenn sie nicht von alleine kommen und wenn wir unseren Lebensstandard im Alter behalten wollen.

Es wird übrigens gerne verkannt, dass durch den Bau von Flughäfen mehr Natur geschützt wird, als durch den Bau von erdgebundenen Verkehrswegen. Trotzdem werden selbst eingefleischte Luftfahrtfans nachdenklich, wenn sie sich mit den Argumenten der Flughafenskeptiker auseinandersetzen.

Mittlerweile spürt es auch der Letzte, dass Deutschland seit der Wiedervereinigung eine neue Protestkultur hat. Niemand interessiert sich z.B. für Juchtenkäfer, Feldhamster, Hohltauben oder Mopsfledermäuse, es sei denn sie erweisen sich für die Blockaden von Bau- oder Erweiterungsprojekten als nützlich. Es gibt Ortschaften, da steht an jedem zweiten Haus ein Protestschild gegen den Airport in der Nachbarschaft, teilweise so-

gar schon am Baugerüst von neuen Rohbauten!

Der Historiker Heinrich August Winkler spricht von einer »Herrschaft gut organisierter, aktivistischer Minderheiten«, die bestimmte Themen besetzen. Als der Protest gegen Stuttgart 21 begann, konnte man noch meinen, ganz Baden-Württemberg ginge auf die Barrikaden. Der letztlich herbeigeführte Volksentscheid sprach dann aber eine andere Sprache.

Es gibt ein Sprichwort: Der Klügere gibt nach. Folgerichtig ist aber auch: Wenn die Klügeren immer nachgeben, regieren dann nicht irgendwann die Dümmeren? Zu klären bliebe also: Wer ist der Klügere?

> Drei Kilometer Autobahn bringen uns genau drei Kilometer weiter. Drei Kilometer Startbahn bringen uns in die ganze Welt.

Nicht betroffene Bürger

Die überwiegende Mehrheit der Staatsbürger ist vom Fluglärm gar nicht betroffen. Es gibt aber einen Trend zur Solidarisierung nicht betroffener Bürger mit den betroffenen Gemeinden. Und Fluglärm ist ein »weiches« Ziel; jeder kann mitreden. Das ist schon fast zum Volkssport geworden, denn es ist schick, wie einst David dem Goliath die Stirn zu bieten, besonders wenn es nichts kostet. Doch man erweist den wirklich betroffenen Gemeinden rund um den Airport keinen guten Dienst, denn Lärmproteste sind dann nicht mehr schwerpunktartig einzugrenzen, sondern verteilen sich inflationär in der Fläche. Außerdem drücken sie womöglich auf die Immobilienpreise.

Umfragen

Wird Otto Mustermann, wohnhaft z.B. in Füssen, weitab von jedem Airport gefragt, ob er gegen Fluglärm sei, wird er höchstwahrscheinlich mit »Ja« antworten, denn die Frage ist derart abstrakt, dass sich ihm das Problem überhaupt nicht offenbart. Würde man Herrn Mustermann hingegen fragen: »Wären Sie bereit, wirtschaftliche oder persönliche Nachteile hinzunehmen, damit Flughafenanrainer weniger durch Fluglärm belastet würden«, dürfte die Antwort anders ausfallen. Dies könnte man nun weiter spezifizieren, denn persönliche Nachteile und soziales Gewissen sind ja nicht unbedingt quantifizierbar und subjektiv unterschiedlich.

Bei einer Umfrage in Anwohnergemeinden rund um den Frankfurter Flughafen 2012 stimmten 68% für ein Nachtflugverbot von 23.00 Uhr bis 5.00 Uhr. Auch landesweit waren etwa zwei Drittel für die Nacht ohne Flugzeuge. Einer Stilllegung der neuen Landebahn stimmten nur 17% der Befragten zu, 77% waren dagegen. Gerade mal 7% der Hessen empfanden den Flughafenausbau als wichtiges Thema. Immerhin sprachen sich 55% der befragten Hessen dagegen aus, die Wettbewerbsfähigkeit des Flughafens über die Interessen der Anwohner zu stellen. (Quelle Infratest dimap)

Umfragen können konträre Standpunkte der verschiedenen Interessengruppen aufdecken oder kaschieren, je nach Fragestellung. Und schon ist man mittendrin in einer demokratischen Diskussion, bei der die Medien gefordert sind, neutral und ausgewogen zu informieren. Der Bürger wiederum wird sich aus den angebotenen Fakten seine Meinung bilden.

Flughafenbefürworter

Fast gehen sie in der unüberschaubaren Menge von Anti-Flughafen-Protesten unter, aber es gibt auch Bürgerinitiativen Pro Airport. Dort treffen sich die Anwohner, die sich Sorgen machen, dass die lauten Bürgerbewegungen ihren Arbeitsplatz, die Wirtschaft, den Ruf der Region und letztlich ihren Lebensstandard gefährden. Denn der Flughafen gehört zum Lebensraum der Menschen.

Dr. Thomas Löffelholz schrieb in der FAZ am 18.10.2010:

[…] Ein Blick zurück zeigt zahllose eindrucksvolle Beispiele für solche Konflikte zwischen den »Betroffenen« und dem Staat. Zum Beispiel die Startbahn West in Frankfurt. Während der Proteste gegen den Bau gab es sogar Tote. Monatelang bewohnten die Gegner ein Hüttendorf auf dem Gelände des Flughafens. Die angrenzende Walldorfer Kirchengemeinde stellte gar eine Hüttenkirche auf. Hätten die Demonstranten sich damals durchgesetzt, Frankfurt wäre nie zum europäischen Verkehrskreuz geworden, auf Augenhöhe mit den zehnmal größeren Millionenmetropolen London und Paris. […]

Dass Hessen mit Bayern und Baden-Württemberg um den Rang als größtes Geberland im Länderfinanzausgleich streitet, hat auch mit dieser Entwicklung Frankfurts zu tun. […]

Stellvertretend für viele Leserbriefe in diese Richtung sei hier die Meinung eines Bürgers aus dem Rhein-Main-Gebiet abgedruckt, dem nicht die Flugzeuge, sondern die Proteste dagegen Sorge bereiten:

»Wutbürger sprechen nicht für die Mehrheit.

Ich bin immer öfter nachts außerstande, erholsamen Schlaf zu finden. Das liegt nicht etwa am Fluglärm, sondern daran, dass ich mir zunehmend Sorgen mache, in welcher Republik wir eigentlich leben. Da maßen sich eine Handvoll Leute vom neuen, schicken Typ Wutbürger an, für die Allgemeinheit zu sprechen und das Recht für sich gepachtet zu haben.

In Sachen Flughafen sieht dies die Mehrheit, wie auch in Stuttgart, wohl anders und verfällt eben nicht in eine Fluglärm-Hysterie. In einem Leserbrief aus Obertshausen musste ich nun lesen, dass jemand, der nur wenige hundert Meter von mir entfernt wohnt, ab 5.00 Uhr von Dauerdröhnen geweckt wird, verzweifelt und erschöpft ist. Dabei sei der Airport Frankfurt nicht allein, Egelsbach sei mit Leibeskräften bemüht, zusätzliche Dezibel beizusteuern. So sei selbst Spazierengehen und Sport wegen des Lärmterrors nicht mehr möglich.

Also ich schlafe immer bei offenem Fenster, gehe gern ausgiebig rund um Obertshausen und in der näheren Umgebung joggen und sitze im Sommer draußen auf der Terrasse. Ja, ich höre auch mal ab und an ein Flugzeug, vielleicht sogar seit einiger Zeit ein paar mehr. Ich nehme dies persönlich noch nicht einmal bewusst wahr.

Ich lebe halt in einer prosperierenden Industrieregion, mit einer Infrastruktur, die in Deutschland ihresgleichen sucht. Wenn dies das ›Leiden‹ sein soll, das der Flughafen bringt, dann kann ich nur noch den Kopf vor so viel Hysterie schütteln. Es gibt sicherlich Gebiete in der Region, die in der Tat lärmbelastet sind, die Bewohner sollen auch getrost finanzielle Mittel von der Fraport einfordern, aber doch bitte nicht die trillerpfeifenden Hobby-Demonstranten, die anscheinend sonst nichts zu tun haben und de facto überhaupt nicht betroffen sind, siehe Obertshausen. Mir persönlich bereiten derartige intolerante Wutbürger und eine Republik, in der Juchtenkäfer mehr als der Wohlstand ganzer Regionen zählen, viel mehr Sorge als ein paar zusätzliche Flugzeuge am Himmel.«

Wenn es diesen Flughafen hier nicht gäbe, wäre ich längst weggezogen.

Pustekuchen. Lärm und Abgase können diese Flugzeugspotter auf Saint Maarten in der Karibik nicht abschrecken. Was für den einen der nackte Horror ist, wird zum Spaß für andere. Die persönliche Einstellung macht den Unterschied.

Luftverkehrswirtschaft

In den vergangenen 60 Jahren hat sich die Erdbevölkerung verdreifacht. Als ich 1950 zur Welt kam, lebten 2,5 Milliarden Menschen auf dem Erdball. Heute haben wir die 7 Milliarden-Grenze überschritten, Indien hat im Wachstum China bereits überholt. Bis 2040 wird es noch mal 3 Milliarden Menschen mehr geben. Es wäre töricht zu glauben, man könnte diese Menschen vom wachsenden Welthandel ausschließen. Brasiliens Wirtschaft hat zweistellige Zuwachsraten. Es ist nicht realistisch anzunehmen, sie würden sich nicht in immer größeren Zahlen über die Welt verbreiten, in die alten Kontinente drängen. Wir sind keine Insel der Glückseligen, die in Ruhe gelassen werden möchten. Auch wenn München oder Frankfurt nicht Lampedusa oder Teneriffa sind, der Zustrom von Zuwanderern in alle Städte Europas wird sich nicht aufhalten lassen. Er wird aber auch den Handel beflügeln, im wahrsten Sinne des Wortes. Wenn wir unseren gewohnten Wohlstand behalten wollen, müssen wir Handel treiben. Unsere exportorientierte Wirtschaft muss die Chance haben, auf Märkte zu reagieren. Eine Wagenburgmentalität bedeutet nichts anderes als den Kopf in den Sand zu stecken.

Der Klimawandel wird offenbar nur von uns Europäern halbwegs ernst genommen. Ich sage bewusst halbwegs, denn sonst gäbe es bei uns z.B. schon keine Billigflieger nach Mallorca mehr, wo jährlich etwa 10 Millionen Touristen den Wasserhaushalt durcheinander bringen und das Land austrocknen, um sich den Sand und das Salz vom Körper zu duschen, wo die Vegetation schon Ende Mai austrocknet und Schafe notgeschlachtet werden müssen. Der weltweite Kampf ums Wasser be-

Von den UN geschätzte Bevölkerungsentwicklung in Millionen.

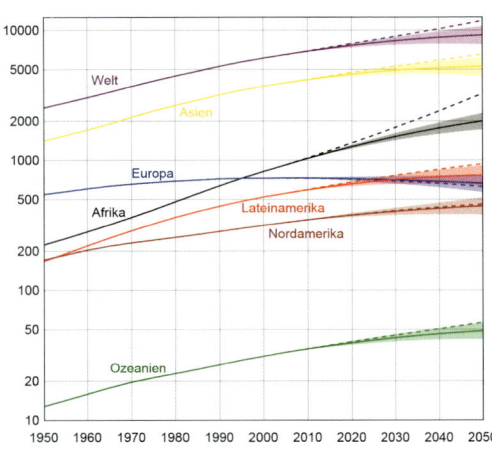

ginnt schleichend. 2025 werden laut Schätzung von Wissenschaftlern 3,5 Milliarden Menschen ohne ausreichendes, sauberes Trinkwasser dastehen. Die Menschen werden dorthin gehen, wo sie nicht verdursten und verhungern. Wasser wird eines Tages zumindest in manchen Teilen der Welt teurer sein als Öl. Es geht um Verteilungsgerechtigkeit und Versorgungssicherheit und deshalb um Nachhaltigkeit. Die Industrie wird darauf reagieren. Europa und die USA werden wohl in ganz großem Stil Meerwasserentsalzungsanlagen produzieren, Beregnungsanlagen und was es sonst noch in der Wasserwirtschaft geben wird. Diese werden sich um Flughäfen herum ansiedeln. Wollen wir dann noch von Deckelung von Flügen reden? Ich glaube einfach nicht, dass wir unsere kleine, heile Welt wirklich abschotten können. Ich glaube eher, dass wir bald ganz tief in die Taschen greifen müssen, um global auftretende Katastrophen mildern zu können. Wir werden uns einer ganz neuen weltweiten Wertschöpfungsarchitektur stellen müssen, in der verknappte Ressourcen, globale Logistik und bevölkerungsstarke Länder miteinander verzahnt sind. Leistungsfähige Flughäfen mit einer funktionierenden Frachtkomponente sind jetzt bereits lebenswichtig für unser Land und unsere Wirtschaft.

Die Hub-Funktion

Die Menschen in unseren Breiten verdanken ihren Wohlstand der Industrie, gleichwohl sind sie hochsensibel für Eingriffe in ihr Lebensumfeld. Das gilt gleichermaßen für Befürworter und Gegner von Flughäfen. Oft hört man den Vorwurf, dass 50% der Passagiere Umsteiger sind, die kei-

nen einzigen Cent in der Region lassen, eine regionalwirtschaftliche Nullnummer also. Der einzige Nutznießer sei die Flughafengesellschaft. Kritisiert wird hier das sogenannte »Hub-and-Spoke«-Prinzip.

Es ist die natürlichste Angelegenheit der Welt. Ein Passagier kommt an, er steigt um und reist weiter. Das passiert auf jedem Bahnhof/Flughafen der Welt Millionen mal an jedem Tag, rund um die Uhr. Man kann nicht Züge oder Flugzeuge auf direktem Weg zu jedem Ort der Welt fahren lassen. Sollen wir an unseren Flughäfen etwa Schilder aufstellen: »Umsteigen Verboten«?

Vielleicht macht es der umgekehrte Fall deutlich? Ich hatte unlängst in Honduras zu tun. Es gibt keine Direktflüge von Frankfurt nach Tegucigalpa. Hätte ich nun auf die Reise verzichten müssen? Oder konnte man von mir erwarten, dass ich irgendwo umsteige, von wo es einen Direktflug gibt?

Außerdem schafft das Umsteigen zusätzliche Jobs am Airport: Im Gepäcksektor, bei der Flugzeugabfertigung und im Passagierbetrieb. Letztendlich geben die Besucher ihr Geld ja im Ankunftsland aus, wenn auch nicht unbedingt an dem Umsteigeflughafen selbst. Das wiederum vermehrt das Steueraufkommen und trägt zu Wachstum und Wohlstand bei. Da es die Umsteiger sind, die eine neue Route erst in die Gewinnzone kommen lassen, ermöglichen sie die Erschließung neuer Regionen. So würde sich z.B. die Route München-Eriwan von der Auslastung her nicht lohnen, hätten im Gegenzug die Passagiere aus Armenien nicht die Möglichkeit, in München umzusteigen und zu einer Vielzahl innerdeutscher und europäischer Ziele weiterzufliegen. Was aber für den Hub spricht: die Route

113

Die zahlreichen Flugmöglichkeiten an den Hubs sind nicht das Resultat eines Bedarfs, sondern die logische Konsequenz des Hubs, der einfach der Knoten einer Vielzahl von Verbindungen ist – braucht man die alle?

erschließt ganz Armenien für die bayerische Industrie. Der Flugpreis hält sich dabei in einem vernünftigen Rahmen.

Welchem Allgemeininteresse dient ein Passagier, der auf dem Weg von Tokyo nach Madrid in Frankfurt umsteigt?

Derzeit gibt es keine Direktflüge zwischen Madrid und Tokyo. Der Kunde hat – ohne Anspruch auf Vollständigkeit – die Wahl zwischen Aeroflot via Moskau, Egypt Air via Kairo, Air France über Paris, British Airways über London, KLM über Amsterdam, Emirates über Dubai, Qatar über Doha, Alitalia über Rom, Thai Airways über Bangkok, ANA über München, Swiss über Zürich oder eben Lufthansa über Frankfurt.

Der Passagier wird jener Airline sein Geld geben, die ihm am Vertrauenswürdigsten erscheint. Über Gepäck und Catering beschäftigt er anteilig Bodenpersonal am Zwischenlandeort. Passagier-Steuern werden im Umsteigeland fällig. Die Maschine aus Tokyo hat Beifracht z.B. für Deutschland dabei, die nach Madrid nimmt Beifracht mit, die dann nicht nachts geflogen werden muss. Von den zehn Zusteigern aus Wien z.B. sind drei am Tag vorher nach Frankfurt gekommen und haben hier übernachtet. Die anderen verbringen ein paar Stunden im Transitbereich und lassen ihre Steuern da. Die Passagier- und Ticketgebühren werden ebenfalls anteilig in Deutschland versteuert.

Alle zusammen helfen bei der Auslastung des Flugzeugs. Es schafft Revenue, was wiederum in Gehälter, Wartung, Technik, Sicherheit und in den zu versteuernden Gewinn fließt. Diejenigen Airlines sind nämlich die besten und sichersten, die sich rundum im Gleichgewicht befinden. Forschung, Wartung, Technik, Training, Sicherheit, Flottenpolitik, Buchungssysteme, Streckenwahl, Catering, Fracht und Beifracht, Service, Personal, Notfallmanagement, Regeneration, Bezahlung, Kundenbindung müssen vom Management berücksichtigt werden. Sowie man beginnt, irgendwo herumzuschrauben, läuft man Gefahr, das Gleichgewicht zu verschieben.

Betrachten wir die Kalkulation einmal aus Sicht der Lufthansa. Jeder will, dass neue, leisere Flugzeuge beschafft werden. Flugzeuge werden in US-Dollar bezahlt. Der Wechselkurs ist mitunter nicht gerade rosig. Andere Airlines bestellen ihre Maschinen auch schon mal wieder ab, wenn die Geschäftsentwicklung nicht den Prognosen entspricht. Da die Lufthansa aber starke Einnahmen aus dem Dollarraum hat, kann sie diese Kursverluste wegstecken. Diese Einnahmen resultieren aus ihrer Beliebtheit im Ausland und ihrem tadellosen Ansehen. Deshalb nimmt der Amerikaner aus Washington für seinen Flug zur Modemesse nach Mailand eben nicht die American oder die Delta über Rom, sondern die Lufthansa über Frankfurt. Und die Einkäufer aus Phoenix, Denver oder Seattle bringt die LH auf anderen Flügen auch zu ihrem Frankfurter Hub. Die sitzen dann alle zusammen in der Anschlussmaschine nach Mailand, die sonst womöglich nicht ausgebucht wäre.

Hub oder nicht Hub …

… ist eigentlich gar keine Frage, wenn man die fünf folgenden Grafiken studiert.

Hier wurden beispielhaft vier beliebige Städte miteinander verbunden, Metropolen, von internationaler Bedeutung, die aber nicht zwingend in die großen, interkontinentalen Netze eingebunden sein müssen. Um sie miteinander zu verbinden, sind 12 Flüge notwendig.

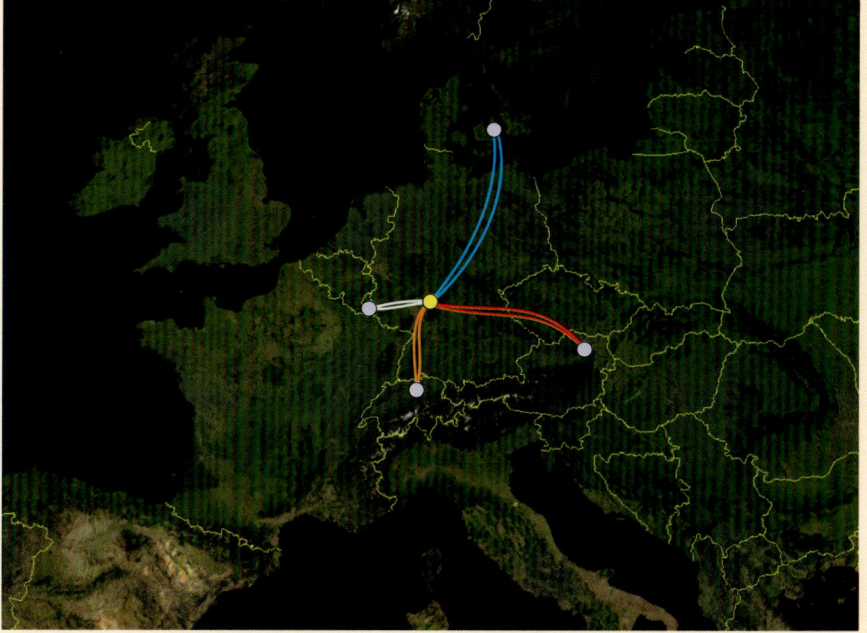

Dieselben vier Städte wurden über einen Hub verbunden. Jetzt sind nur noch 8 Flüge notwendig, obwohl sogar noch eine weitere Stadt damit verknüpft ist.

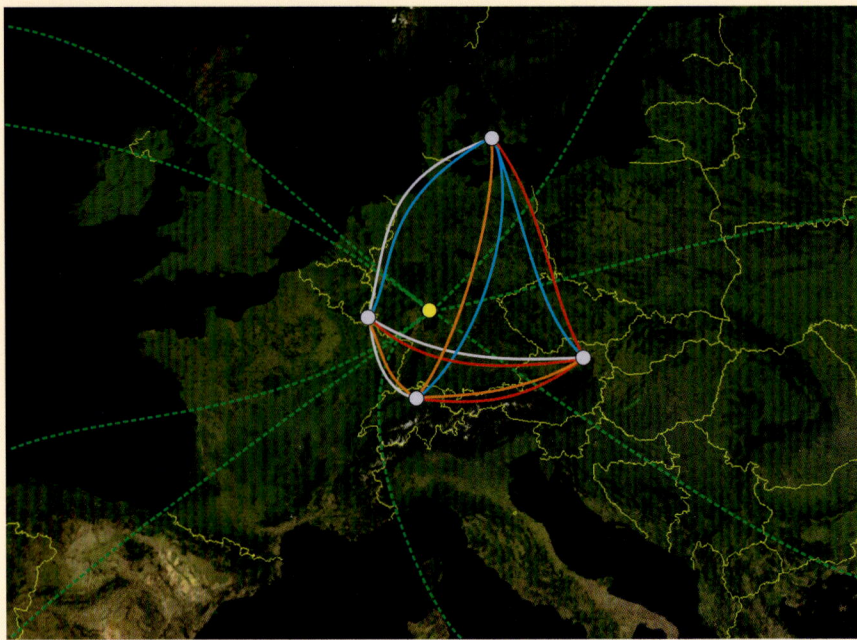

Der Hub besitzt eine interkontinentale Verknüpfung, die vier anderen Metropolen in diesem Fall nicht. Schon deshalb wäre eine Verknüpfung mit dem Hub ratsam. Denn wollten die anderen Metropolen ebenfalls diese weltweiten Anschlüsse, würde das Netz so aussehen wie im folgenden Fall.

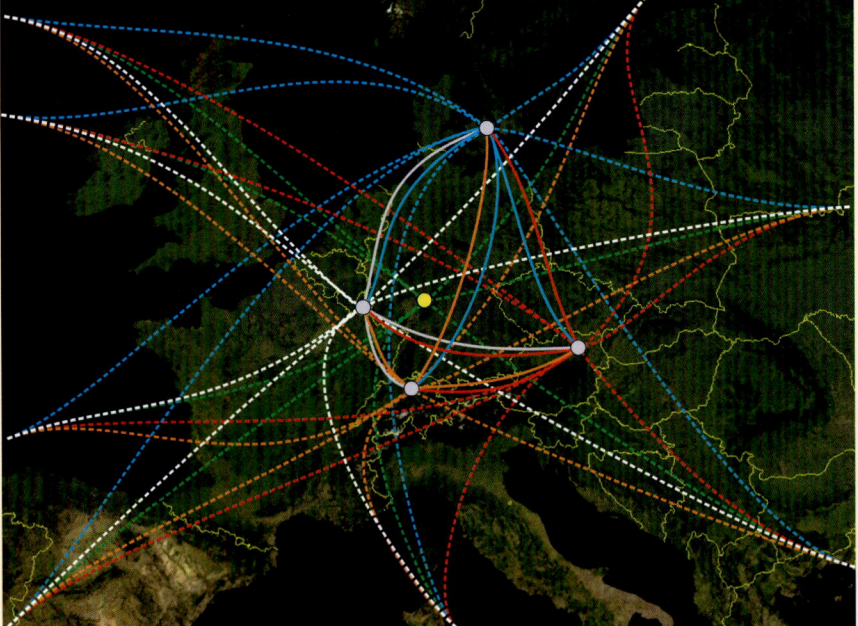

Hier besitzt jede Stadt eine weltweite Anbindung. Umsteigen wäre nicht mehr erforderlich.

Die hier gezeigten Beispiele sind natürlich stark vereinfacht, denn es gibt hunderte von großen und kleinen Flughäfen in Europa, von denen einige in Welthandelszentren liegen und selbst wiederum als Hub fungieren.

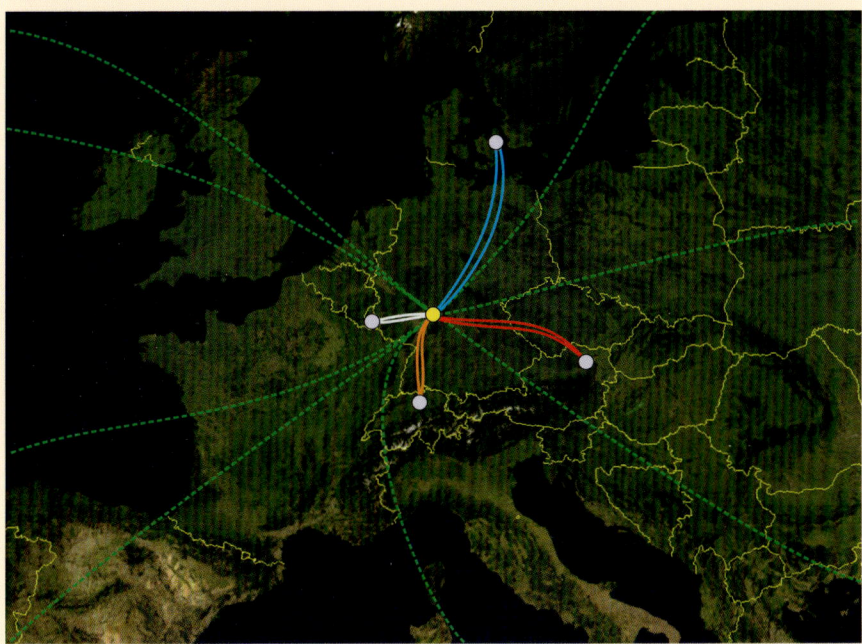

Einen wesentlich aufgeräumteren Eindruck macht diese Lösung. Sie reduziert den Gesamtverkehr und ist umweltfreundlich.

Die folgende Tabelle gibt Aufschluss über die Wirtschaftlichkeit von Drehkreuzen. Sie zeigt, dass ein Hub bereits wirtschaftlich sein kann, wenn man mehr als drei Städte miteinander verbindet.

Städteverbindungen – Anzahl der Flüge mit und ohne Hub

Städte	ohne Hub		mit Hub	
	Strecken	Einzelflüge	Strecken	Einzelflüge
2	1	2	2	4
3	3	6	3	6
4	6	12	4	8
5	10	20	5	10
6	15	30	6	12
7	21	42	7	14
8	28	56	8	16
9	36	72	9	18
10	45	90	10	20
20	190	380	20	40
30	435	870	30	60
40	780	1.560	40	80
50	1.225	2.450	50	100
100	4.950	9.900	100	200

Luftfracht

2011 feierte Deutschland hundert Jahre Luftfracht, denn vor hundert Jahren reiste zum ersten Mal ein Packen Zeitungen von Berlin nach Frankfurt an der Oder. In den Jahren darauf hat die Luftfracht vor allem über den Luftpostdienst schnell an Bedeutung gewonnen. Die Lufthansa war bald die Airline mit dem längsten Frachtnetz der Welt. Während des Krieges wurden die Flugzeuge allerdings beschlagnahmt und flogen für die Wehrmacht.

Die Geburtsstunde des Lufttransports schwerer Güter aber war die Berliner

Luftbrücke, bis heute das logistisch anspruchsvollste Unternehmen der letzten 100 Jahre (siehe auch Seite 56). Die Nachkriegs-Lufthansa beeilte sich, wieder Anschluss zu bekommen. Sie war z.B. auch die Erfinderin der Boeing 727 »Quick Change«: Tagsüber flog man damit Passagiere, nachts wurde sie innerhalb von einer Stunde zum Frachter umgerüstet. Die Lufthansa gab auch beim Hersteller die Boeing 747-F in Auftrag, einen Nurfracht-Jumbo mit aufklappbarem Bug, der es erlaubte, lange, sperrige Güter zu verladen. Und so hat die Kranich-Airline bereits eine Tradition zu den führenden Luftfrachtunternehmen der Welt zu gehören.

Verglichen mit einem Frachtschiff, das sich womöglich durch piratenverseuchte Gewässer wie dem Horn von Afrika quälen muss, ist die Luftfracht unschlagbar schnell und sicher. Man unterscheidet im Air Cargo-Geschäft zwischen Express-, Spezial- und Normalfracht.

Expressfracht besteht aus Waren, die sich durch eine kurze Lebensdauer auszeichnen. Das sind Blumen, Erdbeeren außerhalb der Saison aus warmen Ländern, Arzneimittel, elektronische Gebrauchsartikel, die von der rasanten Entwicklung schnell überholt sind. Dazu gehören Mobiltelefone, iPads, iPods, iPhones oder Laptops, Ersatzteile für den Japaner vor der Haustür, aber auch für defekte Anlagen, die sonst millionenschwere Produktionsausfälle verursachen könnten. Natürlich zählt auch die neueste Frühjahrsmode dazu, die z.B. in Mailand oder New York gezeigt, aber auf den Philippinen oder in China genäht wird und möglichst schnell beim Verbraucher in Europa sein soll. Saisonartikel sollten die Saison, für die sie hergestellt

Cargo Center sind die Schnittstellen zwischen Industrie, Transportunternehmen, Airlines und Verbraucher.

Da es für unterschiedliche Flugzeuge verschiedene Formen von Luftfrachtcontainern gibt, wird schon beim ersten Beladen darauf geachtet, in welche Flugzeugtypen die Fracht womöglich umgeschlagen werden soll. Daher ist es wichtig, dass die Luftfrachtbeförderung ineinander verzahnt werden kann.

wurden, nicht im Laderaum eines Schiffs verbringen. Und da machen auch Low Cost Labels keine Ausnahme, die ihre Billigstware zu Dumpinglöhnen in Bangladesh herstellen lassen. Aber auch hochwertige Waren würden auf einem Schiff, das wochenlang unterwegs ist, viel Kapital binden. Mit dem Flugzeug sind sie in wenigen Stunden beim Empfänger und werden nach Erhalt bezahlt.

Die Spezialfracht besteht aus verderblichen Waren wie Fischen oder Früchten, aber auch Tiertransporte für Zoos oder Pferde für Zuchten und Ähnliches. Besonders diebstahlgefährdete Güter werden fast ausschließlich per Flugzeug transportiert. Als Bosnien nach dem Krieg seine neue Währung bekam, wurden die Geldscheine mit mehreren Frachtmaschi-

nen eingeflogen, die bis unter das Dach mit Geldpaletten gefüllt waren. Die gewaltige Antonov An-224 kann ganze Lokomotiven in den hintersten Winkel der Welt fliegen, wenn es sein muss.

Auch die deutsche Automobilindustrie nutzt die Luftfracht-Infrastruktur in hohem Maße. Der Gesamtwert der BMW-Exporte z.B. aus Rosslyn bei Johannesburg beträgt mittlerweile mehr als fünf

Im Rahmen der Finanzkrise werden derzeit Tausende von Tonnen an Gold umhergeflogen!

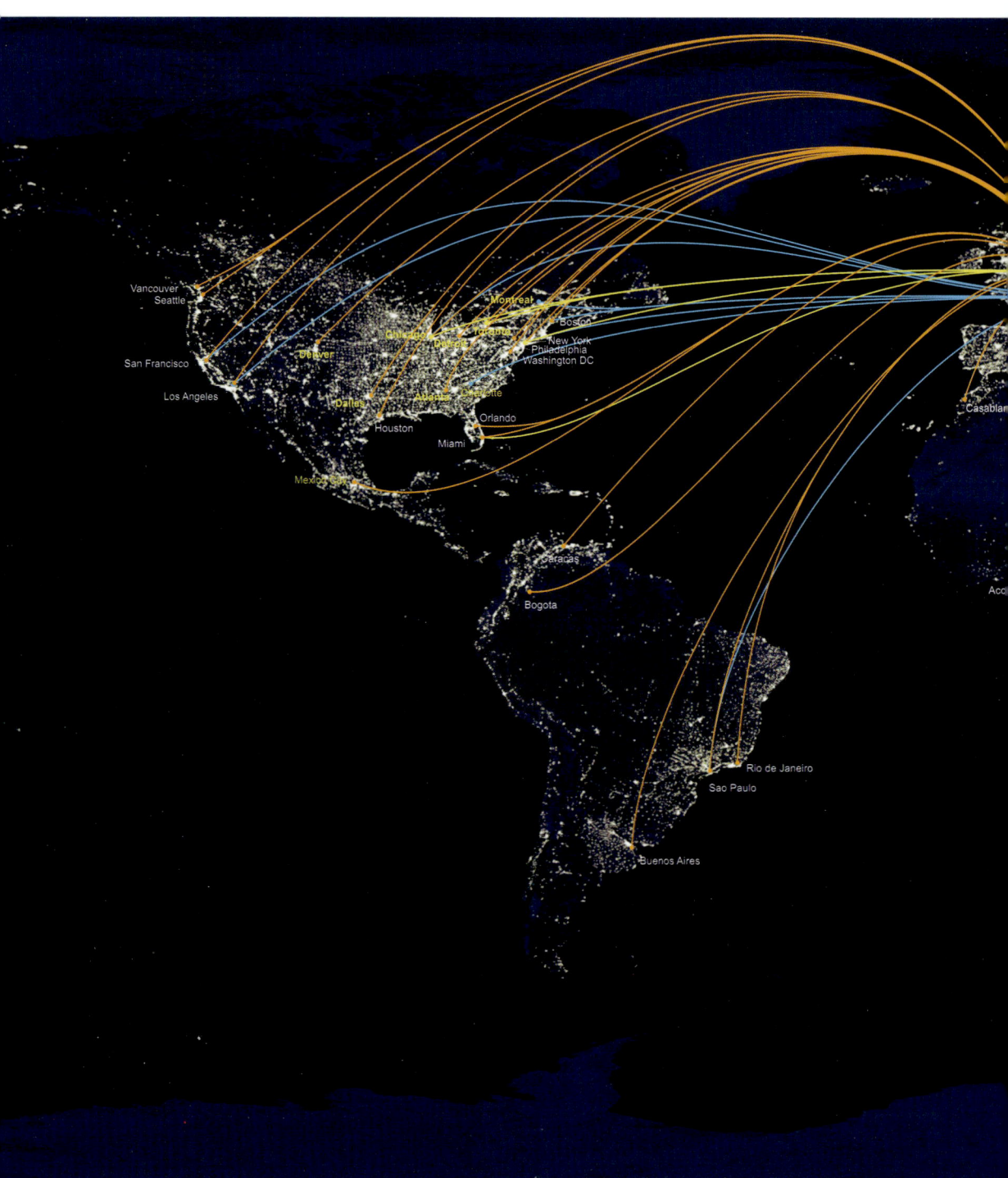

*Interkontinentalverbindungen
der Lufthansa 2012 (ohne Gewähr).*

Ginseng Wurzeln werden bei uns gerne verarbeitet, weil sie gesund sind und der alternativen Medizin dienen.

Links: Vom Mittelmeer auf Eis direkt ins Frischezentrum des Flughafens, von dort tiefgekühlt zu Kunden in aller Welt.

Aloe Vera findet in der Kosmetik und im Wellnessbereich Anwendung.

Ananas
Costa Rica

Zitronengras
Guatemala

Topinambur
Frankreich

Baby-Bananen
Malaysia

Kaktusfeigen
Mexiko

Mango
Indien

Baby-Ananas
Ghana

Feigen
Brasilien

Cherimoya
Kolumbien

Pepino
Peru

Ingwer
China

Avocado
Mexiko

Pitahaya rot
Vietnam

Pitahaya gelb
China

Karambola
Philippinen

Grenadillen
Mexiko

Passionsfrucht
Madagaskar

Tamarillo
Kolumbien

Kaktusfeigen
Mexiko

Mango
Philippinen

Physialis
Südafrika

Kiwi
Neuseeland

Kiwi
Italien

Maro
Mittel

Ingwer
Nigeria

Avocado
Chile, Israel

Süßkartoffel
Honduras

Kokosnuss
Indonesien

Tamarillos
Kolumbien

Papaya
Brasilien

Papaya
Belize

Kochbananen
Uganda

Maronen
Mittelmeer

Wassermelonen
Brasilien

Honigmelonen
Brasilien

Cantaloupe
Spanien

Bananen
Brasilien

Galia-Melonen
Panama

Kiwi
Italien

Ananas
Costa Rica

Oben: Auch unsere heimischen Bauern exportieren Agrarprodukte im Wert von 13 Milliarden Euro in 170 Länder. Hauptabnehmer sind Russland, Schweiz und USA.

Links: Warenvielfalt in einem gut sortierten Einkaufsmarkt. Die Herkunft der Früchte kann variieren. (Ich danke dem REAL-Markt Dreieich für die Mitarbeit.)

Unten: Was darf's denn sein? Warenströme umrunden die Welt.

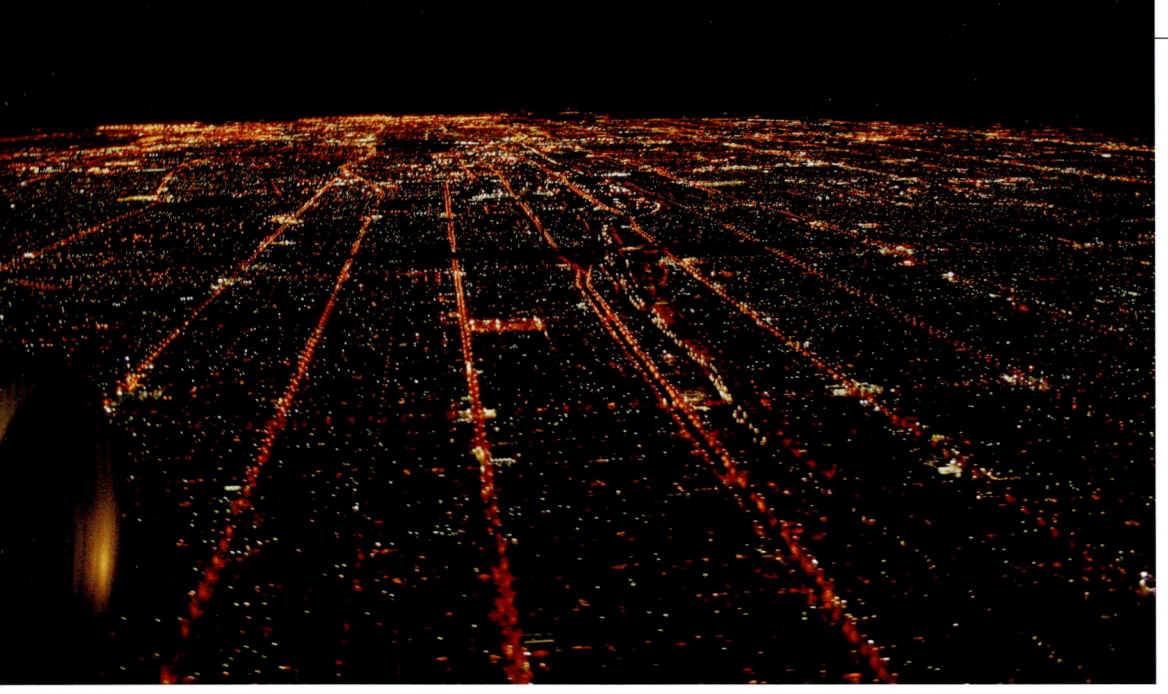

Wenn Städte wachsen, wenn Regionen zu Metropolen zusammenschmelzen, werden sie die Flughäfen wie Efeu umklammern. Gleichzeitig wächst der Mobilitätsbedarf. Im Stadtgebiet von Los Angeles liegen mittlerweile vier internationale und 20 regionale Flughäfen. Die Bebauung beginnt gleich hinter dem Zaun.

Milliarden Euro. Lenkräder, Alu-Felgen, Stoßstangen und Achsen werden ebenfalls dort hergestellt. Der wichtigste Exportartikel vom Kap neben den Autos ist längst Leder geworden. Zwei von drei Sitzen aller BMWs weltweit werden in Südafrika hergestellt, jeden Abend verlässt eine Luftfrachtmaschine mit fertig bezogenen Ledersitzen Johannesburg in Richtung Deutschland.

Schließlich gibt es noch die Normalfracht für triviale Dinge wie Zeitungen, Post, Päckchen und Pakete. Mit jeder Internetbestellung setzt man nämlich einen just-in-time gesteuerten Prozess in Gang. Dieser minimiert die Lagerkosten im eigenen Land. Trotzdem ist die preisgünstige Ware in wenigen Tagen beim Verbraucher. Der Empfänger macht sich kaum Gedanken darüber, woher die Ware kommt und

wie sie transportiert wurde. Gleichzeitig gehen insgesamt 40% des Wertes deutscher Exporte per Luftfracht ins Ausland. Nach Gewicht sind das allerdings nur 1 bis 2%, denn zeitunkritische Schwergüter wie Traktoren, Schiffsdiesel oder Lokomotiven reisen bevorzugt per Schiff.

Eines ist sicher: Wie sich ein Fluss seinen Weg sucht, sucht sich auch die Fracht ihren Weg. Und wie sich Menschen schon seit jeher entlang der großen Flüsse und Ströme ansiedeln, folgen auch die Firmen diesen logistischen Highways. Wird einem Flughafen ein Nachtflugverbot auferlegt, werden sich neue Firmen überlegen, ob sie sich dort noch ansiedeln. Bestehende Firmen werden sich die Mehrkosten genau durchrechnen, denn der Zeitfaktor spielt eine immer größere Rolle im internationalen

Warengeschäft. Technische Waren werden wertvoller, also müssen sie schneller zum Kunden. Wer garantieren kann, dass sie in 12 Stunden am Markt sind, erhält den Zuschlag. Würde ein Mobiltelefon-Hersteller seine Produkte per Schiff verschicken, würde ihm die Konkurrenz binnen weniger Tage mit einem neueren Produkt die Kunden abjagen, nur weil der die Geräte mit dem Flugzeug verschickt.

Klinkt sich ein Flughafen aus dem Nachtflugnetz aus, freut sich ein anderer darüber. Es besteht allerdings auch die Gefahr, dass Waren dann eben nicht mehr aus den angestammten Quellen kommen, sondern aus anderen Regionen. So umgeht die Golf-Region neuerdings die zunehmenden Transportschwierigkeiten in Europa indem sie z.B. Maschinen, Autozubehör, Sicherheitsglas, Öl- und Gasförder-Equipment statt aus Deutschland fortan aus Brasilien bezieht. Manche Kunden mögen allerdings auch frohlocken, wenn schadstoffbelastete Ware aus Fernost nicht mehr in die Regale der Billigläden kommt und die Waren nach und nach durch hochwertigere Produkte aus dem eigenen Land ersetzt werden, allerdings zu höheren Preisen.

Blumen

Deutschland zählt zu den weltweit größten Märkten für Schnittblumen. Man braucht auch nicht mehr in die Gärtnerei oder zum Floristen zu gehen, um sich ein Gebinde zu kaufen, der Markt ist derart perfektioniert, dass man Blumen zu jeder Jahreszeit gemäß ihrer Symbolik jedermann und jeder Frau zum Geschenk machen kann. Und das auch noch online und zu einem günstigen Preis. Man braucht dazu noch nicht einmal das Haus zu verlassen.

Blumen statt Drogen. Der kolumbianische Hauptexport ist mittlerweile mit 75% nicht mehr Kaffee, sondern Blumen! Und alle Blumen verlassen das Land über den Flughafen der 8-Millionen-Stadt Bogotá, der in den letzten Jahren dazu massiv ausgebaut wurde. Hauptimporteur für die Hälfte der Blumen sind die USA.

Kaum jemand macht sich jedoch Gedanken darüber, woher z.B. die Chrysanthemen im Februar kommen. Aber nicht nur die exotischen Sorten wie Strelitzien oder Orchideen kommen von weither, auch Rosen und Nelken kommen mittlerweile von anderen Kontinenten. 2008 wurden 11.600 Tonnen an Blumen eingeflogen. Der Markt für Schnittblumen ist ein weltweites Geschäft, das allein in Europa ein Volumen von 12 Milliarden Euro hat. Führende Exporteure für Schnittblumen sind Kolumbien, Kenia, China, Israel und Ecuador, in Europa sind es Polen, Spanien und Holland. Kein Wunder, dass im Zuge der CO_2-Diskussion Produktion, globaler Großhandel und Import von Schnittblumen aus ökologischen und sozialen Gründen in die Kritik geraten sind. Denn trotz der hohen Kosten für den Versand mit dem Flugzeug ist es immer noch günstiger, als die Schnittblumen in Deutschland zu pflanzen und zu züchten. Das sollte nachdenklich stimmen.

Seit der Blumenhandel boomt, ist der Koka-Anbau in Kolumbien zurückgegangen. Der ehemalige Drogen-Staat ist wieder zum beliebten Reiseziel geworden und verzeichnet zweistellige Wachstumszahlen. Würde sich die Welt gegen Importblumen sperren, würde der Staat womöglich wieder zurückfallen in die Isolation.

Vergleicht man indes die Klimabilanz von Schnittrosen aus Ecuador und den Niederlanden, fällt das Ergebnis eindeutig zu Gunsten der südamerikanischen Rosen aus. Denn die Gewächshäuser in Holland müssen beheizt und künstlich beleuchtet werden. Obwohl die Rosen dann von Ecuador nach Europa geflogen werden müssen, sind die CO_2-Emissionen für die Produktion in Holland viermal höher als der Transport mit dem Flugzeug. In dieser Rechnung sind natürlich nicht nur der Flugtransport, sondern auch andere Emissionen wie Heizung, Dünger, Verpackung und Transportmittel eingeschlossen.[*]

Wer also für ein striktes Nachtflugverbot ist und den Lärm reduziert haben möchte, dürfte konsequenterweise keine Blumen mehr verschenken, die er nicht selbst gepflückt hat. Zum Valentinstag (14. Februar) werden jährlich etwa 700

Tonnen Rosen aus Kenia eingeflogen, zum Muttertag (2. Sonntag im Mai) immerhin auch nochmal 600 Tonnen. Tonnen, wohlgemerkt, nicht einzelne Blüten!

Nun sollte man allerdings bei aller Empörung auch nicht vergessen, dass zum Beispiel der ökologische Fußabdruck einer gekochten Kartoffel mehr davon abhängt, ob man beim Kochen den Deckel auf dem Topf lässt, als davon, wo sie geerntet wurde.**

In diesem Buch soll jedoch nicht mit erhobenem Zeigefinger der Verzicht gepredigt werden. Aber im Kontext der ganzen Diskussion ist es schon wichtig zu wissen, auf welche Waren des täglichen Gebrauchs man zukünftig verzichten müsste, wenn sie nicht auf dem Luftweg zu uns kommen.

Das ABC der Luftfracht

Anbei eine kleine Auswahl von Waren, die fast unbemerkt Eingang in unser tägliches Leben gefunden haben. Wir machen uns kaum darüber Gedanken, dass sie preisgünstig, schnell und frisch per Luftfracht angeliefert wurden und bei unserem Einzelhändler oder im Supermarkt landen:

A Aloe Vera, Angelwürmer, Ananas, Autoteile, Anlagegüter, Arzneimittel, Auberginen
B Blumen, Bücher, Bohnen
C Chemische Produkte, Computer, CD-Player, chirurgische Geräte
D Datteln, Digitalkameras, DVD's, Dentalprodukte, Düngemittel
E Edelmetalle, Elektronik, Erdbeeren, Ersatzteile

F Fahrzeugteile, Fashion, Fisch, Fleisch, Fotoapparate, Fahrräder
G Gewürze, Gold, GPS-Geräte, Gemälde, Ginseng
H High-Tech-Produkte wie Handhelds u.Ä., Hummer
I Injektionsnadeln, iPhones, iPads, Investitionsgüter
J Jade
K Krabben, Konsumgüter, Kaviar, Kosmetika, Kautschuk, Kopfsalat, Kleidung, Krisenhilfsmittel und -gerät
L Lambdasonden, Lederwaren, Luftpost
M Maschinenteile, Monitore, Musikträger, MP3-Player, Mobiltelefone, Mikroelektronik, Medizintechnik, Modeprodukte
N Notebooks, Notfalllieferungen,
O Obst, Objektive, Optische Geräte, Organe
P Pferde, Pflanzen, Playstations, PDA's, Paprika
Q Quarze und Mineralien, Quitten
R Rohmaterialien, Räucherstäbchen
S Seltene Erden, Schwergüter, Schuhe, Schmuck, Spielekonsolen, Spargel
T Textilien, Tennisschläger, Tabak, Teppiche, Tiefkühlkost
U USB-Sticks, Uhren
V Vanille, Videokameras
W Wasabi, Wertsachen
X X-Box
Y Ysop
Z Zimt, Zitronengras, Zierfische, Zucchini, Zigaretten

---

* Quelle: myclimate
** Quelle: Zeitschrift Vital, Ausgabe 05/2009

Deutschland kann etwa 80% des Nahrungsbedarfs aus heimischer Produktion decken. So beträgt die jährliche Getreideernte rund 37 Millionen Tonnen. Dagegen erscheinen die gerade mal 52.000 Tonnen an Lebensmitteln, die aus Drittländern importiert werden, wenig. Dazu gehören Fisch, Gemüse, Obst, Fleisch und Sonstiges wie Gewürze usw. Das entspricht immerhin 140 Tonnen am Tag. Sie kommen auf verschiedenen Wegen und an den verschiedenen Flughäfen an und sind fest in unser tägliches Leben eingebunden.

Wie immer gibt es aber eine Kehrseite der Medaille: Wenn nun italienische Importe nach Deutschland und deutsche Importe nach Italien verfrachtet werden,

Die fünf häufigsten per Luftfracht nach Deutschland importierten Fleischprodukte aus Drittländern (2008)

Produkt	Wichtigste Herkunftsländer	Menge (t)
Rindfleisch	Argentinien (84%), USA	2.231
Fleisch von Pferden, Eseln oder Mulis	Kanada (77%), Mexiko, Argentinien	2.076
Wildfleisch	Südafrika (89%), Neuseeland	773
Schaffleisch	Neuseeland (95%)	554

Flugimporte von Lebensmitteln und Blumen nach Deutschland (2008)

	Luft Tonnen	See Tonnen	Luft Prozent	See Prozent
Brasilien	3.169	12.744	20	80
Pakistan	1.151	1.604	42	58
Ägypten	1113	6.676	14	85
Ghana	699	292	70	30
Thailand	679	1.405	33	67
USA	429	98.798	<1	>99
Kolumbien	415	260.911	<1	>99
Uganda	312	0	100	0
Südafrika	302	26.575	1	99
Vietnam	271	4.595	6	94
Chile	213	27.286	1	99
Dominikanische Republik	208	3.810	5	91
Indien	163	4.536	3	97
Malaysia	162	4	98	2
Iran	132	23.556	1	99
Togo	124	0	100	0
Kanada	119	5.725	2	98
Mexiko	116	575	17	83
Sonstige	842	908.922	<0,1	92
Gesamt	**10.619**	**1.388.014**	**<1**	**92**

gelten sie als EU-Binnenware, eine genaue Herkunft ist fast nicht mehr nachvollziehbar. 90% der nach Deutschland importierten Fische kommen aus Tansania, Südafrika, Kenia, Uganda, Sri Lanka, Kanada, Island und den Malediven. Allein aus Afrika beziehen wir 80% unseres Fischs. Frischetransporte erfolgen üblicherweise nachts.

Betroffen macht mich auch die folgende Beobachtung: Wir haben eine der am höchsten entwickelten Brot- und Back-

kulturen in der ganzen Welt. Aber unsere Bäcker finden keinen Nachwuchs mehr, weil die Teiglinge für die praktischen und billigen Aufbackbrötchen mittlerweile aus China kommen und für ein paar Cent verkauft werden! Und müssen es wirklich frische Erdbeeren mit Schlagsahne sein, die wir unseren Gästen außerhalb der Saison servieren, als kleine dekadente Extravaganz, die wir uns leisten können? Zwischen April und November ist nämlich Flaute im Erdbeerimportgeschäft, zum

Obst- und Fruchtimport nach Deutschland in Tonnen (2008)

Produkt	Luft	See	Straße
Guaven, Mangos und Mangostans	2.807	1.057	5
Papayas	2.385	217	0
Ananas	1.100	42.045	58
tropische Früchte	787	50	
Erdbeeren	732	2.653	45
andere Früchte (z.B. Tropenfrüchte)	474	432	458
Tafeltrauben	334	12.369	1.372
Kirschen	280	46	386
Feigen	216	46	386
Mandeln ohne Schale	195	45.999	5
Datteln	178	8.501	140
Brombeeren, Maulbeeren, Loganbeeren	108	2	51
Bananen	104	931.275	1.773
Kochbananen	93		
Pfirsiche	73		6
Melonen	70	5.130	333
Amerikanische Heidelbeeren	63	37	
Walnüsse in der Schale	60	6.270	11
Kokosnüsse	59	561	
Brugnolen und Nektarinen	59		
Avocadofrüchte	55	22	
Sonstige	374	301.171	108.020
Summe	**10.606**	**1.357.837**	**113.509**

Gegen kaum ein Flugzeug gibt es so viel Widerstand wie gegen die MD-11. Ihr charakteristisches Lärmprofil setzt den Anwohnern besonders stark zu. Das Flugzeug wurde von 1990 bis 2000 produziert. Weltweit wurden 200 Exemplare ausgeliefert.

Die Boeing 747-8F ist der derzeit fortschrittlichste und leiseste Großraum-Frachter der Welt. Hier auf dem Frankfurter Flughafen.

Jahresende aber steigt es auf 300 Tonnen an! Dann sollte man sich besser nicht gegen das Transportmittel beschweren, mit dem die süßen roten Früchte aus Chile und die goldgelben Teiglinge aus China eingeflogen werden.

Die Frage muss man sich stellen: Wie weit geht das Umweltgewissen? Wird der Bundesbürger der heimischen Landwirtschaft und den Flughafenanrainern zuliebe flächenweit bereit sein, für heimischen Spargel ca. 7 Euro pro Pfund zu bezahlen, und kann er der Versuchung widerstehen, den Spargel aus Peru in derselben Qualität zum Preis von 1,99 Euro liegen zu lassen? (Preise von Ostern 2012). Wer aktiv etwas gegen den Fluglärm unternehmen will, muss neben sämtlichen bereits oben genannten High-Tech-Produkten auf folgende Güter verzichten:

- frische Fischfilets bzw. frischer Fisch aus afrikanischen Ländern, Sri Lanka und von den Malediven
- lebende Hummer aus Kanada
- frische Filets vom Rotbarsch, Goldbarsch oder Tiefenbarsch aus Island
- frische Bohnen aus Ägypten, Kenia, Dominikanische Republik oder Thailand
- frischer Spargel aus Peru
- frisches Gemüse aus Ost- und Westafrika (v.a. Kenia und Ghana), Thailand und der Dominikanischen Republik
- frische Papayas, frische Guaven, Mangos und Mangostans aus Pakistan, Brasilien und Thailand
- frische Ananas aus afrikanischen Ländern
- frisches Obst aus Uganda, Ghana und Togo
- Erdbeeren aus Ägypten, Israel und Südafrika

- Pferdefleisch aus Kanada
- Schnittblumen aus Afrika und Südamerika

Frachtflugzeuge

Die Lebensdauer unserer Flugzeuge wird auf ca. 30 Jahre veranschlagt. Danach werden sie in Länder verkauft, in denen Lärm (noch) kein Thema ist. Aber auch die Passagiere sind anspruchsvoller geworden. Alte Klepper sind nicht ihr Ding, weshalb Airlines mit einem möglichst einstelligen Durchschnittsalter für ihre Flotte werben. Wohin also mit den noch guten, aber halt 15 Jahre alten Maschinen, die den Schnitt verderben? Sie werden zu Frachtern umgerüstet und fallen damit aus der Statistik, fliegen neu lackiert bei Kurierdiensten oder im Ausland nochmal 15 Jahre weiter. Für den Nachtbetrieb erhalten sie – zumindest bei uns – neue, leisere Triebwerke.

Die reinen Fracht-Airlines wie z.B. Lufthansa Cargo, AirBridgeCargo, AeroLogic oder CargoLux gehen hingegen andere

Seit Jahrzehnten gibt es in Europa argentinische Steakhouse-Ketten. Da hat sich früher niemand Gedanken gemacht, wie das Fleisch hier ankommt. Vielleicht ist jetzt die Zeit dazu?

Wege. Sie bestellen die Frachter nagelneu ab Werk und profitieren von den günstigen Verbrauchs- und Dezibelwerten. Die Boeing 747-8F liegt bereits 30% unter der Lärmschwelle der 747-400. Für die viel-geschmähte MD-11 mit ihrem lauten Fußabdruck sollte allerdings baldmöglichst ein Ersatz beschafft werden.

Handel mit Binnenstaaten

Es gibt wohl zahlreiche Waren, die nicht zeitkritisch sind und die genauso gut, wenn nicht sogar noch besser, per Schiff transportiert werden könnten. Es gibt aber etwa 50 Staaten auf der politischen Weltkarte, die keinen Seehafen haben. Der Handel mit vielen von ihnen kann nur über die Luftfracht erfolgen, denn der Transit durch die Nachbarstaaten ist entweder aus politischen, zollrechtlichen, infrastrukturellen oder wirtschaftlichen Gründen nicht möglich. Per Luftfracht erreicht man dort derzeit eine halbe Milliarde Menschen und bietet diesen Ländern gleichzeitig einen Zugang zu internationalen Märkten. Wollen wir diese Menschen vom Welthandel ausschließen? Oder wollen wir warten, bis sie zu uns kommen und sich über die Metropolen der westlichen Welt verteilen? Die List auf der nächsten Seite verdeutlicht, welches Potenzial nicht zuletzt für die eigene Wirtschaft im Handel mit Binnenstaaten steckt.

Katastrophenszenarien

Politiker sind auch gehalten, vorauszudenken und Szenarien durchzuspielen, die nicht unbedingt auf der Hand liegen. Kein Mensch hatte Fukushima vorhergesehen. Auch in Deutschland wurde der Klimawandel nicht so dramatisch beurteilt, wie er sich nun abzeichnet. Fukushima hat uns die Augen geöffnet. Was wäre denn, wenn bei uns eine ganze Region evakuiert werden müsste? Woher wissen wir heute, ob wir in einer Notsituation nicht wieder einmal eine Luftbrücke für die Versorgung benötigen? Das mag einerseits weit hergeholt klingen, aber nichts ist unmöglich, wie man weiß.

Was würde passieren, wenn eingeschleppte Schädlinge Europas Ernten in großem Stil verwüsteten? In Italiens Obstanbaugebieten hat z.B. die eingewanderte Kirschessigfliege 2011 zwischen 20 und 60% der Ernten aufgefressen. Ein Gegenmittel gibt es noch nicht. Die weibliche Fliege legt täglich bis zu 16 Eier in befallenes reifes Obst. 8 bis 14 Tage später sind diese geschlechtsreif, so dass jährlich bis zu 18 Generationen der Fliege entstehen. Der Schädling wurde 2012 bereits in Spanien, Frankreich, Deutschland, Österreich und der Schweiz gesichtet. Eine kluge Politik legt außerhalb von Krisenzeiten vorsorglich Logistik- und Versorgungszentren an, die kurzfristig von der Just-in-time-Wirtschaft auf Vorsorgewirtschaft umschalten können. Weitsichtige Katastrophenpläne müssen im Notfall durchführbar sein, auch wenn sie hoffentlich niemals zum Einsatz kommen. Die Schwierigkeit ist, dass Katastrophen weder in ihrer Art, ihrem Umfang oder in der Zeit des Eintretens vorhersehbar sind. Es gibt weltweit Beispiele dafür, dass durch die plötzliche Konfrontation mit einem solchen Ereignis neben dem Katastrophenschaden auch noch verheerende Folgewirkungen entstanden sind. Infrastrukturelle Vorbereitungen für die abstrakte Gefahr sind bei

Liste der Binnenstaaten

Staat	Wichtigster Airport	Fläche (km²)	Bevölkerung
Afghanistan	Kabul	647.500	29.117.000
Andorra	–	468	84.082
Armenien	Yerevan	29.743	3.254.300
Aserbaidschan	Baku	86.600	8.997.400
Äthiopien	Addis Abeba	1.104.300	85.237.338
Belarus	Minsk	207.600	9.484.300
Bergkarabach	Stepanakert	11.458	138.000
Bhutan	Paro	38.394	691.141
Bolivien	La Paz	1.098.581	10.907.778
Botswana	Gaborone	582	1.990.876
Burkina Faso	Ouagadougou	274.222	15.746.232
Burundi	Bujumbura	27.834	8.988.091
Kasachstan	Almaty	2.724.900	16.372.000
Kirgisien	Bischkek	199.951	5.482.000
Kosovo	Pristina	10.908	1.804.838
Laos	Vientiane	236.800	6.320.000
Lesotho	Maseru	30.355	2.067.000
Liechtenstein	–	160	35.789
Luxemburg	Luxemburg	2.586	502.202
Malawi	Blantyre	118.484	15.028.757
Mali	Bamako	1.240.192	14.517.176
Moldawien	Chişinşu	33.846	3.567.500
Mongolei	Ulan Bator	1.564.100	2.736.800
Nepal	Katmandu	147.181	29.331.000
Niger	Niamey	1.267.000	15.306.252
Österreich	Wien	83.871	8.396.760
Paraguay	Asunción	406.752	6.349.000
Republik Mazedonien	Skopje	25.713	2.114.550
Ruanda	Kigali	26.338	10.746.311
Sambia	Lusaka	752.612	12.935.000
San Marino	–	61	31.716
Schweiz	Zürich	41.284	7.785.600
Serbien	Belgrad	88.361	7.306.677
Slowakei	Bratislava	49.035	5.429.763
Südsudan	Juba	619.745	8.260.490
Südossetien	Zchinwali	3.900	72.000
Swasiland	Matsapa	17.364	1.185.000
Tadschikistan	Duschanbe	143.100	7.349.145
Transnistrien	–	3.567	537.000
Tschad	N'Djamena	1.284.000	10.329.208
Tschechien	Prag	78.867	10 674 947
Turkmenistan	Asgabat	488.100	5.110.000
Uganda	Entebbe	241.038	32.369.558
Ungarn	Budapest	93.028	10.005.000
Usbekistan	Taschkent	447.400	27.606.007
Vatikan	Rom	0,44	826
Zentralafrikanische Republik	Bangui	622.984	4.422.000
Zimbabwe	Harare	390.757	12.521.000
Gesamt		**16.963.624**	**470.639.181**
Prozent der globalen Landfläche		**11,4%**	**6,9%**

der Bevölkerung nie populär, weil sie große Summen an Geld verschlingen können und es dabei nur selten einen direkt erfahrbaren Gegenwert gibt.

Gerade Deutschland fällt im internationalen Vergleich immer häufiger durch seine etwas schwerfällige Demokratie auf. J.F. Kennedy hielt im Jahre 1961 eine Rede und verkündete den staunenden Landsleuten die Vision, dass innerhalb des laufenden Jahrzehnts ein Amerikaner den Mond betreten würde. Acht Jahre später war es soweit.

In Deutschland brauchen wir 15 Jahre vom Wunsch eine weitere Piste zu bauen bis dort das erste Flugzeug landet. Entsprechend müssen die Flughäfen vorhalten und frühzeitig planen und den Genehmigungsprozess auf den Weg bringen, um die Erweiterung in Betrieb nehmen zu können, wenn das Wachstum die Kapazität des betreffenden Flughafens sprengt. Dass sich inzwischen die Kosten verdoppeln und verdreifachen ist natürlich klar, aber auch Grund genug für erneute Proteste, wenn es denn so weit ist.

Tokyo ist einer der größten Ballungsräume der Erde. Als Tokyos neuer Großflughafen Narita 60 km entfernt vom alten Haneda Airport gebaut wurde, gab es Proteste, die schon fast in Bürgerkrieg ausarteten. Im Verlauf der Auseinandersetzungen kamen drei Polizisten ums Leben, Demonstranten warfen Molotowcocktails und verwüsteten mit Autobomben technische Einrichtungen. Dabei war diese Zone noch relativ dünn besiedelt. Aber es war eben Farmland, und einige der Bauern wollten ihr Land nicht an den Staat verkaufen. Ein Umsiedlungsprogramm wurde von Aktivisten unterminiert, indem sie umsiedlungswilligen Bürgern drohten, ihr neues Haus niederzubrennen. Der Airport war auf

drei Pisten angelegt, von denen nur eine in voller Länge gebaut werden konnte. Die zweite ist nur 2.200 m lang, auf ihr können nur Mittelstreckenjets landen und starten, die dritte wird unterbrochen durch kleine Schrebergärten. Dazwischen sind hohe Zäune um winzige Parzellen störrischer Eigentümer. Nach vielen Jahren entschuldigte sich der amtierende Verkehrsminister bei den Bauern für die robuste Vorgehensweise des Staates.

Als Folge davon wurde Haneda modernisiert und die Suche nach einem dritten Airport ist im Gang. Das will aber nicht so recht klappen, denn man stößt immer wieder auf dieselben Probleme. Als nun die Atomkatastrophe in Fukushima und Wind und Regen die japanische Metropole bedrohten, machte man sich wieder einmal ernsthafte Gedanken über die Evakuierungsmöglichkeiten der Bevölkerung Tokyos. Alles wurde durchgerechnet und man kam zum nüchternen Ergebnis, eine Evakuierung der 35 Millionen Einwohner im Ballungsraum Tokyo ist nicht möglich. Die Wege nach draußen konnten beim ungezügelten Wachstum der Megalopolis nicht mithalten. Der Umkehrschluss lautet: Je mehr Menschen sich in einem Gebiet ansiedeln, umso mehr Flucht- und Versorgungsmöglichkeiten müssen geschaffen werden, zu Land, zu Wasser und in der Luft. Die Israelis haben im Jahr 1991 innerhalb von 24 Stunden 14.400 äthiopische Juden aus Addis Abeba evakuiert, mit Boeing 707, 747 und Herkules C-130. In die 707 wurden 500 Menschen gepfercht, in den Jumbo gar über eintausend! Man könnte also mit einem leistungsfähigen Flughafen schon einiges an Menschenleben retten, wenn es denn plötzlich mal sein muss.

Regionalflughäfen

Ein stillgelegter Militärplatz irgendwo in Deutschland. Eine kleine Interessengemeinschaft meldet sich zu Wort und betreibt die Umwidmung der vorhandenen Liegenschaften in einen Regionalflughafen. Investoren werden gesucht, Low Cost Airlines eingeladen. Bürgermeister, Landräte, Minister und Ministerpräsidenten werden mit Gutachten bestürmt, wie lohnend doch ein Ausbau zum Regionalflughafen wäre. Die Anbindung ihrer Kreisstadt an das internationale Streckennetz dieser oder jener Billigairline würde der Stadt Vorteile bringen, Firmen könnten durch die verkehrstechnische Erschließung angelockt werden und die Übernachtungszahlen der örtlichen Hotellerie würden in die Höhe schießen. Der Flughafen würde sich über die Einnahmen aus den Landegebühren ja weitgehend selbst tragen.

Ehrgeizige Stadtväter machen sich diese Pläne zu Eigen. Mit Millionenaufwand an Steuergeldern werden die Flugplätze zu Regionalflughäfen umgebaut. Häufig finanzieren die Städte und Länder den Low-Costern sogar noch die Werbung! Die Lokalpolitiker behaupten, neue Strecken nach Weeze, Altenburg oder Hahn würden die Wirtschaftskraft der Region durch neue Passagiere steigern. Doch wer hat je von Menschen aus London, Paris oder Madrid gehört, die nach Weeze oder Hahn fliegen, um zum Shopping in die Bahnhofstraße nach Kleve zu kommen, zu ALDI nach Wesel oder zum Michaelismarkt nach Kirchberg? Umgekehrt tragen nun Weseler, Klever und Kirchberger dank subventionierter Billigtickets ihr Geld zum Samstagseinkauf an die Champs Élysées und den Piccadilly Cir-

cus. Legt man z.B. die Subventionen für den Flughafen Weeze auf die Arbeitsplätze um, macht das 50.000 Euro. Pro Arbeitsplatz. Die Schulden türmen sich auf, Kredite samt Zinsen belaufen sich laut Kreisverwaltung mittlerweile auf mindestens 34 Millionen Euro, nach Berechnungen von Bürgerinitiativen sind es sogar schon 50 Millionen. Nachfragen sind unerwünscht. Die 2,5 Millionen Passagiere fehlen dem 60 km entfernten Flughafen Düsseldorf. Zu allem Überfluss konkurrieren diese Subventionsruinen nämlich mit nahe gelegenen Flughäfen auch in angrenzenden Bundesländern.

> Subventionen für Billigflieger und Regionalflughäfen bewirken Überkapazitäten und unnötige Umweltbelastung. Diese müssten aber schon im Sinne des Klimaschutzes unterbunden werden. Wir subventionieren mit unseren Steuergeldern auch noch die Produktion von CO_2. Daher der Appell an die Passagiere, von denen viele ohne die hoch subventionierten Billigflieger gar nicht fliegen würden, diese gedankenlose Lärm- und CO_2-Produktion zu vermeiden.

In der Vergangenheit hatten wohl schon mehrere dieser regionalen Airportprojekte Erfolg. Zumindest vorerst. Tatsächlich profitierten örtliche Firmen vom eigentlichen Ausbau. Doch danach stürzten viele dieser Verkehrslandeplätze in ein tiefes Jammertal. Die Billigairlines stehen auf dem Standpunkt, es sei ja ein Privileg für den Betreiber, dass man hier überhaupt herfliegt und verhandeln hart über die Landegebühren. Wenn dann irgendwann die Passagierzahlen nicht das bringen, was man sich versprochen hatte, wird der Airport kurzerhand aus dem Flugplan gestrichen. Zurück bleibt ein Geisterflughafen, von dem in der Woche vielleicht noch fünf Maschinen starten. Man kann Steuergelder wirklich besser unters Volk bringen.

Wir sollten nicht die Fehler der spanischen Regierung wiederholen, die sich in Boomzeiten 48 Airports leistete, einige davon in strukturschwachen Gebieten. Diese wurden teils mit Milliarden Euro ausgebaut um Industrie oder Tourismus anzusiedeln. Jetzt droht mehreren von ihnen die Schließung, denn dort ist noch nie ein zahlender Passagier gelandet.

Billigflieger

Fliegen ist, glaubt man den Airlines und den Flugzeugherstellern, umweltschonender als eine Fahrt mit dem Auto. Pro Passagier. Das mag wahr sein, legt man notwendige Reisen zugrunde. Der Trip mit dem Ozeanliner von Hamburg nach New York oder Hongkong dauert viel zu lange, als dass er eine Alternative für 99% der Flugreisenden wäre. Flugreisen sind eine Frage der Vernunft. Wenn aber Billigflieger die Berliner Bürger zum Kaffee nach Montpellier einladen und das Flugticket billiger ist als die Taxifahrt zum Flughafen, dann stimmt das Verhältnis nicht mehr. Die Preise der Billigflieger werden daher mittlerweile auch geradezu als sittenwidrig empfunden. Mit Dumping-Preisen verleiten sie zu umweltschädlichen Kurztrips zu Zielen, die sonst keinen Menschen interessieren würden. Schon ist ein Markt geschaffen, der vorher nicht vorhanden war. Und dieser Markt bedroht das Klima auf unserem Planeten. Manche Billigfluglinien rühmen

Die Billigflieger benutzen vorzugsweise Regionalflughäfen, denen sie die Bedingungen für die Nutzung diktieren können. Große Airports lassen das nicht mit sich machen. Hier Easyjet in Innsbruck.

sich auch noch, pro Monat bis zu acht Millionen Passagiere zu befördern, Tendenz meist steigend. Ein fragwürdiger Ruhm.

Umweltschützer sähen gerne mehr Kunden auf der Bahn. Der Bahn fehlen diese Kunden auf den mittellangen Strecken, weshalb sie Millionenverluste macht. Diese müssen wiederum von den verbleibenden Bahnkunden mit höheren Fahrpreisen ausgeglichen werden. Im Jahr 2011 betrug die Anzahl der Passagierflüge aus und nach Frankfurt am Main bis zu einer Distanz von 1000 km insgesamt 254.464. Das entspricht 55,63% aller Passagierflüge des Frankfurter Verkehrsaufkommens (457.447). Das dürfte zum Teil Umsteigerverkehr sein. 16% (72.816) gingen zu Zielen, die mit der Bahn in vier Stunden erreichbar wären.

Nun kann man das nicht alles den Billigfliegern in die Schuhe schieben. Wir alle sind es, die die Entwicklung in der Hand haben. Ein jeder von uns. Man könnte damit anfangen, dass man das Fliegen um des Fliegens Willen unterlässt. Der Espresso beim Italiener um die Ecke schmeckt nämlich genau so gut wie der beim Italiener in Verona. Dieses Handeln entspringt dem oberflächlichen Wunsch mancher Menschen, wenigstens für ein paar Stunden »zum Jetset« gehören zu wollen.

Wenn Überkapazitäten wegfallen, setzen sich die wirtschaftlich erfolgreichen Airlines durch. Wer wirtschaftlich erfolgreich ist, verdient Geld und kann in neue Technologie investieren. Was nützt es, wenn sich große Carrier wie die Lufthansa an Umweltforschung beteiligen und umweltbewusst operieren, Kurzstrecken an die Bahn abgeben, andere hingegen jeden finanziellen Vorteil ausnutzen, um

auf Kosten der Umwelt und der Bürger den etablierten Airlines die Passagiere abzujagen?

Viele der Billigflieger sind in Irland ansässig oder leasen ihre Flugzeuge von in Irland beheimateten Leasingunternehmen. Irland und irische Unternehmen erhalten von der EU nämlich Zinsvergünstigungen. Und Irland bietet mit 12,5% einen der niedrigsten Körperschaftssteuersätze in der EU. Die Shannon Free Zone ist gar steuerliches »Offshoregebiet«.

Nicht alle, aber viele der heute existierenden Airlines haben ihre Daseinsberechtigung. Sie verbinden die Völker der Welt, ermöglichen den Handel, überbrücken Grenzen und Vorurteile, erleichtern den Austausch der Kulturen. Niemand will, dass wir leben wie im Mittelalter. Jedes Verkehrsmittel, vom Fahrrad zum Auto, über die Bahn bis zum Flugzeug, dient seinem Zweck. Vielmehr sollten sich die Nutzer überlegen, was notwendig ist und was nicht. Und die ökologische und soziale Wahrheit muss sich in den Flugticketpreisen auch wiederspiegeln.

Der Betrieb von Kernkraftwerken ist angeblich wegen seiner hohen Effizienz sehr preisgünstig. Würde man aber die Folgekosten des Atomstroms wie Zwischen- und Endlagerung der Abfälle sowie die Sicherheit auf den Strompreis umlegen, würde dieser um ein Vielfaches teurer werden.

Das gleiche gilt für den Flugverkehr. Würde man die Lärmbelastung für die Anrainergemeinden sowie die Kosten für einen großräumigen und effektiven passiven Schallschutz auf die Ticketpreise umlegen, würde auch dies die Tickets verteuern. Fliegen muss wieder teurer werden.

Anflug auf Singapur. Der Stadtstaat ist auf seinen Airport angewiesen. Die Anwohner sind stolz auf ihren Flughafen, der mehrfach hintereinander zum besten Airport der Welt gekürt wurde. Lärmbeschwerden? Fehlanzeige.

Schadstoffdiskussionen

Dieses Buch behandelt zwar in erster Linie den Lärm. Da sich aber die Fluglärmdiskussion jüngst auch auf Schadstoffemissionen, insbesondere Feinstäube ausweitet, soll das Thema zumindest gestreift werden.

Feinstaub gibt es natürlichen Ursprungs oder vom Menschen erzeugt. Fast drei Viertel der von uns Menschen erzeugten Emissionen werden durch Land- und Forstwirtschaft, Industrie und Hausbrand eingebracht, der Rest durch die verschiedenen Verkehrsmittel. Unter diesen ist vor allem der Individualverkehr mit PKW zu

40% Erzeuger Nummer Eins, LKW, Bus und Schiene zusammen fast ebenso viel. Flugzeuge und Schiffe haben mit zusammen 22% einen relativ geringen Anteil an der menschlichen Feinstaubemission.

Die Spitzenwerte der Feinstaubbelastung in der Außenluft treten an Orten auf, die entweder durch ein hohes Verkehrsaufkommen – insbesondere bei hoher Bebauung in so genannten Straßenschluchten – oder industriell geprägt sind. Dies ist vor allem in städtischen Ballungsräumen und am Rande von Industriegebieten der Fall. Niedrige Feinstaubwerte werden in ländlichen Räumen fernab von Emissionsquellen gemessen.

143

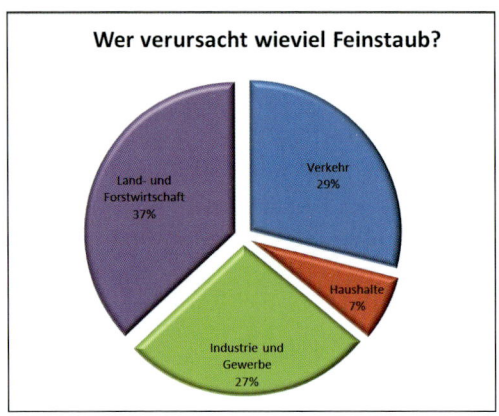

Wer verursacht wieviel Feinstaub?

- Land- und Forstwirtschaft 37%
- Verkehr 29%
- Haushalte 7%
- Industrie und Gewerbe 27%

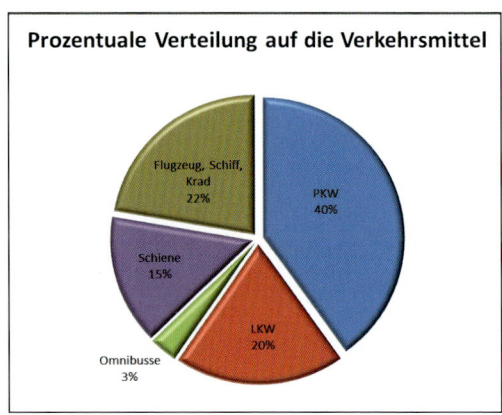

Prozentuale Verteilung auf die Verkehrsmittel

- Flugzeug, Schiff, Krad 22%
- PKW 40%
- Schiene 15%
- LKW 20%
- Omnibusse 3%

Den abgeregneten Schmutz auf der Windschutzscheibe des Autos nach einem Regen je nach Vorliebe auf den örtlichen Flugverkehr oder die nahe Autobahn zu schieben ist genauso unpräzise, wie die Schwebeteilchen in der Luft einem bestimmten Vulkan zuzuschreiben, sei es der Eyjafjallajökull auf Island oder der Pinatubo auf den Philippinen, deren Asche bisweilen für Jahre die Erde umkreist. Als natürliche Quellen kommen auch noch Bodenerosion, Wald- und Buschfeuer sowie bestimmte biogene Aerosole wie Viren, Sporen von Bakterien und Pilzen, außerdem Algen, Zellteile, Ausscheidungen usw. hinzu.

Großräumig treten erhöhte Feinstaubwerte von Zeit zu Zeit auf, wenn Winde Feinstaub aus der Sahara oder von Waldbränden in Russland nach Deutschland transportieren. Laut Naturschutzbund Deutschland stößt übrigens jedes der schmucken Kreuzfahrtschiffe etwa gleich viel Schadstoffe aus wie fünf Millionen Autos auf der gleichen Strecke. Laut Greenpeace verschmutzen die Schiffe, die derzeit allein auf der Ostsee unterwegs sind, jeden Tag so viel Meerwasser wie ein Tankerunglück. Rechnet man das

auf die 36.000 Schiffe hoch, die derzeit auf den Weltmeeren unterwegs sind, darunter unzählige Seelenverkäufer, kann einem ganz Bange werden.

Gerne wird auch angeführt, der Luftverkehr sei der »Klimakiller Nummer eins unter den Verkehrsträgern«. Laut DLR (Deutsches Zentrum für Luft- und Raumfahrt) beträgt der Anteil des globalen Luftverkehrs an den weltweiten CO_2-Emissionen ca. 2,2%. Im Vergleich zum Straßenverkehr, der für dreiviertel der Verkehrsemissionen verantwortlich ist, eine verschwindend geringe Größe. Es wird aber gerne gekontert, dass die Auswirkungen der Emissionen des Luftverkehrs in großer Höhe dreimal größer sei als am Boden, was den Treibhauseffekt entsprechend verschlimmere. Dem widerspricht die ADV (Arbeitsgemeinschaft Deutscher Verkehrsflughäfen): »Diese Aussage ist schlichtweg falsch. CO_2 wirkt, egal wo es ausgestoßen wird gleich! Bei allen weiteren Emissionen steht die Wirkung noch gar nicht fest und ist sogar eher umstritten. So geht man mittlerweile davon aus, dass – in Abhängigkeit von der Jahreszeit – auch ca. 30–60% der NO_x-Emissionen durch bodengebundenen Verkehr, Industrieanlagen, Haushalte per vertikalen Transport in die obere Troposphäre gelangen.« Über die exakte Größenordnung der Klimawirksamkeit des Luftverkehrs oder anderer Emittenten gibt es also noch keinen Konsens.

Immer wieder geistert das Gerücht durch die Presse, Flugzeuge würden vor der Landung überflüssiges Kerosin ablassen, um bei der Landung die Reifen zu schonen. Offenbacher Obstbauern schoben vorschnell einen schwarzen Belag auf ihren Äpfeln auf abgelassenes Kerosin. Es stellte sich aber heraus, dass sogenannter Rußtau die Äpfel befallen hatte, ein Pilz, der auf dem Honigtau siedelt. Und das wiederum ist der zuckerhaltige Kot von Blattläusen und ähnlichen Schädlingen.

Grundsätzlich haben natürlich viele Flugzeugtypen theoretisch und technisch die Möglichkeit, Treibstoff abzulassen. Von dieser Möglichkeit wird bisweilen auch Gebrauch gemacht, wenn eine vollgetankte Maschine z.B. beim Start einen Schaden erleidet, der sie zur baldmöglichsten Landung zwingt. Jedes Flugzeug kann zwar grundsätzlich mit dem maximalem Startgewicht landen, aber für den Fall, dass keine sichere Landung zu erwarten ist (z.B. Fahrwerkschäden), würde die Flugsicherung das Flugzeug über unbewohntes Gebiet führen und es dort halten, um Gewicht zu reduzieren. Regulär wird keinesfalls Kerosin »einfach so« abgelassen, dazu ist es nämlich auch viel zu teuer. Piloten sind angewiesen, mit dem Sprit so sparsam wie es nur irgendwie geht umzugehen.

Die Deutsche Flugsicherung meldet für das Bundesgebiet gerade einmal etwa 50 Zwischenfälle mit Treibstoffablass pro Jahr. Dabei entfällt die Hälfte auf militärische Flugzeuge. Bei drei Millionen kontrollierten Instrumentenflügen pro Jahr kommt also etwa ein Fall auf 60.000 Flüge. Manche Airlines belohnen ihre Crews sogar für sparsames Fliegen, indem diese über ein Bonussystem am zurückgebrachten Restsprit beteiligt werden. Sollte die Crew sich dazu entscheiden, aus dringenden Gründen mal eben Sprit im Wert von 50.000 Dollar abzulassen, geschieht das ganz sicher nach vorheriger Absprache mit dem Management. Das macht man dann in einer Höhe zwischen 4 und 8 km, bei einer Geschwindigkeit nicht unter 500 km/h mit einer Rate von 2000 kg/min in einem etwa 20 bis 30 nautischen Meilen langen ovalen Rundkurs. Und es dauert eine Ewigkeit. Durch die Verwirbelung hinter dem Flugzeug verdunstet das Kerosin zu einem feinen Nebel, der in der Atmosphäre bleibt und sich durch die Sonneneinstrahlung in Kohlendioxyd und Wasser zersetzt. Selbst bei geringer Höhe erreicht nur ein verschwindend kleiner Teil davon jemals den Boden. Aber wie viel ist das? Sollte im ungünstigsten Fall jemals in der Minimumhöhe von 1.500 m Sprit abgelassen werden, dann würde bei 15° Celsius gerade mal 8% der abgelassenen Flüssigkeit den Boden erreichen. Legt man die Geschwindigkeit von 500 km/h zu Grunde, wären das 0,02 g pro m², oder ein Schnapsglas voller Kerosin verteilt auf 1000 m². Dabei geht man davon aus, dass totale Windstille herrscht. Beim geringsten Luftzug würde das Kerosin noch in der Luft verdunsten. Das ist auch der Grund, warum man bisher noch nie Kerosinverunreinigungen in Pflanzen nach einem Kraftstoffschnellablass nachweisen konnte.

145

Leiser Fliegen

Dass Flugzeuge nicht gerade auf Samtpfoten daherkommen, ist bekannt. Dass sie lauter werden, je tiefer sie fliegen, ist auch nichts Neues. Wir müssen uns also mit Verfahren in Flughafennähe auseinandersetzen, die zur Landung zum Airport hin bzw. nach dem Start vom Airport weg führen.

Die Landung unterscheidet sich vom Start im Wesentlichen dadurch, dass der Pilot sein Flugzeug in einen Zustand bringt, in dem es nicht mehr fliegen kann. Idealerweise ist dieser Zustand am Aufsetzpunkt der Piste erreicht. Beim Start bringt der Pilot sein Fluggerät mit Hilfe der Schubkraft in einen Zustand, in dem die aerodynamischen Kräfte wirksam werden und das Flugzeug in die Lage versetzen, steuerbar zu fliegen. Dazu sind kraftvolle Motoren oder Triebwerke notwendig, die derzeit noch nicht geräuschlos funktionieren. Allerdings hat man schon gewaltige Fortschritte bei der Geräuschdämmung erreicht.

Viel wurde geforscht, wie man z.B. durch verschiedene Startverfahren den akustischen »Fußabdruck« eines Flugzeugs reduzieren kann, denn die Verfahren sind nicht für jedes Flugzeug gleich. Gemeinsam ist ihnen jedoch allen, dass von den Piloten erwartet wird, in dem Moment die Leistung zurückzunehmen, wo sie eigentlich die meiste Schubkraft bräuchten. Früher einmal, als der Jet-Lärm noch ein Synonym für den Duft der großen weiten Welt war und als der Kerosinpreis nicht ins Gewicht fiel, da wurden im Cockpit die Leistungshebel nach vorne geschoben und nicht mehr angefasst, bis die Maschine die Reiseflughöhe erreicht hatte. Heute gilt es Kompromisse zu finden zwischen Sicherheit, Leistungsdaten, Noise-Impact, Ortsumfliegungen, Sparzwang und Umweltimmissionen. Auf der Habenseite stehen die leistungsstärkeren Triebwerke, die Geräuschdämpfungen durch absorbierende Beschichtungen, leichtere Werkstoffe aus Verbundstoffen und verbesserte Aerodynamik aus dem Windkanal. Auf der Sollseite stehen die dichtere Besiedelung, der angestiegene Luftverkehr und eine vergleichsweise empfindlichere Bevölkerung.

Verfahrensdesign

Alle Flüge des kommerziellen Luftverkehrs müssen nach Instrumentenflugregeln durchgeführt werden. Das bedeutet, sie müssen entweder nach standardisierten An- und Abflugverfahren oder unter Radarkontrolle der Flugsicherung durchgeführt werden und folgen zwischen Start und Landung einer vorgeschriebenen Route. Grundsätzlich wird für jeden Verkehrsflughafen ein System von Anflugverfahren für jede Piste, für jede Landerichtung, für unterschiedliche Flugzeugklassen, für unterschiedliche Navigationshilfen und für unterschiedliche Initialhöhen nach komplizierten Verfahren entwickelt. Das erfordert einen enormen Planungs-, Prüfungs- und Publikationsaufwand und geht nur mit langen Vorlaufzeiten. All diese Anflugverfahren müssen nämlich auch bei Funkausfall ohne Unterstützung durch die Flugsicherung vom Piloten selbst geflogen werden können, und alle Beteiligten müssen dabei genau wissen, was der Pilot ohne Funk als nächstes machen wird. Damit das Flugzeug auch bei schlechtem Wetter im letzten Segment vor der Landung nicht Gefahr läuft, mit irgendwelchen Hindernissen zu kollidieren, werden bei der Konstruktion der Verfahren dreidimensionale Trapeze berechnet, die den mittleren Flugweg schützen und nach außen noch immer Hindernisfreiheit garantieren. Die dazu benötigten Formeln berücksichtigen sogar einen Aufschlag für die baumspezifische jährliche Wuchshöhe von Wäldern! Da ein Anflug mitunter auch in ein Durchstartverfahren übergehen kann, gehört zu jedem Anflug und jeder Piste ein Fehlanflugverfahren, das nach denselben Kriterien berechnet und von anderen Verfahren separiert wird.

Für die Abflugverfahren gilt das gleiche. Auch hier muss Hindernisfreiheit gewährleistet sein, zusätzlich muss ein möglicher Triebwerksausfall mit der ge-fahrlosen Möglichkeit zum Flughafen zurückzukehren berücksichtigt werden. Piloten müssen sich um die zu Grunde liegenden Formeln nicht kümmern. Sie fliegen einfach die veröffentlichten Verfahren ab und/oder folgen den Anweisungen der Flugsicherung.

Man sieht: Es reicht also keinesfalls, mit Hilfe eines Kurvenlineals einfach ein paar Striche auf eine Karte zu zeichnen, die möglichst viele Ortschaften umgehen. Die Verfahrensplaner berücksichtigen Hindernisse, bewohnte Gebiete, insbesondere Kurorte, Krankenhäuser, Tierzuchten, Freilichtbühnen, Baudenkmäler, Industrieanlagen, Kernkraftwerke, Naturschutzgebiete, Vogelzuggebiete, Müllkippen, andere Flughäfen und Sperrgebiete, übergeordnete Routensysteme und vieles mehr. Sie berücksichtigen Leistungsdaten von Flugzeugtypen, Steig-, Sink- und Kurvenraten und planen eventuelle Notfälle ein. Aber irgendwann müssen Kompromisse zwischen der navigatorischen Ideallinie, den Leistungsdaten der Flugzeuge und den unterschiedlichen Interessen der Anwohner gefunden werden. Und eine Sache darf niemals Gegenstand eines Kompromisses sein – die Sicherheit! Denn Sicherheit geht vor Lärmschutz.

Auf vielen Flughäfen der Welt, so auch z.B. in Frankfurt, hat man sich entschieden, von den klassischen Cockpit-interpretierten Anflugverfahren auf radargeführte Verfahren umzuschwenken. Diese sogenannte Flächennavigation hat den Vorteil, dass man von der Gegenanfluggeraden die Maschinen jederzeit mit Minimum-Staffelung auf den Endanflug hereinholen kann. Wenn der Luftraum zur Verfügung steht, ist das umwelt- und kapazitätsfreundlich, es entlastet die Piloten, es ist sicher, Ausreißer vom Verfahren sind höchst selten. Es birgt aber auch den Nachteil, dass in betriebsreichen Zeiten Gegenanflug und Endanflug ewig lang werden können und dass diese in niederen Höhen stattfinden. Das wiederum hinterlässt einen größeren »Fußabdruck« am Boden. Dieser Umstand wird von den Anwohnern Frankfurts beklagt und von den Anwohnern Berlins befürchtet.

Luftraum

Der Luftraum über unserem Land ist ein endliches Gut. Die Sektoren sind horizontal und vertikal, militärisch und zivil ineinander verschachtelt. Wird z.B. ein Sektor im Frankfurter Luftraum geändert, hat das Folgen in Belgien, Frankreich und den Niederlanden, womöglich sogar bis in die Schweiz, von den Flughäfen, die unter den Lufträumen liegen ganz zu schweigen. Die Zuständigkeiten sind grenzüberschreitend, München kontrolliert einen Teil des österreichischen Luftraums und koordiniert direkt mit Italien. Deutschland hat einen Teil seines Luftraums an die Schweiz delegiert.

Als während des Balkankrieges der Luftraum über dem ehemaligen Jugoslawien geschlossen wurde, verursachte das mehrtägige Verspätungen bis nach Schottland, Finnland und Polen, weil der gesamte Südostasien-Verkehr von Mitteleuropa ein paar hundert Meilen weiter östlich über Ungarn und Rumänien abgewickelt werden musste.

Es wird deutlich, dass in einem so komplexen Gebilde wie dem internationalen Luftverkehr Änderungen schwierig umzusetzen sind. Die Zauberformel hierfür ist womöglich die »Flexible Luftraumnutzung« (FUA).

Anflugverfahren

Es gibt verschiedene Möglichkeiten, das Geräusch beim Anflug zu reduzieren:
- Steilerer Anflugwinkel
- Höherer Level-off während des Intermediate Approaches
- Verzögertes Fahren der Klappen und des Fahrwerks
- Ein Anflug mit zwei Segmenten
- Verlegung der Pistenschwelle in Landerichtung nach hinten

Verschiedene Lösungen werden derzeit getestet, z.B. der Frankfurter Low Power/Low Drag Approach (LP/LD) oder Noise Abatement ILS-Procedure. Im Gegensatz zum Standard ILS-Verfahren erreicht man die Lärmminderung durch reduzierte Schubkraft, größere Höhen und schnellere Anfluggeschwindigkeiten. Das verringert auch die Umweltimmissionen und spart sogar Zeit und ist dem Zwei-Segmente-Anflug überlegen, der nur durch eine größere Zwischenhöhe auffällt.

Das deutsche Verkehrsministerium empfiehlt dabei den Airlines, den Anflug in einer aerodynamisch sauberen Konfiguration zu beginnen, und etwa 210 Knoten (390 km/h) bis zwölf Meilen (22 km) vor der Piste beizubehalten. Dort soll auf 160 Knoten (300 km/h) reduziert werden, die Klappen je nach Flugzeugtyp nur halb ausgefahren, Fahrwerkschächte noch geschlossen. In dieser Phase beginnt normalerweise der Sinkflug in 3000 Fuß Höhe über der Piste. Am Outer Marker, 7200 m vor Pistenbeginn, ist die Landekonfiguration herzustellen, das Fahrwerk auszufahren und das Flugzeug auf die individuell notwendige Landegeschwindigkeit zu reduzieren.

Der ILS-Anflug kann auch durch den Continuous Descent Approach (CDA) ergänzt werden.

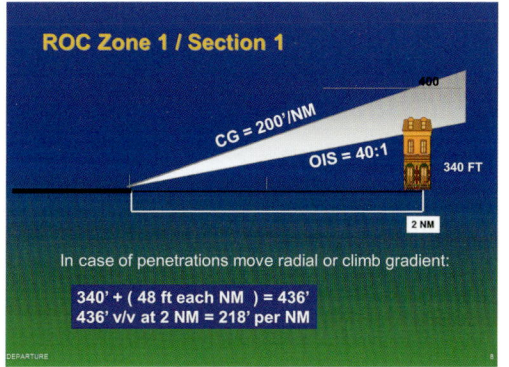

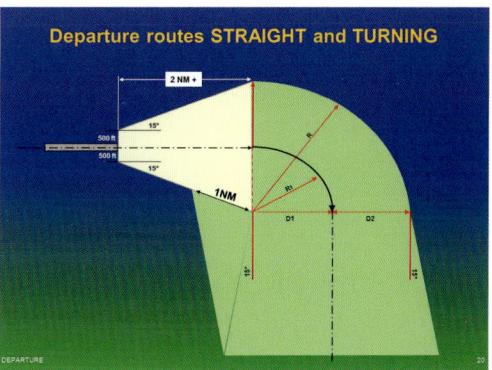

Dargestellt werden die Vorschriften für die Hindernisidentifizierungszone eines Abflugverfahrens. Zu berechnen sind dreidimensionale Trapeze Vertical Velocity (Steigleistung des Flugzeugs), Steiggradient und Distanz vom Pistenende.

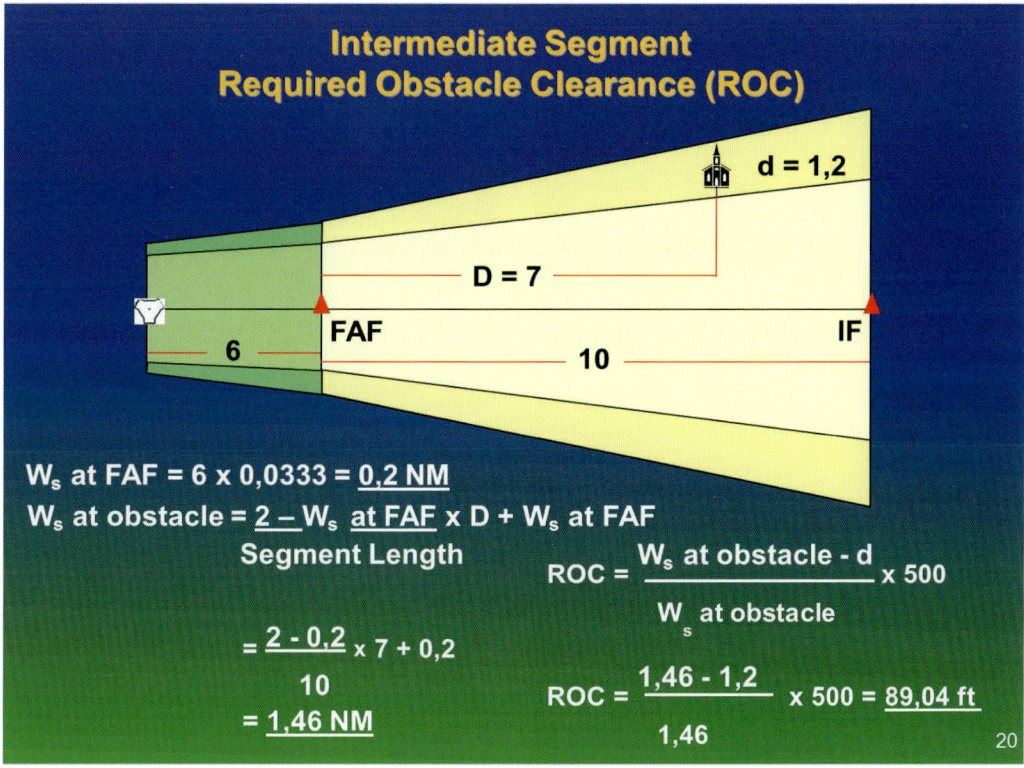

Ein Anflugverfahren besteht aus einer Feeder Route, einem Initial Approach, einem Intermediate Approach, einem Final Approach und einem Missed Approach. Ausschlaggebend für die vorgeschriebene Hindernisfreiheit ist der Mittelkurs. Dieser wird mit einer Sicherheitsfläche nach beiden Seiten verbreitert, in die keine Hindernisse ragen dürfen. An den Rändern werden vertikale Trapeze konstruiert, die nach außen hin höhere Hindernisse zulassen.
(FAF= Final Approach Fix, IF= Intermediate Fix)

Um einen kleinen Eindruck zu vermitteln, was in der Verfahrensberechnung an Aufwand steckt, wird hier gezeigt, was für einen Kurswechsel von mehr als 15° alles berücksichtigt werden muss. Gezeigt wird hier nur die Draufsicht, für einen einzigen Anflug, für ein einziges Verfahren, für eine einzige Piste, in einer einzigen Anflugrichtung. Nicht dargestellt werden die zu Grunde liegenden trigonometrischen Formeln für die Hindernisse, die daraus erfolgen.

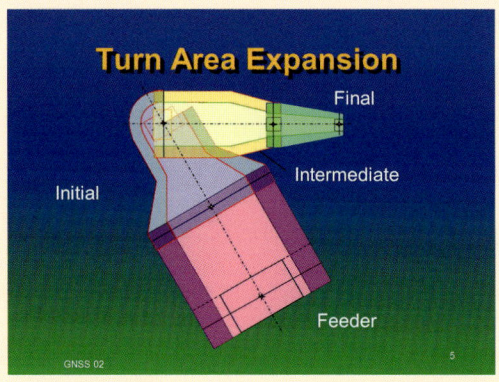

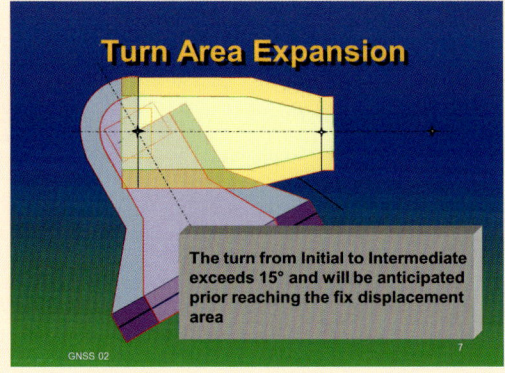

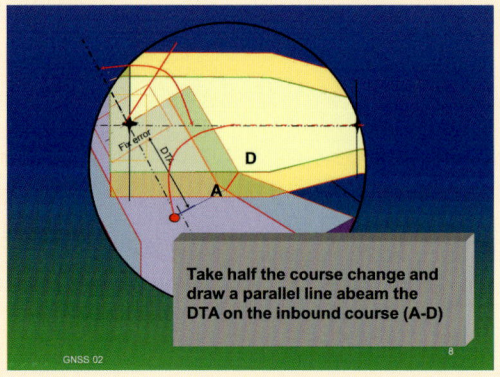

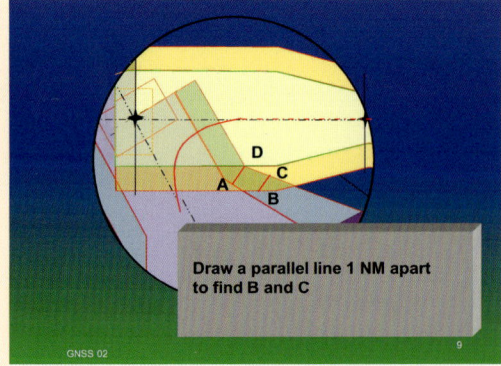

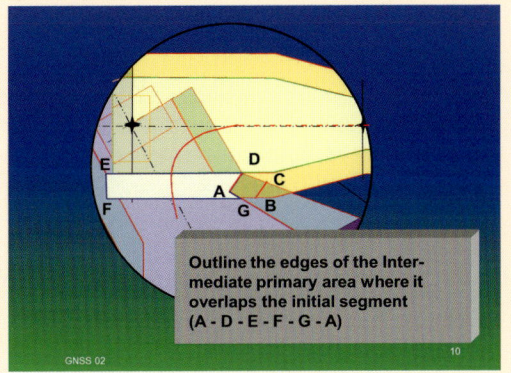

Outline the edges of the Intermediate primary area where it
overlaps the initial segment
(A - D - E - F - G - A)

GNSS 02   10

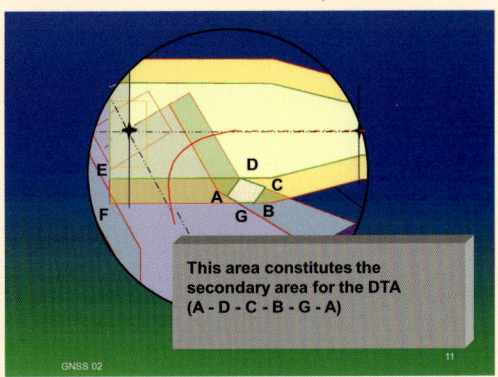

This area constitutes the
secondary area for the DTA
(A - D - C - B - G - A)

GNSS 02   11

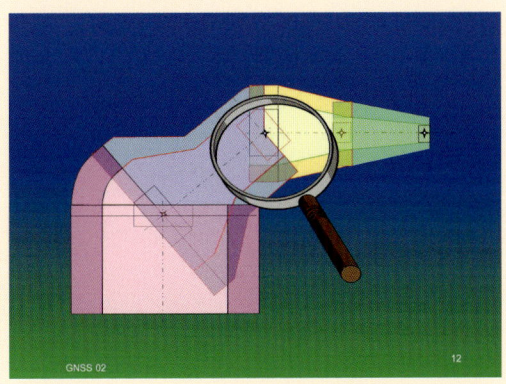

GNSS 02   12

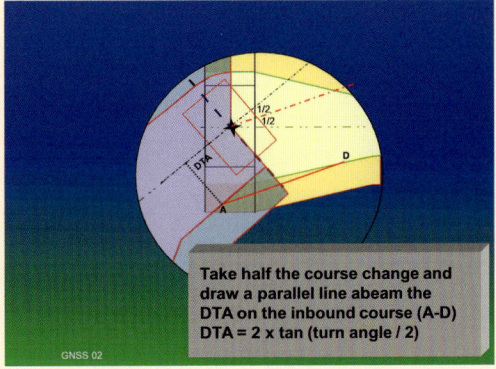

Take half the course change and
draw a parallel line abeam the
DTA on the inbound course (A-D)
DTA = 2 x tan (turn angle / 2)

GNSS 02

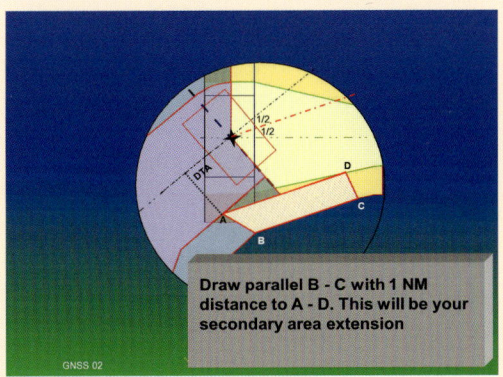

Draw parallel B - C with 1 NM
distance to A - D. This will be your
secondary area extension

GNSS 02

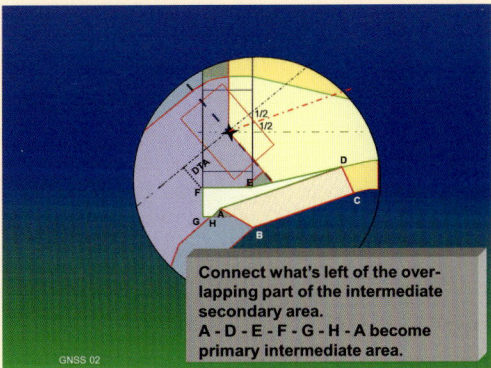

Connect what's left of the over-
lapping part of the intermediate
secondary area.
A - D - E - F - G - H - A become
primary intermediate area.

GNSS 02

Der CDA (Continuous Descent Approach)

Dieses Anflugverfahren, das in großer Höhe begonnen wird, scheint derzeit lärmtechnisch das Ei des Kolumbus zu sein. Die Flugsicherung hält die anfliegende Maschine möglichst lange auf Fläche und führt sie zur Anfluggrundlinie. Dort fährt der Pilot die Leistung zurück und segelt in einem beinahe kontinuierlichen Geradeausanflug in Richtung Piste. Das können schon mal über 50 km geräuscharmer Segelflug sein. Bevor das Flugzeug auf den Gleitstrahl des ILS gesetzt wird, muss es nochmal abgebremst werden, was in einem kurzen horizontalen Segment erfolgt.

Dieses Verfahren gibt es an mehreren deutschen Großflughäfen und es eignet sich hervorragend für geringeres Verkehrsaufkommen, wo die Flugzeuge aus großen Höhen direkt in den CDA einsteigen können und die unteren Höhen nicht zu Staffelungszwecken gebraucht werden. Ist der Luftraum aber voll, und werden alle Höhen gebraucht, auch die unterhalb der Einstiegshöhe eines CDA, ist dieses Verfahren schlichtweg nicht durchführbar. Eine weitere Einschränkung kommt dadurch zustande, dass jeder Flugzeugtyp im Leerlauf ein eigenes Gleitflugverhalten hat. So könnte es passieren, dass sich bei dicht geführtem Verkehr ein nachfolgendes Flugzeug einem vorausfliegenden nähert und die Mindeststaffelung unterschritten wird. Dann muss eine der Maschinen wieder weggebrochen und neu eingereiht werden. Damit wäre der Ruhegewinn wieder zunichte gemacht. Außerdem werden die Flugflächen durch den abfliegenden Verkehr gekreuzt. Eine weitere Herausforderung ist das Zusammenführen und Aufreihen verschiedener Verkehrsströme aus den unterschiedlichsten Richtungen.

Gleitwinkel 3,2°

Es gibt viele Maßnahmen und noch mehr Vorschläge, wie man die Lärmbelastung der Anrainergemeinden reduzieren könnte. Einer der realistischeren ist der steilere Anfluggleitwinkel. 3° ist ICAO-bewährter Standard. Vergrößert man den Gleitwinkel, beginnt der Endanflug später. Zum besseren Verständnis ist hier eine Übersicht über trigonometrische Gleitwinkelrechnungen abgedruckt. Aber dieser Vorteil muss erkauft werden. In Marseille z.B. wird ein Gleitwinkel von 4° geflogen. Bei 10 Meilen ist man auf 4000 Fuß statt auf 3000. Bei 6 Meilen ist man auf 2600, statt auf 2000. Bei 3 Meilen ist man auf 1300 statt auf 1000. Die Anfluggeschwindigkeit wird jedoch höher. Bei 10 Meilen müssen die Landeklappen gefahren werden. Diese Konfiguration erhöhte das Fluggeräusch. Danach wird das Fahrwerk gefahren, noch mehr Geräusch (jede Verzögerung würde in ein Durchstartverfahren münden). Die Triebwerksleistung muss weiter erhöht werden, nicht zuletzt um den steilen Sinkflug im letzten Augenblick abbrechen zu können. Ein 4°-Anflug ist also wahrscheinlich unterm Strich genauso laut wie ein 3°-Anflug mit vielen Nachteilen: Nur wenige Flugzeugmuster können ihn fliegen, automatische Landungen wären bei den meisten Mustern ausgeschlossen, der Anflug ist unruhig und er ist nicht so sicher wie ein 3° Anflug. Außerdem ist der Anflug auch mit schwachem Rückenwind fast unmöglich, was dann mehr Belastung für die Ortschaften auf der anderen Seite bringt.

In Zürich war beim Süd- und Ostanflug von Anfang an ein Anflugwinkel von 3,3°

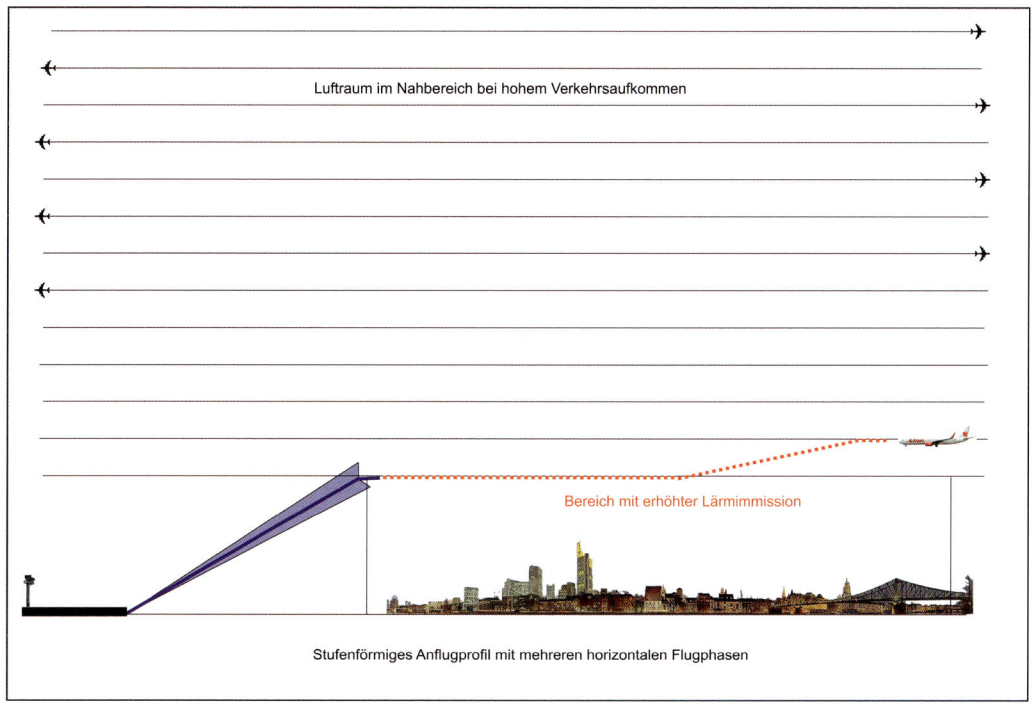

Luftraum im Nahbereich bei hohem Verkehrsaufkommen

Bereich mit erhöhter Lärmimmission

Stufenförmiges Anflugprofil mit mehreren horizontalen Flugphasen

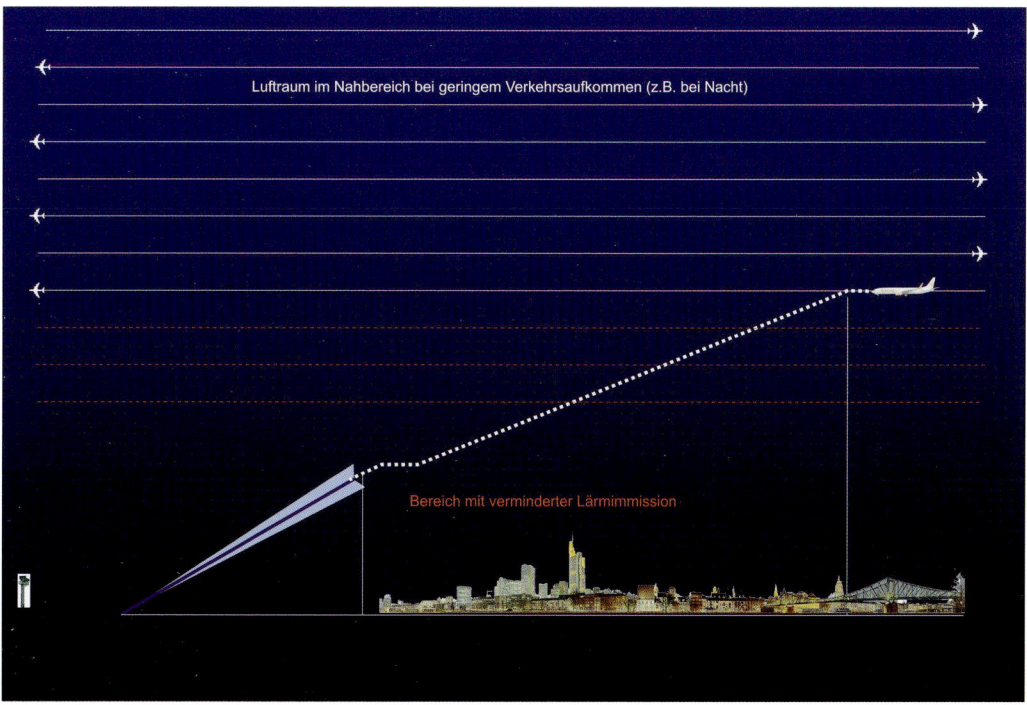

Luftraum im Nahbereich bei geringem Verkehrsaufkommen (z.B. bei Nacht)

Bereich mit verminderter Lärmimmission

vorgesehen. Eine weitere Erhöhung des Winkels hätte flugzeugseitig aerodynamische Einschränkungen zur Folge gehabt. Eine Ausnahme bildete der STOL-Approach (ca. 6°-Anflugwinkel) auf Piste 28, welcher 1989 eingeführt wurde. Es waren jedoch nur wenige Flugzeuge, die diesen speziellen Anflug durchführen konnten. Zudem war die Benutzung dieser Anflugrichtung gemäß Betriebsreglement auf zwölf pro Tag beschränkt, was nicht annähernd ausgeschöpft wurde. Dieses Anflugverfahren wurde im Zusammenhang mit dem neuen Nutzungskonzept auf-

grund politischer Restriktionen vor etwa zehn Jahren aufgehoben.

Ein Gleitwinkel von 3,2° ist ein Kompromiss, der womöglich 1–2 dB Lärmreduktion bringt. Im Konzert mit den anderen Maßnahmen ist das allerdings auch ein Gewinn. Aber – am leisesten ist ein Anflug, sagen die Piloten, wenn man flach mit wenig Klappen und spätem Fahrwerk hineinsegeln kann, wenn man nicht auf anderen Verkehr Rücksicht nehmen muss und die Flugsicherung einen in Ruhe lässt. Leider aber oftmals, wie oben gesagt, nicht durchführbar.

Höhenrechner für Gleitanflüge

Abstand zum Pistenbeginn in Metern	Gleitpfadwinkel 3,0 Grad	Gleitpfadwinkel 3,2 Grad	Gleitpfadwinkel 3,4 Grad	Gleitpfadwinkel 3,6 Grad
	ungefähre Höhe in Metern über Grund			
1.000	52	56	59	63
2.000	105	112	119	126
3.000	157	168	178	189
4.000	210	224	238	252
5.000	262	280	297	315
6.000	314	335	356	377
7.000	367	391	416	440
8.000	419	447	475	503
9.000	472	503	535	566
10.000	524	559	594	629
11.000	576	615	654	692
12.000	629	671	713	755
13.000	681	727	772	818
14.000	734	783	832	881
15.000	786	839	891	944
16.000	839	895	951	1.007
17.000	891	950	1.010	1.070
18.000	943	1.006	1.069	1.132
19.000	996	1.062	1.129	1.195
20.000	1.048	1.118	1.188	1.258

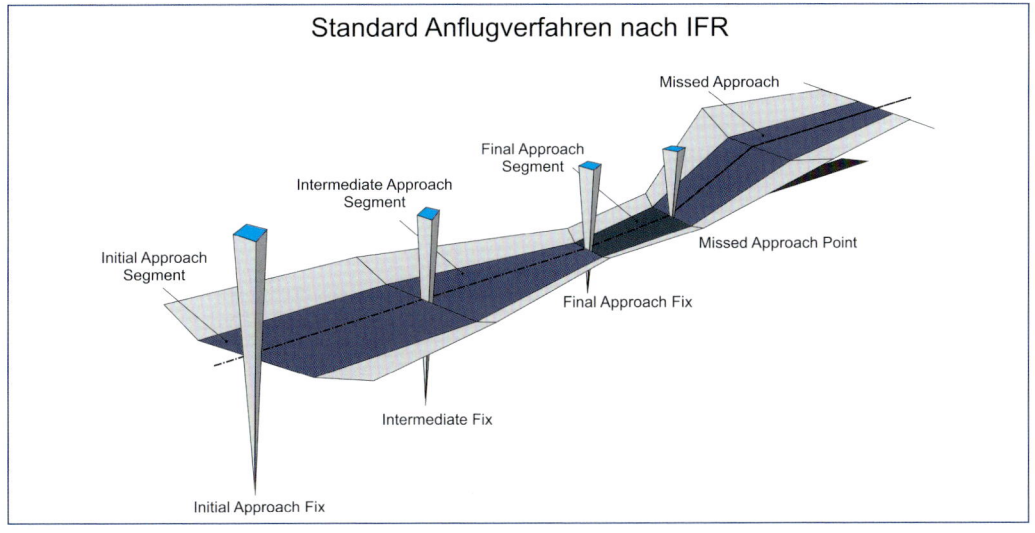

Standard Anflugverfahren nach IFR

Missed Approach

Final Approach
Segment

Intermediate Approach
Segment

Missed Approach Point

Initial Approach
Segment

Final Approach Fix

Intermediate Fix

Initial Approach Fix

Klassische Anflugverfahren

Die Alternative zu den radargeführten Verfahren sind flughafennahe Warteräume in
großer Höhe. Die werden in der obersten
Flugfläche angeflogen, die Größe der Warteschleifen, die Kurvenpunkte, Radien und
Geschwindigkeiten sind genau definiert.
Von dort werden die Flugzeuge von der
Flugsicherung Flugfläche für Flugfläche in
1000-Fuß-Abständen nach unten freigege-
ben, bis sie für ihren Anflug an der Reihe
sind. Diese Anflüge bestehen aus einer Se-
rie von Kursen, »Initial Approach«, »Intermediate Approach« und »Final Approach«,
welcher dann aus dem ILS-Landeverfahren
besteht. Mit der derzeit üblichen Avionik
kann ein modernes Cockpit diese Verfahren per Autopilot abfliegen. Die Flugsicherung überwacht diese Anflüge, greift aber
nur ein, sollten Abweichungen oder Staffe-
lungsunterschreitungen auftreten.

Eindeutiger Vorteil dieser Verfahren
sind die Flughafennähe und die größeren
Mindesthöhen. Nachteil ist die verringerte
Kapazität, wie auch der vertikale Platzbe-
darf. Das könnte gelöst werden, indem

man den Luftraum oberhalb des Flughafens mit einer üblichen Obergrenze bei
Flugfläche 100 bis 150 um einige Flugflächen erhöht. Da dies natürlich Einfluss auf
den Verkehr hat, der den Airport über-
fliegt, ist das ein Eingriff in die überregio-
nale Streckenführung, welcher Folgen bis
zur Central Flow Management Unit von
Eurocontrol in Brüssel hat. Man könnte
dies wiederum lösen durch die Einrichtung eines zeitweilig gesperrten Luftraums
oberhalb des Zuständigkeitsbereiches der
Anflugkontrolle. Dies ist im Großprojekt
Single European Sky (SES) unter dem
Stichwort »Dynamic Airpace Allocation«
vorgesehen. Solche Lufträume werden
nur für Spitzenzeiten aktiviert und können
außerhalb dieser Zeiten auf Conditional
Routes (CDR's) durchflogen werden.

Was Frankfurt betrifft, dürfte aber alleine die Planung eines solchen Luftraum-
Umbaus wegen der vielen beteiligten
Mitspieler und des langen Informations-
und Veröffentlichungsvorlaufs einige Jahre in Anspruch nehmen. Und zuvor muss
das alles in der Simulation durchgespielt

werden, schließlich liegt Frankfurt nicht auf der Osterinsel, sondern mitten im dichtesten Luftraum der Welt.

Abflugverfahren

Das sogenannte Standard-Noise Abatement-Abflugverfahren wurde 1978 in den USA entwickelt: Es sieht vor, nach dem Abheben mit Startschub auf 1000 Fuß (300 m) über Grund zu steigen, dort den Steigwinkel und den Schub für den weiteren Steigflug zu reduzieren und das Fahrwerk einzufahren. Der Steigflug wird mit einer Rate von 500 bis 1000 Fuß pro Minute fortgesetzt, die Startklappen werden bei Erreichen der vorgeschriebenen Geschwindigkeit (je nach Flugzeugtyp) eingefahren. Bei 250 Knoten (460 km/h) wird der Streckensteigflug zur zugewiesenen Flugfläche eingeleitet.

Dieses spritsparende Verfahren ist vor allem über unbesiedeltem Gebiet sehr beliebt, weil der Luftwiderstand zum frühestmöglichen Zeitpunkt (schon 300 Meter über dem Boden) verringert wird. Es ist allerdings nicht das leiseste aller möglichen Abflug-Verfahren, zumindest bis eine Höhe von 2500 Fuß (760 m) erreicht ist.

Das IATA-Noise Abatement-Abflugverfahren empfiehlt mit Startschub auf 3000 Fuß (900 m) über Grund zu steigen, dabei aber bei 1500 Fuß (450 m) den Schub zu reduzieren und erst bei 3000 Fuß wieder zu beschleunigen und mit 500 bis 1000 Fuß pro Minute zu steigen. Das IATA-Verfahren bringt vor allem bei älteren Triebwerken bessere Lärmwerte unterhalb des Abflugkurses und in der unmittelbaren Nähe des Flughafens, während das erste Verfahren einen generellen Vorteil über eine größere Distanz mit sich bringt. Der Vorteil des zweiten Verfahrens verschiebt sich weiter in Richtung Unwirtschaftlichkeit, je leiser und neuer die Triebwerke sind. Damit schlägt auch beim IATA-Verfahren der erhöhte Treibstoffverbrauch samt CO_2-Schadstoffausstoß zu Buche. Eine Boeing 747 benötigt ca. 300 kg mehr Kerosin, der sparsamere Airbus A310 immerhin noch 80 kg.

Dank Computersimulation weiß man heute viel mehr über den Einfluss von Flugzeuggeschwindigkeit auf Triebwerksgeräusche, von Anstellwinkel auf Geräuschemissionen und Lärmeffekt bei kurzfristigen Schalldruckausschlägen und kann derlei Spitzen vermeiden.

Eine weitere Methode, beim Start die Dezibel zu drücken, ist das Flugzeug nicht voll zu laden. Mit teilbeladenen Maschinen benötigt man weniger Schub, man ist schneller und früher auf Höhe und reduziert dadurch die Lärmschleppe. Ist also ein Flug nicht ausgebucht, wird sich der Kapitän für diese Methode entscheiden. Man kann jetzt aber nicht von der Airline erwarten, auf ihren Flugzeugen 50% der Sitze frei zu lassen, um leiser starten zu können. Denn erst ab 70% Auslastung beginnt sich ein Flug zu rentieren. Natürlich profitieren die Fluggesellschaften von den enormen Fortschritten der Triebwerkhersteller, so dass man die Nuancen bei den unterschiedlichen Startverfahren am Boden kaum bemerken wird. Das gibt den Flugökonomen die Möglichkeit die Startverfahren in Bezug auf Lärm zu optimieren. Die unterschiedlichen lärmreduzierenden Startverfahren sind im Tabellenteil aufgelistet (siehe Tabelle »Noise Abatement Procedures«). Wind, Wetter und Temperatur haben dabei übrigens einen massiven Einfluss auf die Wahrnehmung des Startlärms.

Flugrouten

Längst hat in der Öffentlichkeit eine Art »Demokratisierung der Flugsicherung« begonnen. Die Verfahrensbearbeitung, einst die hohe Schule der Luftraumplanung, wofür sich erfahrene Fluglotsen in langen, aufwändigen Lehrgängen spezialisieren mussten, wird nun gerne vom engagierten Bürger übernommen, mit oder ohne Pilotenschein. Da werden Begriffe wie Montagsverfahren, Dienstagsverfahren usw. erfunden, für jeden Wochentag einen. Bürger argumentieren mit Rechtsanwälten gegen Fachleute, und feilschen um jedes Dezibel und jeden Meter Flughöhe. Man muss es leider so deutlich sagen: Nachdem es zugelassen wurde, dass Laien über den politischen Hebel in den An-/Abflugverfahren herumbasteln, gehören die Frankfurter Verfahren mittlerweile zu den kompliziertesten der Welt. Der Aufwand für die Controller wird immer größer, der Konzentrationsverschleiß immer gefährlicher. Die Flugwege werden wegen der Bürgereinsprüche immer länger, der Spritverbrauch höher, die Umweltbelastung größer. Am Ende gibt es dann nur Verlierer: Airlines, Flugsicherung, Umwelt, Passagiere, die jeweils anderen Gemeinden, wir alle zusammen.

Natürlich nehmen die Frankfurter Planer bei den Verfahren Rücksicht auf Ballungsräume. Maschinen, die nach Norden wollen, müssen erst einmal nach Süden fliegen und die Stadt Mainz umkurven. Über verschiedene Anbieter haben die Protestbürger ein Werkzeug zur Verfügung, mit dem sie die vermeintliche Spurtreue der Flugzeuge verfolgen können. Weicht eine Maschine davon horizontal oder vertikal ab, erfolgt eine Beschwerde oder eine Verstoß-Meldung, wenn nicht sogar eine Anzeige. Wenn dann Tage oder Wochen später nachgeforscht wird, muss jeder Fall aufwändig rekonstruiert werden. Der betreffende Lotse, der täglich hunderte von Flügen abfertigt, soll sich dann erinnern, warum das an diesem Tag mit der und der Maschine so oder so ablief. Das ist meist überhaupt nicht mehr nachvollziehbar, denn Lotsen vertrauen auch auf ihren Sechsten Sinn und müssen in Sekundenschnelle reagieren. Müsste sich ein Taxifahrer für den Fall einer Befragung wochenlang merken, warum er welches Schlagloch wie umfahren hatte und dabei über eine durchgezogene Linie geraten war, würde er wahrscheinlich seinen Job an den Nagel hängen. Wenn in Flughafennähe an einem Tag bisweilen die Rede von Microbursts ist, einem unsichtbaren, aber für Flugzeuge höchst gefährlichen Wetterphänomen, bei dem senkrechte fallende Winde den Auftrieb schlagartig reduzieren, dann führt man im Sinne der Sicherheit seine Flugzeuge um ein solches Gebiet herum.

Oder eine nachfolgende Maschine läuft auf eine vorausfliegende auf. Auch hier muss sich der Lotse ein paar Maßnahmen vorbehalten, die so nicht mit der Lärmkommission abgestimmt waren. Fluglotsen, die ja luftpolizeiliche Aufgaben wahrnehmen, brauchen auch Gestaltungsfreiheit, um ihren Job sicher erfüllen zu können. Die Konzentrationsarbeit eines Fluglotsen während der Rush Hour an einem verkehrsreichen Flughafen entspricht in etwa der Vigilanz eines Rennfahrers auf einer Passstraße bei der Rallye Monte Carlo. Und all das doppelt so schnell und in drei Dimensionen. Und in jeder Maschine sitzen 100 bis 500 Menschen.

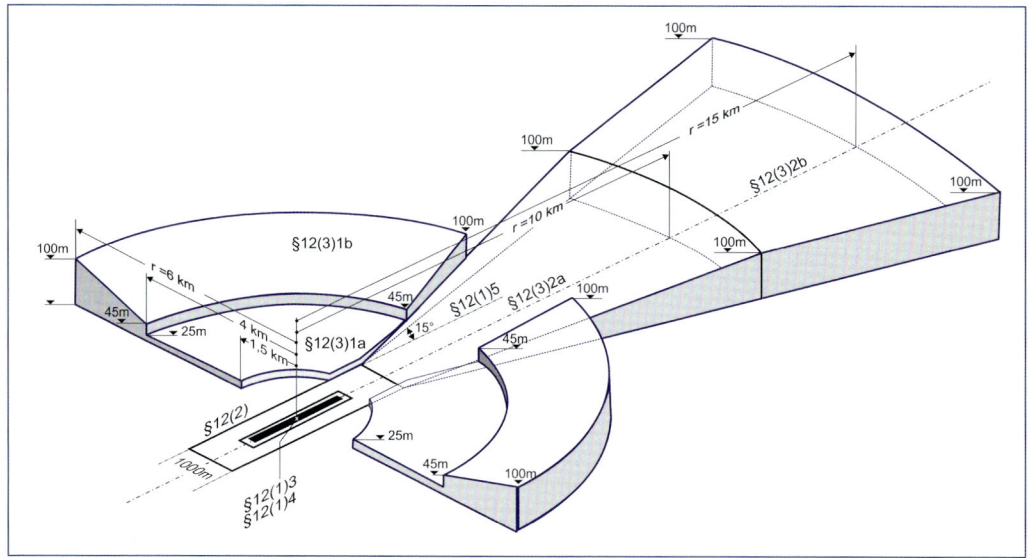

Bauschutz

Für die Bebauung im nahen Umkreis von Flughäfen gibt es strenge Auflagen. Während in der Lärmschutzzone keine Grundstücke für Wohnhäuser mehr ausgewiesen werden, unterliegen andere Gebäude und Industrieanlagen einer rigiden Vorschrift hinsichtlich der Gebäudehöhe. Die Details sind im Luftverkehrsgesetz festgelegt und aus der beigefügten Zeichnung zu ersehen.

Lärmschutzzonen um Flughäfen

Lärmschutzzonen sind Ergebnisse von Berechnungen nach unterschiedlichen Methoden. Sie werden nicht alleine aus Lärmmessungen in der Umgebung von Flughäfen ermittelt.

Auf dieser Grundlage werden eine Nachtzone und eine Tagzone festgelegt. Innerhalb dieser Zonen darf kein neues Baugrundstück mehr ausgewiesen wer-den. Bereits vorhandene Gebäude können mit schalldämmenden Maßnahmen versehen werden. So können z.B. Ersatz vorhandener Fenster durch Schallschutzverglasung, die Sanierung von Rollladenkästen, den Einbau von Schalldämmlüftung in die Schlafzimmer bezahlt oder bezuschusst werden. Besonders die Schlafzimmer haben es der Lärmgemeinde angetan. Viele Menschen möchten nämlich bei offenem Fenster schlafen. Da nutzt auch keine Vielfachverglasung mit noch so vielen Dämmstoffen. Es geht in erster Linie um den ungestörten Tiefschlaf und die Aufwachwahrscheinlichkeit in den Lärmzonen.

Wissenschaftler aus beiden Lagern bemühen komplizierte Formeln um ihre Position in die eine oder andere Richtung zu beweisen. Das DLR hat die Häufigkeit nächtlicher Aufwachreaktionen mit nebenstehender Formel ermittelt.

Bei den Lärmzonen besteht folgendes latente Gerechtigkeitsproblem: Führt eine Lärmgrenze auf Grund von Messungen und Berechnungen genau entlang der Straßenmitte, würden die einen Bewohner eine Kostenerstattung für Schallschutzmaßnahmen erhalten, die Bewohner der anderen Straßenseite nicht. Also, könnte man beispielsweise einen Hundert-Meter-Puffer einbauen. Was aber, wenn der Rand dieser Pufferzone wieder entlang einer Straßenmitte führt?

Lärmzonen haben Vor- und Nachteile, und nicht immer sind die Anwohner glücklich mit dem, was sie sich über Jahre hinweg erstritten haben. Der Vorteil ist, die betroffenen Anwohner erhalten Geld für Lärmschutzmaßnahmen. Der Nachteil ist, innerhalb von Lärmschutzzonen gibt es Bau- und Entwicklungsbeschränkungen. Möchte eine Gemeinde beispielsweise dort einen neuen Kindergarten oder ein neues Krankenhaus bauen, darf keine Baugenehmigung mehr erteilt werden. Diese Auflage folgt der Logik, dass man die Schwachen unserer Gesellschaft natürlich nicht dem als störend empfundenen Fluglärm aussetzen will.

Vielleicht bietet sich auf kommunaler Ebene im Rahmen der Energiewende und der Gebäudesanierung die Chance, gleichzeitig etwas gegen den Umweltlärm zu tun. Eine 22 cm Steildach-Dämmung schirmt den Lärm genauso effektiv ab wie eine 24 cm dicke, verputzte Ziegelwand. Wärmedämmung und Thermofenster mit Dreifachverglasung helfen also nicht nur bei den Heizkosten sondern auch beim Lärm. So könnte man sich mit staatlichem Zuschuss quasi nebenbei den Fluglärm

> Ich weiß nicht, ob sich jemand in der Aufwachformel wiederfindet. Und ich will auch gar nicht wissen, was am Ende dabei rauskommt. Wenn ich mich über Fluglärm aufregen will, dann rege ich mich auf, und dann hat das für mich auf Dauer auch gesundheitliche Konsequenzen. Wenn mir der erste Start um 04:55 egal ist, freue ich mich, dass ich noch eine Runde schlafen kann. Ich fühle mit den Menschen, die schon vor zwei oder drei Stunden am Flughafen sein mussten, um den Start überhaupt zu ermöglichen, drehe mich um und schlafe selig weiter. So einfach ist das. Den Luftkampf über unseren Dächern überlasse ich dem Nachbarn. Der regt sich sowieso über alles Mögliche auf.

$$N_{AWRi} = \sum_{j=1}^{n} P_{AWR}\left(L_{AS,\max,ij}+D\right)$$

$$N_{AWR}\left(L_{AS,\max,ij}+D\right) = 1{,}894$$

$$\cdot 10^{-5}\cdot\left(L_{AS,\max,ij}+D\right)^2 + 4{,}008\cdot 10^{-4}\cdot\left(L_{AS,\max,ij}+D\right) - 3{,}3243\cdot 10^{-2}$$

D	= Einfügungsdämpfung für den Übergang vom Außen- zum Innenpegel; für gekipptes Fenster D = -15 dB
$L_{AS,\max}$	= A-bewerteter Maximalpegel mit der Zeitkonstante Slow gemessen in dB
n	= Anzahl der während einer Nacht am Immissionsort auftretenden Geräusche
N_{AWR}	= Anzahl fluglärminduzierter, zusätzlicher Aufwachreaktionen
P_{AWR}	= Wahrscheinlichkeit einer Aufwachreaktion bei einem bestimmten Maximalpegel $L_{AS,\max}$

und den meist lauteren Straßenlärm vom Hals schaffen, auch wenn man nicht im zuschussfähigen Lärmschutzbereich eines Flughafens lebt.

Schallschutzfenster

In meinen eigenen vier Wänden will ich mich wohlfühlen, hierhin will ich mich zurückziehen können, die Tür schließen und den Alltag hinter mir lassen. Hier wohne ich, hier schlafe ich. Hier will ich ungestört lesen, essen, telefonieren oder fernsehen. Ob ich dabei die Fenster offen, geschlossen oder gekippt lasse, sollte mir überlassen bleiben.

Zu meinem Wohnbereich gehören auch Balkone, Loggias, Terrassen oder Garten. Doch auf der Flucht vor dem Verkehrslärm werden die Mauern der Wohnung und dicke Fenster immer mehr zur

> Was uns Anrainern in den Lärmschutzzonen um den Frankfurter Airport stinkt, ist die lange Bank, auf die man die Zuschüsse für die Lärmschutzmaßnahmen geschoben hat. Manche Gelder werden nämlich erst nach sechs Jahren fällig, weil dann die neue Lärmwirkungsstudie abgeschlossen sein wird. Den Krach haben wir aber schon heute! Und überhaupt, die Lärmschutzzone ist eine Schutzzone für den Lärm und nicht für die Bevölkerung!

Fluchtburg. Wirkliche Ruhe ist nur noch hinter Mauern möglich, wir haben vor dem Lärm kapituliert.

Es ist natürlich einfacher und billiger, den Anwohnern von Hauptverkehrsstraßen und Flughäfen hochwirksame Schallschutzverglasung zu finanzieren, als aktiven Schallschutz zu betreiben. Das

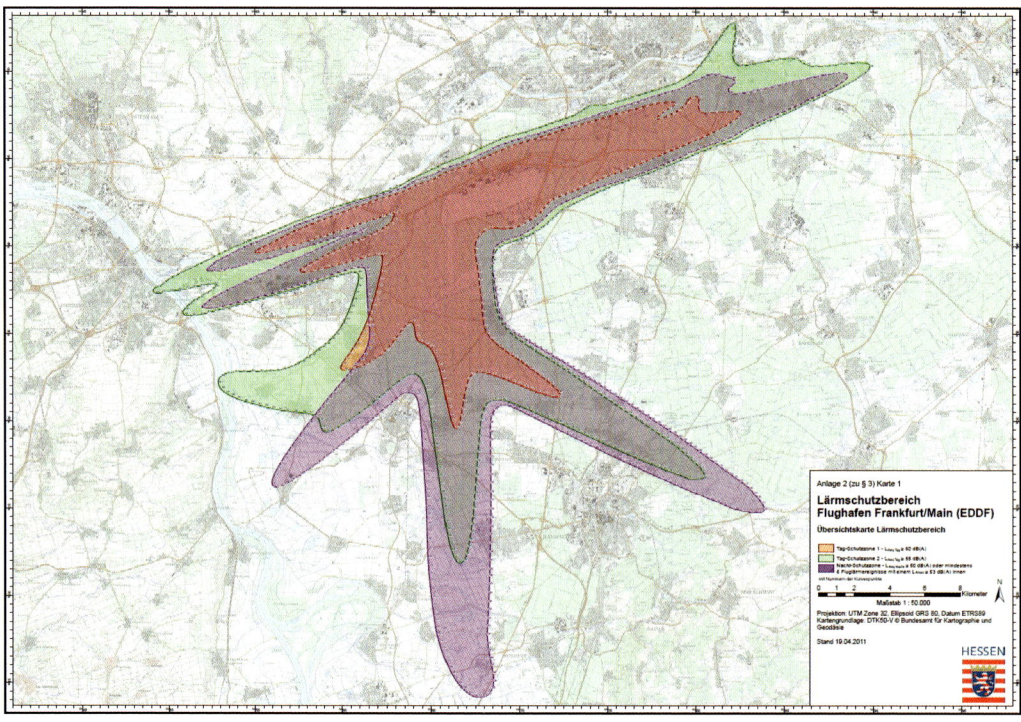

verringert den technischen Innovationsdruck an der Lärmquelle. Die hochschalldämmenden Fenster haben nämlich auch Nachteile, die nicht sofort bedacht werden. So sinkt bei starker Außendämmung der Grundgeräuschpegel (Maskierungspegel) in den Wohnungen. Dadurch werden Geräusche aus Nachbarwohnungen plötzlich hörbar, man vernimmt womöglich »unerwünschte Geräusche aus dem Sanitärbereich«, Bewohner klagen über bedrückendes Isolationsgefühl, es kommt zu raumklimatischen Problemen bei der Lüftung, die Bildung von Stockflecken und Wandschimmel werden begünstigt. Das macht den Einbau von schalldämmenden Lüftungseinrichtungen erforderlich. Rollladenkästen sind erkannte Schwachstellen.

In der »Guten Alten Zeit« war das alles nicht notwendig. Lärm war kein Thema. Man hatte einfache Glasscheiben in einfachen Fensterrahmen, gehalten von selbsthärtendem Fensterkitt. Die Fugen waren nie wirklich dicht, so erneuerte sich die Raumluft fast zwangsläufig und bewirkte eine natürliche Grundlüftung mit einem Luftaustausch von etwa 10 m³ pro Stunde. Diese Fenster sind allerdings schon aus Gründen der Wärmedämmung heute zumindest im Winter nicht mehr wünschenswert. Heute verbaut man Einfachfenster, Verbundfenster oder Kastenfenster.

Schallschutzverglasung gibt es in verschiedenen Schallschutzklassen. Näheres dazu in der Tabelle. Die Schalldämmung von Glasscheiben ist abhängig von Scheibengröße und -format (quadratische Scheiben haben schlechtere Eigenschaften als rechteckige). Bei der Sanierung oder Schalldämmung von Altbauten läuft man Gefahr, dass ein Haus sein Ge-

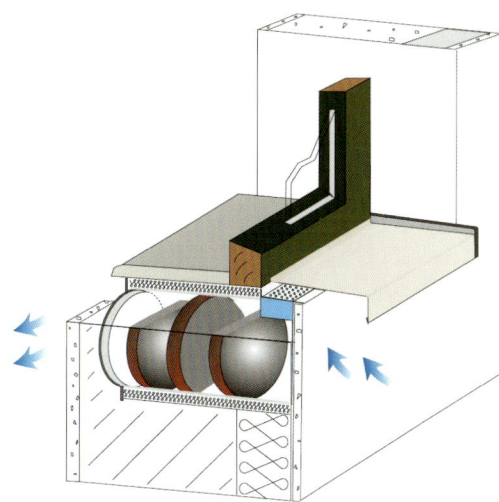

Schalldämmlüftung unterhalb eines Schallschutzfensters. Auch bei geschlossenem Fenster kommt hier Frischluft herein, während der Lärm draußen bleibt.

sicht verliert, denn die Wahl der Fenster im Plan des Architekten folgte einst bestimmten Gesetzmäßigkeiten. Wünscht man diesen Gesetzmäßigkeiten weiter zu folgen, kann dies die Umrüstung erheblich verteuern. Es ist halt wie so oft im Leben, die Billiglösung ist nicht unbedingt die beste.

(Mehr dazu auf den Webseiten des Umweltbundesamtes)

**Schallschutzklassen
bei Schallschutzfenstern**

Schallschutzklasse	bewertetes Schalldämm-Maß R'w nach DIN 52210 Teil 5 in dB
1	25 bis 29
2	30 bis 34
3	35 bis 39
4	40 bis 44
5	45 bis 49
6	50

Technischer Fortschritt

Flughäfen rücken den lauten Flugzeugen mit einer Gebührenordnung zu Leibe. Besonders abends und nachts gibt es dabei saftige Lärmaufschläge von bis zu 50.000 Euro zu den normalen Start- und Landegebühren. Dabei fällt allerdings auf, dass nur die beiden letzten der zwölf Lärmkategorien richtig zur Kasse gebeten werden. Sollten diese Aufschläge als Anreiz zur Lärmreduktion verstanden werden, müsste die Tabelle logarithmisch aufgebaut werden, von 0 bis 50.000 Euro. Die laute Allerwelts-Boeing 747-400 in Kategorie 9 kommt nämlich z.B. in Frankfurt mit 980 Euro Lärmzuschlag in der Kern-Nacht vergleichsweise günstig davon.

Wie laut ein »Düsenflugzeug« aus der Frühzeit der Jetfliegerei wirklich war, konnte ich kürzlich noch einmal eindrucksvoll im mittelamerikanischen Panama erleben. Dort fliegen diese zuverlässigen Flugzeuge nämlich noch immer. Als ich meinen Mietwagen zum Airport zurückbrachte, startete gerade eine alte Boeing 727. Der ohrenbetäubende Lärm ließ die Überdachung des Parkplatzes erzittern, die Alarmanlagen von hunderten geparkten Autos wurden ausgelöst, der ganze Airport schepperte. Die Kakofonie der Hupen wurde allerdings erst hörbar, als sich das Flugzeug langsam entfernte und den Lärmteppich hinter sich herzog. Solche alten Klepper sind auf europäischen Flughäfen schon lange nicht mehr zu finden, die Gebühren mit dem Lärmaufschlag würden den Restwert der Maschinen vermutlich innerhalb einer Woche übersteigen.

Während Airlines und Airports in Mitteleuropa alle Anstrengungen unternehmen, die Emissionen zu reduzieren und den Lärm zu dämpfen, wird das von der Öffentlichkeit entweder nicht wahrgenommen oder ganz einfach ignoriert. Wer sich vor 20 Jahren beschwert hat, beschwert sich auch heute noch, obwohl der Krach mehrfach im Quadrat abgenommen hat. Die A380 produziert um 40% weniger Schall als die letzte Version der Boeing 747-400.

Die im Tabellenteil zusammengestellte Liste der gängigsten Flugzeugtypen auf unseren Flughäfen (»Lärmklassentabelle«) zeigt Werte nach Untertypen und Triebwerken aufgeschlüsselt bei voller Beladung und normaler Konfiguration. In Ausnahmefällen und Notlagen können die Schalldruckwerte allerdings überschritten werden (roter Bereich).

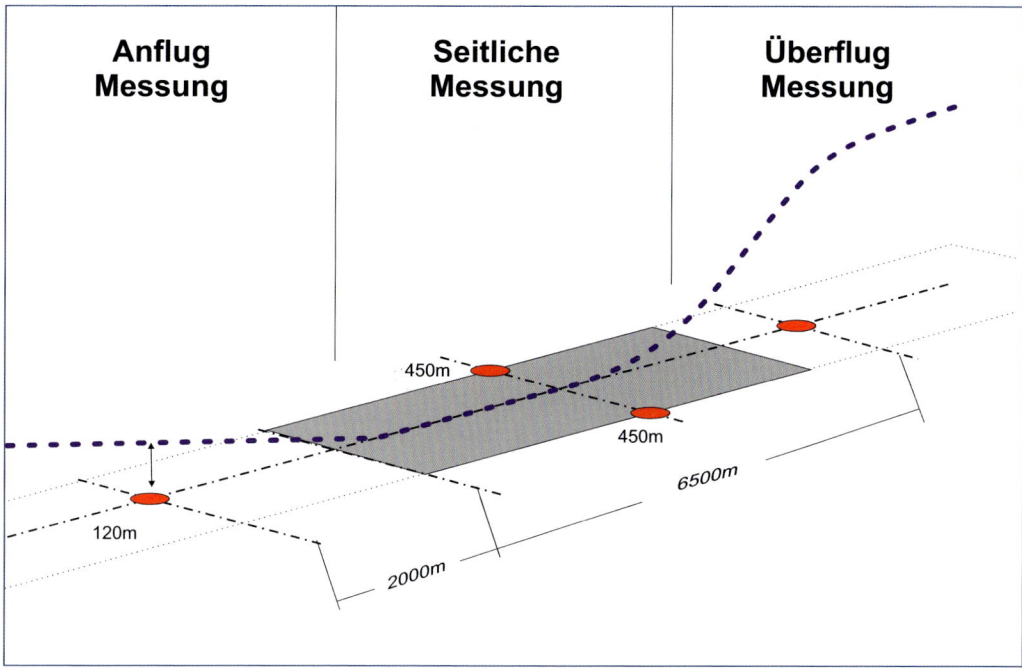

Anflug Messung   **Seitliche Messung**   **Überflug Messung**

450m

450m

6500m

120m

2000m

Der erste Wert wurde in der Mitte der Startbahn gemessen, wo beim Start der meiste Krach entsteht, allerdings 450 m seitlich versetzt. Der zweite Wert misst die Mittellinie des Anflugs am Boden 2000 m vor der Schwelle, die Maschinen sind da noch ca. 120 m hoch. Der dritte Wert stammt aus dem Abflug, gemessen 6500 m nach Beginn des Startlaufs, oder zwischen zwei und drei Kilometer unterhalb der Abflugroute. Im letzteren Fall ist die Höhe variabel, weil sie sowohl vom gewählten Abflugverfahren als auch von der internen Firmenvorschrift der Airline abhängt.

Wenn ein neues Flugzeug entwickelt wird, erhalten die Triebwerkshersteller eine Ausschreibung mitsamt den technischen Daten der neuen Maschine und den Anforderungen an die Motoren. Ausschlaggebend sind hierbei Lärm, Reichweite, Kosten und Gewicht. Besonders die Lärmgrenzwerte sind sehr wichtig, da feilschen die Einkäufer um jedes halbe Dezibel. Die Triebwerkbauer werden sogar gegeneinander ausgespielt und müssen bisweilen noch einmal nachentwickeln. Es wird zwar geforscht, sowohl herstellerseitig als auch in Forschungsverbünden, doch den ganz großen und technisch auch realisierbaren Durchbruch gibt es noch nicht.

Der Hersteller Rolls Royce versichert allerdings, dass jede Triebwerksgeneration leiser ist als der Typ zuvor. Doch die für die Anrainer unterscheidbaren Fortschritte sind eher klein. Hier muss man in Dekaden denken.

Da Triebwerke und Flugzeugzelle je nach Flugphase fast das ganze vom Menschen hörbare Frequenzspektrum abdecken, ist die Geräuschminderung eine sehr komplexe Angelegenheit. Deshalb sind die Fortschritte im Einzelfall kaum hörbar.

Oben: Boeing 707, unten Boeing 727. Beides Flugzeuge aus den 1970er Jahren, als Lärm noch kein Thema war. Aus den Triebwerken, damals noch zurecht Düsen genannt, kam pure Heißluft, oft genug war der Feuerschein der Verbrennung sogar noch zu sehen. Es war Krach pur.

Moderne Triebwerke

Die Zeit der »fliegenden Bunsenbrenner« ist vorbei. Früher ritt man auf dem Heißluftstrahl. In der Militärfliegerei wird in den Abgasstrahl über den Nachbrenner sogar noch einmal Kerosin eingespritzt, um Temperatur und Schubkraft noch weiter zu erhöhen. In der Passagierfliegerei geht man hingegen längst andere Wege. Hier benutzt man sogenannte Mantelstromtriebwerke, bei denen die Brennkammer und der Kern-Abgasstrahl von einer dicken Schicht kalter Luft umgeben werden. Der Triebwerkslärm ist nämlich umso größer, je höher erstens die Geschwindigkeitsdifferenz der Luftströme und zweitens der Temperaturunterschied zwischen Abgasstrahl und Umgebungstemperatur sind. Die Boeing 747-400 z.B. hat ein Verhältnis von 5:1 Kaltluft zu Heißluft. Noch neuere Triebwerke kommen jetzt auf den Markt, die ein Verhältnis von 12:1 haben!

Zwar gibt es im Triebwerk noch immer die Brennkammer, die die Welle antreibt, aber auf der Welle sitzen die Turbinenräder (Fan) mit den langen Schaufeln. Diese saugen die Kaltluft an, die dann als Nebenstrom an der Kernbrennkammer vorbeigeführt wird und mittlerweile für einen Großteil des Schubs sorgt. Gleichzeitig dämpft der Nebenstrom das Geräusch des Kernstroms. Der Nebenstrom liefert bei modernen Triebwerken stattliche 80% der Schubkraft. Der Airbus A320neo wurde nicht zuletzt wegen der geringeren Geräuschemissionen innerhalb von wenigen Monaten zum bestverkauften Flugzeug aller Zeiten. Seinen PW1124G-Triebwerken werden sagenhafte -15 dB vorausgesagt, mit einem Nebenstromverhältnis von 12:1. Die für Bombardier

Die Boeing 787 steckt voller neuer Technologie. Besonders die Triebwerkverkleidungen mit den gezackten Chevrons fallen auf. Sie werden auch bei der Boeing 757-8 verwendet.

entwickelten PW1521G sollen sogar um 20 dB leiser sein als ihre Vorgänger!

Wie kann man die Geräusche des Triebwerks weiter dämpfen? Da ist zunächtmal der heiße Luftstrom, der bei der Verbrennung des Treibstoffes entsteht. Er wird

Ausstellung eines neuen Triebwerks auf einer Luftfahrtmesse. Zig Millionen stecken die Triebwerksbauer jährlich in die Forschung und Entwicklung, um mit leiseren Motoren der Konkurrenz die Kunden abzujagen.

ummantelt von der kalten Luft, die von den schneller laufenden Schaufelrädern erzeugt wird. Und schließlich strömt auch noch Luft außen an den Triebwerken vorbei. Alle drei Luftströme erzeugen eine schallintensive Verwirbelung.

Dann erzeugt auch das Schaufelrad (Fan) im Triebwerk Schall. Dieser Schall ist nach vorne und nach hinten hörbar und gibt besonders beim Start einen charakteristischen Klang ab. Wie beim Propellermotor die Spitzen im Überschallbereich laufen können, sind auch die Spitzen der Schaufeln der kritische Punkt am Fan. Durch eine bestimmte Formung versucht man das zu vermeiden. Die Lufteinlässe an den Triebwerken können nachträglich mit lärmabsorbierendem Material beschichtet werden, um das eine oder andere dB zu gewinnen. Die nächste Triebwerksgeneration des A350 wird aber bereits eine durchgehende innere Beschichtung haben, die angeblich -3 dB bringen soll. Die äußere Verkleidung des Triebwerks reduziert weitere Lärmemissionen.

Natürlich erzeugt auch die Turbine selbst ein Eigengeräusch. Immerhin läuft hier eine komplexe Konstruktion an Wellen und Zahnrädern mit hoher Geschwindigkeit.

Und zu guter Letzt wird auch die Kompression der Luft nicht ohne Geräuschemission vonstatten gehen.

Die wichtigsten Triebwerkshersteller sind:
– Awiadwigatel (Russland)
– CFM International
– Engine Alliance
– General Electric
– International Aero Engines
– MTU Aero Engines
– Pratt & Whitney
– Rolls-Royce
– Snecma

Flugzeugzelle

Doch es sind nicht nur die Triebwerke, die als Lärm empfunden werden, auch die Flugzeugzelle verursacht Geräusche. Im Reiseflug kommt die optimierte Stromlinienform aus dem Windkanal zum Tragen. Beim Start hört man vor allem die Triebwerke, die zwischen 80 und 100% der Leistung bringen, während die Klappen nur teilweise gefahren

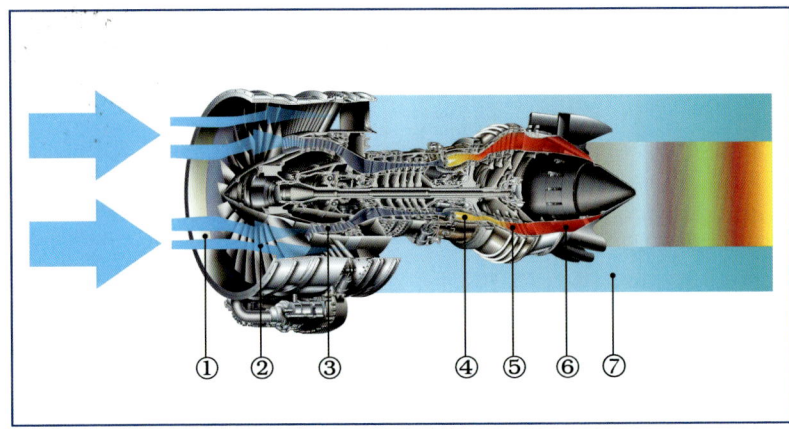

Funktionsweise
eines Fantriebwerks
1 – Lufteinlass
2 – Fan
3 – Verdichter
4 – Brennkammer
5 – Turbine
6 – Düse
7 – Bypass

sind und das Fahrwerk so schnell wie möglich eingezogen wird. Bei der Landung hingegen muss die Reisegeschwindigkeit reduziert werden, großflächige Landeklappen vergrößern den Auftrieb bei geringerer Geschwindigkeit, Störklappen verlangsamen das Flugzeug weiter, das Fahrwerk wird ausgefahren, was den Luftwiderstand stark vergrößert. Daher wird die Triebwerksleistung nochmal erhöht. Das Verhältnis von Triebwerks- zu Zellengeräusch liegt hier bei etwa 50:50. Geschwindigkeit, Höhe und Flugeigenschaften werden so austariert, dass das Flugzeug an der Schwelle der Landebahn in einen flugunfähigen Zustand gerät und dabei mit dem letzten Schwung (meist) sanft aufsetzt. Die Schubumkehr bremst das tonnenschwere Gerät ab.

Es sind zum einen die Flügel, die durch ihre Form das Flugzeug überhaupt fliegen lassen. Die Luft wird geteilt, die über die Tragflächenwölbung schneller strömende Luft erzeugt einen Unterdruck und schafft einen Sog nach oben. Hinter dem Flugzeug entsteht eine Verwirbelung bis sich die Luftströme wieder »beruhigt« haben. Die an den Trag- und Steuerflächen angebrachten Klappen, sowie die Antennen und Messgeräte an den Strömungsflächen des Flugzeugs erzeugen weitere Geräusche.

An den vorderen Flügelkanten befinden sich auch kleine Löcher, durch die das Enteisungssystem heiße Luft bläst. Dies erzeugt ein Geräusch, wie wenn man über die Öffnung einer leeren Flasche bläst.

Am vernehmbarsten aber verwirbeln die Fahrwerke und Fahrwerksschächte die Luft und erzeugen ein Rauschen. Diese Luftwiderstände sind sehr groß.

Es führt kein Weg daran vorbei: Vor der Landung muss das Fahrwerk raus. Das vergrößert den Luftwiderstand, es rauscht hörbar und erfordert mehr Schub.

Chevrons

Boeing rüstet seine 787 mit einer hinten gezackten Triebwerksverkleidung aus. Diese ermöglicht eine verbesserte Durchmischung des Mantelstroms mit der Außenströmung und reduziert die Geräuschemission um 4 dB.

Ohne Frage sind die heutigen Flugzeuge im Schnitt 20 dB(!) leiser als die aus den 70er-Jahren. Und der Fortschritt ist durchaus spürbar. Mit der A380 und der Boeing 787 beispielsweise wurden neue Standards gesetzt, die mit der A350 und der A320neo noch weiter übertroffen werden sollen. Es wäre wünschenswert, wenn die ICAO darauf reagieren und eine neue Lärmklasse (Chapter 5) für noch leisere Flugzeuge entwickeln könnte. Das würde die Flughäfen der Welt dazu veranlassen, die derzeit nach Chapter -2, -3 und -4 gestaffelten Lärmaufschläge in die Landegebühren einzurechnen und den Anreiz für die Entwicklung und Beschaffung leiserer Flugzeuge zu erhöhen.

Mediation

Spätestens Stuttgart 21 hat gezeigt, dass die Bürger zumindest bei derlei Groß-Entscheidungen eingebunden werden wollen. Geschieht dies zu früh, ist alles nur abstrakt und das Interesse ist verhalten. Kommt es dann zur Umsetzung, kann Protest aufkommen. Nun beginnen Vermittlungsverfahren oder Mediationen. Gespräche mit zu vielen Teilnehmern bergen aber immer die Gefahr, dass Themen zerredet, komplizierte Entscheidungen sogar an die nicht immer fachkundigen Personenkreise abgegeben werden. Das endet dann womöglich mit abstrusen Vorschlägen und unglücklichen Kompromissen.

»Zu viele Diskussionen sind schädlich«, sagt der Wirtschaftspsychologe Winfried Neun, Autor des Buches ›Warum es uns so schwerfällt, das Richtige zu tun‹, »besonders, wenn diese ungesteuert und wenig zielführend erfolgen.« Er beobachtet, dass die Detailflut, die bei Diskussionen auf uns einströmt, die Wahrnehmungs- und Verarbeitungsfähigkeit unseres Gehirns überfordert. Das bringt immensen Zeitverlust, große Demotivation, keinen nennenswerten Entscheidungsgewinn trotz Einsatzes von viel Energie.

Typisch für derlei Diskussionen ist leider oft, dass das eigentliche Thema zerredet wird und dass die Besprechung als Forum von persönlichen Eigeninteressen einiger weniger genutzt wird. Die gute Intention der Veranstalter verpufft, Ergebnisse gibt es meist keine. Das gilt nicht nur für Fluglärmveranstaltungen, sondern gleichermaßen für Tarifverhandlungen, und in allen Feldern der Unternehmensführung und der Politik. Sowie Veränderungen angekündigt werden, gibt es sofort jemanden oder einen Personenkreis, für den dies ein Verlust oder eine Gefahr bedeuten könnte. Folglich wird er sich dagegen stemmen, und dabei tausend Argumente finden, um seinen eigenen Bereich zu schützen, sei das nun vernünftig oder nicht. Diese Ängste blockieren die Einsicht.

Andererseits ist die Mediation ein unverzichtbares Element der Demokratie. Es geht ja um den Interessenausgleich zwischen den Akteuren und den von den Aktionen unmittelbar betroffenen Bürgern. Ohne eine Mediation kann niemals ein Kompromiss zustande kommen.

Deutschland

Die Mediation zum Frankfurter Flughafen sollte drei grundsätzliche Fragen beantworten:

1. Welchen Beitrag leistet der Frankfurter Flughafen zur Entwicklung der Wirtschafts- und Siedlungsregion Rhein-Main unter verkehrs-, wirtschafts- und arbeitsmarktpolitischen Gesichtspunkten?

2. Wie beeinflusst der Frankfurter Flughafen die Umweltbilanz in der Wirtschafts- und Siedlungsregion Rhein-Main?
3. Welche Entwicklung sollte die Wirtschafts- und Siedlungsregion Rhein-Main unter Beibehaltung ihrer Stärken bis 2020 nehmen, und wie sollte der Beitrag des Frankfurter Flughafens zu dieser Entwicklung sein?

Nach zähen Verhandlungen und zahlreichen Gutachten legten die drei Vorsitzenden am 31. Januar 2000 in Wiesbaden ihr Ergebnis vor. Es handelte sich um ein einstimmig beschlossenes Gesamtpaket, »das fünf untrennbar miteinander verbundene Komponenten« umfasste:

- Eine Optimierung des vorhandenen Bahnensystems
- Eine Kapazitätserweiterung durch Ausbau
- Ein absolutes Nachtflugverbot zwischen 23.00 und 5.00 Uhr
- Einen Anti-Lärm-Pakt mit verbindlichen Vorgaben zur Lärmminderung
- Die Einrichtung eines regionalen Dialogforums

Das absolute Nachtflugverbot zwischen 23.00 und 5.00 Uhr war damit zum untrennbaren Bestandteil für die Zustimmung der Mediationsgruppe zum Flughafenausbau geworden. Ohne dieses Verbot hätte die Mediationsgruppe den Ausbau des Flughafens abgelehnt. Werden Mediationsergebnisse nachträglich verändert oder einseitig »nachgebessert«, führt dies wie im Frankfurter Fall unweigerlich zu Unfrieden und Vertrauensverlust in der Bevölkerung.

Österreich

Am 22. Juni 2005 wurde das Mediationsverfahren zum Flughafen Wien mit den Unterschriften von 55 Parteien beendet. Damit wurde nach über fünf Jahren das größte jemals in Europa durchgeführte Verfahren dieser Art erfolgreich abgeschlossen.

Zum einen ging es im Mediationsverfahren um die Ausbaupläne des Flughafens im Hinblick auf eine dritte Piste, zum anderen aber auch um die aktuelle Fluglärmbelastung. Bei den Verhandlungen standen daher zunächst die Erarbeitung von Maßnahmen zur Fluglärmentlastung und die Optimierung von Kapazitäten im Mittelpunkt. Nach monatelangen Verhandlungen wurde der 1. Teilvertrag im Juni 2003 präsentiert und beginnend mit April 2004 in die Praxis umgesetzt. 48 der 50 Verfahrensparteien haben diese Vereinbarung unterzeichnet, darunter die Länder Wien und Niederösterreich, die politischen Parteien, Bezirksvertretungen, Bürgerinitiativen, Umweltanwaltschaften, die Flughafen Wien AG, Austrian Airlines, Austro Control, usw.

Konkrete Verbesserungen für die Bevölkerung

Die An- und Abflugrouten wurden in völliger Transparenz erarbeitet, wobei in monatelanger detaillierter Diskussion mit den Repräsentanten der betroffenen regionalen Bevölkerung eine regionale Verkehrsverteilung angestrebt wurde. Die Flugsicherungsagentur Austro Control war somit – wie die anderen Parteien – in einen demokratischen Entscheidungsprozess eingebunden, zu dem das Unternehmen auch in Zukunft auf Basis der Mediationsvereinbarungen stehen wird.

Es war auch allen Beteiligten von Anfang an klar, und so wurde es auch im Teilvertrag formuliert, dass das ambitionierte Ziel einer generellen deutlichen Reduzierung des Fluglärms in Wien und Niederösterreich nicht ohne Kompromisse erreichbar gewesen wäre, »ohne dass gewisse Siedlungsgebiete mehr als bisher bzw. neue Siedlungsgebiete belastet werden« (Teilvertrag § 2 Absatz 2). Dabei wurde das Grundprinzip verfolgt, dass jene Bevölkerungsgruppen, die sehr stark durch den Fluglärm belastet waren, vorrangig entlastet wurden, wobei auch auf die Fluglärmbelastung in der Nacht besonderes Augenmerk gelegt wurde. In diesem Zusammenhang wäre etwa die Nachtflugregelung zwischen 21.00 Uhr und 7.00 Uhr zu nennen, in dessen Genuss insbesondere die südlichen und westlichen Gemeinden Wiens sowie die Gemeinde Schwechat kommen.

Zusammenfassend kann festgestellt werden, dass durch die Summe aller vereinbarten Maßnahmen etwa 50.000 Menschen in Wien und Niederösterreich weniger durch Fluglärm belastet werden, als dies bisher der Fall war.

Nach Abschluss des Mediationsverfahrens hat das Dialogforum Flughafen Wien als Nachfolgeorganisation die Aufgabe übernommen, bei Themen und Konflikten aufgrund der Ergebnisse dieses Mediationsverfahrens oder die mit dem Fluggeschehen auf und rund um den Flughafen Wien zu tun haben, für geeignete Kommunikationsprozesse zu sorgen und Lösungen zu erarbeiten.

Jährliche Überprüfungen

Alle Bestimmungen aus der Mediation (insbesondere im Zusammenhang mit den Flugrouten) werden im Rahmen des Dialogforums jährlich einer genauen Prüfung unterzogen und die Ergebnisse in einem Evaluierungsbericht zusammengefasst. Auf Basis dieser Berichte wird über mögliche Änderungen oder Anpassungen diskutiert, die aber wiederum nur im Konsens beschlossen werden können. Der jeweils aktuelle Bericht ist auf www.dialogforum.at abrufbar. Austro Control hat sich praktisch verpflichtet, von sich aus nur in gravierenden (etwa sicherheitsrelevanten Fällen) ohne Rücksprache mit den Vertretern der vom Fluglärm potenziell betroffenen Bevölkerung aktiv zu werden.

Voraussetzungen für 3. Piste geschaffen

Durch den Abschluss einer umfassenden Mediationsvereinbarung wurden zudem die Voraussetzungen für den Bau einer dritten Piste geschaffen und fixe Parameter dafür vorgegeben. Der Flughafen hat sich verpflichtet, auf Basis dieser Vereinbarung das Projekt einzureichen. Im Gegenzug werden die Vertragsparteien das Projekt weder verzögern noch gegen den Genehmigungsbescheid Rechtmittel ergreifen.

Schweiz

Im Jahr 2004 versuchten sich Bürger und der Flughafen Zürich über das Thema Fluglärm zu einigen. Doch der Versuch scheiterte daran, dass sich die 28 Interessengruppen nicht über die wesentlichen Punkte einigen konnten. So fand die Mediation schon vor dem eigentlichen Beginn ihr Ende. »Alle, die präsent waren, kamen zum Schluss, dass es so nicht geht«, lautete der einzige Konsens.

Der Flughafenbetreiber Unique war zusammen mit dem Eidgenössischen Departement für Umwelt, Verkehr, Energie und Kommunikation (UVEK) sowie dem Kanton Zürich Auftraggeber der Mediation. Wie nach der Sitzung verlautete, scheiterte das Mediationsprojekt an der Frage der Vertretung der Bürgerorganisationen in der 15-köpfigen Koordinationsgruppe. Für den Vertreter der Fluglärmsolidarität/Flugwehr Ost war es inakzeptabel, dass dem Süden ein Sitz in der Koordinationsgruppe zugestanden worden wäre, während Bürgerorganisationen aus dem Norden, dem Osten und dem Westen gemeinsam nur einen Sitz gehabt hätten.

Dies sei insbesondere im Zusammenhang mit dem kürzlich vorgestellten Projekt »Relief« des Kantons Zürich problematisch. Im Rahmen des Projekts erarbeiteten Experten aus der Schweiz, Deutschland und den Niederlanden zwischen 2002 und 2004 neue Grundlagen für die Raumplanung in der Region des Flughafens Zürich. Die Vorschläge sehen unter anderem einen Verzicht auf Südanflüge sowie mehr Landungen von Osten her vor. Deshalb, so der Sprecher, wäre es wichtig gewesen, wenn die Bürgerorganisation des Ostens einen Sitz in der Koordinationsgruppe gehabt hätte.

Die Koordinationsgruppe hätte die Spielregeln für die eigentliche Mediation aufstellen sollen. Dazu gehörten Punkte wie Ziele und Erwartungen sowie ein Arbeitsplan. Die Züricher Flughafen-Mediation war im letzten Herbst aus Anlass des gescheiterten Staatsvertrags mit Deutschland lanciert worden.

Weil die eidgenössischen Räte 2002 diesen Vertrag ablehnten, setzte die deutsche Seite 2003 eine Verordnung mit Sperrzeiten für Überflüge über Süddeutschland in Kraft. Eine Folge davon waren unter anderem die umstrittenen Südanflüge.

Über diese und weitere Themen im Zusammenhang mit dem Flughafen Zürich diskutierten nebst den Bürgerorganisationen, dem Kanton Zürich und Unique auch sechs weitere Kantone, Wirtschafts- und Gemeindeverbände, süddeutsche Landkreise sowie Fluglärm- und Umweltorganisationen.

Der Verkehrsminister wertet den Abbruch als »schweren Rückschlag« für die Bemühungen um eine Lösung des Fluglärmproblems um den Züricher Flughafen. Dass das Verfahren scheitern könne, sei allerdings von Anfang an klar gewesen.

Mittlerweile unterzeichneten die Vorsteherin des Eidgenössischen Departements für Umwelt, Verkehr, Energie und Kommunikation der Schweizerischen Eidgenossenschaft und der Bundesminister für Verkehr, Bau und Stadtentwicklung der Bundesrepublik Deutschland folgende Absichtserklärung, auf Basis der nachfolgenden Eckwerte einen Staatsvertrag auszuhandeln:

1. Die beiden Staaten lassen prüfen, ob der maßgebliche Luftraum im Rahmen der FABEC-Strategie gemeinsam bewirtschaftet werden kann.

2. Die Flugverfahren für den An- und Abflug in Bezug auf den Flughafen Zürich sowie den Warteraum RILAX sollen nach Möglichkeit so optimiert werden, dass die Zahl der Lärmbetroffenen vermindert werden kann, dies unter Wahrung der Kapazitätsbedürfnisse des Flughafens Zürich.

3. Die Schweiz reduziert die Zahl der Anflüge auf den Flughafen Zürich über deutsches Staatsgebiet. Analog dazu wird im täglichen Flugbetrieb die Zahl der Betriebsstunden über deutschem Staatsgebiet reduziert.

4. Für den Fall, dass der Fluglärm über deutschem Gebiet auf Grund des technischen Fortschritts abnimmt, streben die beiden Staaten eine Anpassung des Staatsvertrages an.

5. Die Schweiz gewährleistet, dass gewerbliche Fahrten von Taxis mit deutschem Kennzeichen zum und vom Flughafen Zürich ohne Diskriminierungen erfolgen können.

6. Die Schweiz räumt der deutschen Bevölkerung in Bezug auf Bau-, Betriebsreglements- und Konzessionsverfahren, welche Auswirkungen auf deutsches Gebiet haben können, die gleiche Rechts- und Verfahrensstellung ein, wie sie der Schweizer Bevölkerung zukommt. Dies soll auch in Bezug auf Schallschutz- und Entschädigungsverfahren gelten.

7. Es soll eine gemeinsame Luftverkehrskommission eingerichtet werden, welche die Auslegung und Anwendung des Staatsvertrages überwacht.

8. Es soll auf der Grundlage dieser Absichtserklärung unverzüglich ein Staatsvertrag geschlossen werden.

Lösungen und Kompromisse

Die Diskussion schlägt immer höhere Wellen und bringt immer mehr Unfrieden in das tägliche Leben. Um den sozialen Frieden wieder herzustellen, muss ein mehrschichtiger Kompromiss angestrebt werden. Wie könnte der für einen stadtnahen Musterflughafen egal in welchem Land aussehen?

Lärmzulassungen
– Von 20.00 Uhr bis 8.00 Uhr Nutzung des Flughafens nur durch ICAO-Chapter-IV-zertifizierte Maschinen.

Pistennutzungskonzept
– Während der Nacht werden grundsätzlich nur die emissionsärmsten Pisten benutzt.

Starts
– Bis 22.00 Uhr normaler Flugbetrieb.
– Von 22.00 bis 23.00 Uhr um 50% reduzierter Flugbetrieb.
– Von 23.00 bis 24.00 Uhr nur noch verspätete Starts.
– Während der Kernnacht von 24.00 bis 5.00 Uhr. Keine Starts.
– Von 5.00 Uhr bis 6.00 Uhr um 50% reduzierter Flugbetrieb
– Ab 6.00 Uhr normaler Flugbetrieb.

Landungen
– Bis 22.00 Uhr normaler Flugbetrieb.
– Von 22.00 bis 6.00 Uhr keine Landungen auf lärmsensitiven Bahnen.
– Von 22.00 bis 23.00 Uhr reduzierter Flugbetrieb.
– Von 23.00 bis 5.00 Uhr keine geplanten Landungen. Nur Verspätungen oder verfrühte Ankünfte wegen Rückenwind.
– Von 5.00 bis 6.00 Uhr um 50% reduzierter Flugbetrieb
– Ab 6.00 Uhr normaler Flugbetrieb.

Schubumkehr
– Schubumkehr darf nicht eingesetzt werden, außer wenn aus Sicherheitsgründen unvermeidlich.

APU
– Alle Abfertigungspositionen für Flugzeuge sind mit einer stationären Bodenstromversorgung auszustatten, damit die bordeigene Auxiliary Power Unit nicht benutzt werden muss.

Charter
– Charterflüge, die nicht auf Zuflüge und Umsteiger angewiesen sind, werden auf lärmtolerante Regionalflughäfen verlagert, falls vorhanden.

Passiver Lärmschutz
in Anrainergemeinden
- Großzügige, bürgerfreundliche und zeitnahe Umsetzung von lärmdämmenden Maßnahmen.

Anflüge
- ILS-Anflug: Erhöhter Gleitwinkel von 3,2 Grad.
- Dynamic Airspace Allocation für mehr vertikalen Luftraum.

Reduktion
von Anschlussflügen
- Flugtickets könnten an Stelle von Anschlussflügen mit einem Bahnticket verkauft werden, das dem Kunden gegen ermäßigten Aufpreis für eine bestimmte Zeit unbegrenzte Bahnfahrten im Ankunftsland ermöglicht. Ähnliches könnte auch gestaffelt mit einem Regional- oder einem Cityticket verknüpft werden.

Umsiedlung
Wenn Staudämme gebaut werden, müssen mitunter Ortschaften weichen. Im Braunkohletagebau ist dies gang und gäbe. Der Ort Pferdsfeld in Rheinland-Pfalz wurde wegen dem benachbarten Militärflugplatz Sobernheim komplett umgesiedelt. Offenbar ist das Thema Umsiedlung der am stärksten betroffenen Gemeinden zu heiß, denn es berührt gewachsene Strukturen und es ist teuer und es mag wirklich die allerletzte Möglichkeit sein, die man ins Auge fasst. Aber es schafft Ruhe. Deshalb muss die Frage beantwortet werden: Gibt man der Wirtschaft der Region und ihrem Wachstum den Vorrang oder will man die Menschen schützen, die darin wohnen? Will man beides erreichen, müssen sich die Verantwortlichen dieser Diskussion stellen. Zu guter Letzt könnten alle Beteiligten davon profitieren. Jüngst schlug sogar der Bürgermeister von Raunheim das scheinbar Unaussprechliche vor.

Es ist eine einfache Rechnung: Je mehr ein Flugzeug fliegt umso früher ist es bezahlt und beginnt Geld zu verdienen. Ein oder zwei Umläufe pro Tag weniger können über Gewinn oder Verlust einer Airline entscheiden.

Militär

Vor etwa 40 Jahren, mitten im Kalten Krieg, pflegte die NATO noch die Strategie der sogenannten Vorneverteidigung. Darin spielten auch die Luftstreitkräfte der Mitgliedsstaaten eine wichtige Rolle. Ein Mittel für ein solches Szenario war die Zerstörung von Flugplätzen durch einen Angriff mit jeweils 16 Maschinen. Geübt wurde das an jedem ersten Freitag im Monat am heimischen Flugplatz. Vier Viererformationen starteten zu einem Tiefflug durch halb Deutschland, bis sie auf verschiedenen Routen wieder zurück in die Nähe des eigenen Flugplatzes kamen. Auf ein Kommando des Formationsführers teilten sie sich in 16 einzelne Elemente. Die Flugwege und Anfluggeschwindigkeiten waren genau geplant, auf die Sekunde ausgerechnet. Dann kamen sie an, aus allen Himmelsrichtungen, mit 800 km/h, von vorne, von hinten, in Baumwipfelhöhe, über die Startbahn, über den Tower, über die Werft, über die Werkstätten, über die Rollwege und Abstellflächen, über die Flugabwehrstellungen. Bevor man die Starfighter sah, waren sie auch schon vorbei, mit einem Höllenlärm. Und schon waren sie verschwunden. Am Tag meines Dienstantritts in Büchel hatte ich die Gelegenheit,

einen solchen »Mass Attack« zu erleben, vom Dach des Kontrollturmes aus. Mir zitterten noch zehn Minuten später die Knie. Das war 1974.

Heute hat sich die Strategie der NATO mit den geänderten politischen Gegebenheiten gewandelt. Von den ca. 35 Jet-Flugplätzen der deutschen und alliierten Luftstreitkräfte in den alten Bundesländern und den 70 in der ehemaligen DDR sind zusammen noch genau zehn übrig geblieben. Von den 14 Transporterplätzen gibt es nur noch acht, die Flugplätze der alliierten und bundesdeutschen Heeresflieger wurden von 35 auf 17 reduziert. Ebenso wurde die Zahl der Jets massiv verringert – allein seit 1990 von 2400 auf heute 440. 1970 hatte ein Geschwader jeweils 100 Flugzeuge! Heute ist es kaum noch ein Drittel des früheren Bestandes. In den frühen Jahren flog jeder Pilot 200–350 Stunden jährlich. Die NATO-Forderung lag bei einem Minimum von 180 Flugstunden, zurzeit liegt der Mindestansatz bei 70–100 Stunden.

Die Luftwaffe produzierte 2010 etwa 37.000 Gesamtflugstunden, davon 9100 im Ausland. Bemerkenswert ist auch der Rückgang der Tiefflugstunden. Lagen sie 1970 noch bei knapp 100.000, gingen sie in den 1980er-Jahren auf etwa 86.000 Stunden zurück, 1990 auf ca. 12.000, Mitte der 1990er- Jahre auf 6.000, 2007 auf unter 4.000, 2010 wurden sie weiter reduziert auf 3500. Und obwohl ein großer Teil dieser Tiefflugstunden im Ausland oder über See absolviert wurden, gingen im gleichen Jahr über 6000 Lärmbeschwerden ein. Obwohl also immer weniger geflogen wird, nahmen die Lärmbeschwerden in den letzten zehn Jahren zu.

Militärischer Tiefflug

Folgende 20 Flugplätze der deutschen Streitkräfte wurden in den letzten 20 Jahren geschlossen:

Ahlhorn, Basepohl, Brandenburg-Briest, Bremgarten, Eggebek, Husum, Jever, Kaufbeuren, Kiel, Leck, Leipheim, Neubiberg, Neuhausen, Oldenburg, Parow, Pferdsfeld, Preschen, Rothenburg, Straubing und Wriezen. Demnächst werden auch noch Penzing, Lechfeld, Fürstenfeldbruck und Hohn aufgegeben.

Auch 32 Flugplätze der alliierten Streitkräfte in Deutschland wurden oder werden geschlossen:

Bad Mergentheim, Babenhausen, Baden-Baden, Bitburg, Breisach, Butzweilerhof, Darmstadt, Detmold, Feucht, Finthen, Friedrichshafen, Fulda, Gießen, Göppingen, Hahn, Hildesheim, Laarbruch, Lahr, Maurice, Merzbrück, Minden, Nellingen, Schwäbisch Hall, Sembach, Spangdahlem, Soest, Söllingen, Stuttgart, Trier-Föhren, Werl, Wildenrath und Zweibrücken.

Gleichzeitig wurden Waffensysteme ausgemustert, die Luftflotten reduziert. Zwischen Stetten am Kalten Markt und Kyritz an der Knatter wurden Dutzende von Übungsgebieten geschlossen.

Tornados vor der Burg Hohenzollern. Wenn wir uns schon eine Luftwaffe leisten, dann soll sie im Bedarfsfall auch effektiv sein. Das ist sie aber nur, wenn man sie auch üben lässt.

**Lassen wir hierzu einmal einen
der Jet-Piloten zu Wort kommen:**

Der allergrößte Teil der Bevölkerung hat eine ganz falsche Vorstellung, worum es beim militärischen Flugbetrieb überhaupt geht. Worauf es bei uns ankommt ist: »Train as you fight«. Da kann man dazu stehen wie man will. Wir sind ein demokratisches Land. Wenn Regierung und Parlament beschlossen haben, sich eine Bundeswehr zu halten, mit einer Luftwaffe als Teil davon, dann habe ich diesen Teil zu erfüllen. Wenn die Bevölkerung das mehrheitlich nicht will, muss sie das an der Wahlurne artikulieren. Aber solange es eine Luftwaffe gibt, muss man uns – bitte – doch auch die Möglichkeit geben, so zu fliegen, wie es im Einsatz von uns erwartet wird.

Wenn Regierung und Parlament beschließen, mich in den Krieg zu schicken, um einen Diktator am Massenmord an seiner Bevölkerung zu stoppen, dann muss ich in Baumwipfelhöhe fliegen, mit einer Geschwindigkeit knapp unter tausend Stundenkilometern, mit halbvollen Tanks und voller Bewaffnung. Der Boden ist nie weiter als zwei Sekunden von mir entfernt.

Man erwartet von mir, dass ich dabei in stockdunkler Nacht trotz gegnerischem Beschuss ausschließlich militärische Ziele treffe, und dass ich meinen Hundert-Millionen-Euro-Flieger wieder heil zurück nach Hause bringe. Kollateralschäden sind natürlich trotz mangelnder Praxis zu vermeiden. Um genügend Sprit für den Einsatz zu haben, gehen wir nach dem Start noch mal an den Tanker. Ich fliege dabei fünf Meter hinter einem dicken Flugzeug her und sauge mir über eine Leitung ein paar tausend Pfund von dem Saft in meine Tanks. Und wenn wir dann in auseinander gezogener Formation im Konturenflug über das Einsatzgebiet fliegen, sind alle Nerven bis zum Zerreißen gespannt. Jedes Mal wenn das Oh-Shit-Light angeht, das ist die Warnlampe, die mir anzeigt, dass ich von feindlichem Radar erfasst wurde, weiß ich, dass es jetzt nur noch Sekunden dauert, bis mir eine Flugabwehrrakete ins Triebwerk fliegt. Dann muss ich Abwehrmaßnahmen treffen, ich stoße Täuschkörper und Magnesiumkugeln aus, schlage Haken, so eng, dass es mir die Eingeweide quetscht.

Da könnt Ihr euch vorstellen, wie einem zu Mute ist, wenn man daheim als Jet-Rowdy beschimpft wird, wenn die Bevölkerung uns Mörder nennt und die Tore zu unserem Geschwader blockiert. Oder wenn unsere Frauen bedroht werden. Ich habe viele Kameraden, die im Training ihr Leben verloren haben, teils weil sie überfordert waren, teils weil sie die Technik nicht beherrscht hatten, teils weil sie die Situation unterschätzt oder sich selbst überschätzt hatten. Viele könnten noch leben, hätten sie mehr Flugpraxis gehabt.

Aber in Deutschland ist es fast nicht möglich, Tiefflug zu üben. Also weichen wir ins Ausland aus, nach Sardinien, nach Kanada, in die USA, übers Meer. Das hört sich alles an wie die große weite Welt und Urlaub bis zum Abwinken. Im schlimmsten Fall sehen wir unsere Familien aufs Jahr gerechnet gerade mal an zwölf Wochenenden. Und wenn wir beim Tiefstflugtraining in Labrador unseren Hals riskieren, erhalten wir ein Auslandstagegeld von acht Euro. Abzüglich Verpflegungsgeld.

Wir haben mehr Crews als Flugzeuge, aber nicht genügend Flugstunden zur Verfügung. Und mit jedem Geschwader, das geschlossen wird, sitzen mehr Crews auf dem Trockenen. Es beginnt ein Kampf ums Fliegen. Aber derzeit entfallen gerade mal 130 bis 150 Stunden pro Jahr auf jeden einzelnen Piloten. Jeder amerikanische Pilot kommt im Schnitt auf 260 Stunden im Jahr. Bei uns reicht es also gerade mal für die Hälfte! Das ist vielleicht halbwegs genug, um in der Materie zu bleiben, aber sicherlich nicht, um besser zu werden.

Mit 41 Jahren gelten die meisten von uns als abgeflogen und müssen die Bundeswehr verlassen. Das ist zu jung, um ein Pensionärs-Dasein zu fristen, und zu alt, um etwas Neues zu beginnen. Also versuchen sich die einen bei irgendeiner Airline.

Dort konkurrieren sie mit jungen, dynamischen Männern, die bereits im zarten Alter von 23 Jahren ihre Verkehrspilotenlizenz machten, die alle möglichen Muster geflogen haben. Da haben wir noch unsere Umschulung vor uns und dürfen dann quasi als Neuling ins Cockpit einsteigen. Viele von uns verzweifeln innerlich daran, als erfahrene Jetpiloten mit tausenden von Flugstunden neben einem jungen Käpt'n zu sitzen, der halb so alt und doppelt so arrogant ist.

Also versuchen andere, bei der Luftfahrtindustrie unterzukommen. Aber was passiert dort? Man konkurriert wieder mit den dynamischen jungen Männern, die im zarten Alter von 23 ihren Diplom-Ingenieur gemacht und seitdem in der Luftfahrtindustrie Erfahrungen und Kontakte gesammelt haben. Wir bringen zwar eine Menge fliegerische Erfahrung mit, aber es ist verdammt schwer.

Was das für eine Belastung für die Familie ist, brauche ich ja wohl nicht zu erwähnen. Also versucht man, sich rechtzeitig zu spezialisieren und sich ein Standbein für die Zeit danach aufzubauen. Vielleicht ein Lufttaxi in Afrika. Oder einen Kiosk. Oder man schreibt für ein Luftfahrtjournal, wieder ein anderer verkauft Versicherungen.

Wenn in den USA eine F-15 im Tiefstflug mitten über eine Kleinstadt jagt, erhält der Geschwaderkommodore anschließend Dankesbriefe von den Bürgern, die mit dem Satz enden »God bless America«. Wenn hingegen in Deutschland ein Tornado auch nur in der Nähe eines Kuhdorfes gesichtet wird, erhält der Kommodore Lärmbeschwerden.

Was ist so anders in Deutschland? Ist der Bürger zu satt und zufrieden? Woher kommt die Empörung über Staat und Ordnung? Tritt eine Ordnungsmacht zu massiv auf und ist sie zu sichtbar, fühlt sich der Bürger provoziert, er befürchtet die Verschwendung von Steuergeldern. Wird er aber von Rowdies und Schlägern bedroht, erfolgt lautstark sogleich der Ruf nach Totalüberwachung per Video und mehr Präsenz der Polizei auf den Straßen.

Bisweilen werden wir alarmiert, wenn ein Verkehrsflugzeug in unserem Luftraum nicht mehr antwortet. Die Flugsicherung muss dann von einer Entführung ausgehen. Das heißt dann für uns Alarmstart. Weil wir nur noch drei Jagdgeschwader in Deutschland haben, müssen wir so schnell wie möglich die halbe Republik überqueren um nach dem Rechten zu sehen. Das bedeutet Überschall, Durchbruch durch die »Schallmauer«, und das gibt jedes Mal einen Knall mit darauf folgendem Beschwerdetheater von entrüsteten Bürgern. Es ist natürlich gar nichts gegen den Knall, den der Einschlag einer entführten Boeing in einem Frankfurter Bankenturm hervorrufen würde! So, und wir fliegen dann fünf Meter neben das Cockpit der Passagiermaschine heran und sehen nach, ob da drin alles in Ordnung ist. Das muss man auch erst einmal üben. Können wir aber nicht, dürfen wir nicht, weil sich einer der Passagiere aufregen könnte.

Wenn in der Sommerhitze der sich ständig erwärmenden Erde große Flächen von Waldbränden bedroht werden, erwartet man von den Transallpiloten, dass sie auch mit dem Feuerlöschsatz umgehen können und im Tiefflug 12 Tonnen Löschmasse auf die Brandherde abwerfen können. Ja wie denn, verdammt nochmal, wenn man ihnen nicht die Möglichkeit gibt, Tiefflug zu üben? Drohen uns Islamisten mit Terror im eigenen Land? Dann verfällt der Bürger in Angst und Schrecken und ruft nach dem staatlichen Rundum-sorglos-Paket in Form von Polizei, Verfassungsschutz, Totalüberwachung und womöglich noch die Bundeswehr im Innern. Bedauerlich nur, dass man zuvor die Akzeptanz untergräbt und die finanzielle Ausstattung rechtzeitig kürzt. Ja, auch anzeigenfreudige Frührentner und Hobbybeschwerer belasten mit ihrem Zeitvertreib den Bundeshaushalt. Es ist nicht immer einfach, unserem Land und seinen Bürgern mit Motivation zu dienen.

Eurofighter beim Start. Der Sound ist ein ganz anderer als zum Beispiel der eines A380.

Wenn trockene Wälder brennen, sind die Piloten der Transall gefragt. Mit einem Löschsatz sollen sie dann jeweils zwölf Tonnen Wasser auf den Brand werfen. Üben sollen sie das aber doch bitte irgendwo im Ausland, nur nicht bei uns. Des Lärms wegen.

Viele Stunden verbringen unsere Piloten im Simulator. Dort kann man sicherlich Navigation und Notlagen üben, aber Ausweichmanöver und das Funktionieren unter Beschleunigungskräften ist dort nicht möglich. Da hilft nur fliegen, fliegen, fliegen.

Das »Bombodrom«

Da gab es diesen alten russischen Truppenübungsplatz Wittstock in der Ruppiner Heide. Er war so bequem nahe am Flugplatz Rostock-Laage, dass die Luftwaffe keine kostbaren Flugstunden mit langen Hin- und Rückflügen über flaches Land verschwenden musste. Man hätte sich ganz auf den Waffeneinsatz konzentrieren können. Doch Militärgegner und Umweltschützer tauften die Range kurzerhand in Bombodrom um und erzwangen die Schließung. Bombodrom war natürlich ein verächtlicher Kampfbegriff, der sich nach Tod und Vernichtung im Stil von Dresden oder Coventry anhörte. Tat-

sächlich sind das ein paar Kreise auf dem Boden, wo Mikrophone vergraben sind, und dahinein werfen die Piloten kleine Gipskörper und messen akustisch die Ablage vom Kreismittelpunkt. Oder ein paar aufgespannte Sackleinen, auf die mit der Bordkanone geschossen wird. Jetzt müssen die Jets wieder durch halb Deutschland fliegen, bis sie in Siegenburg oder Nordhorn trainieren können.

In der Folge wurde der Truppenübungsplatz zum Naherholungsgebiet umgewidmet. Man darf gespannt sein, wie die unberührte Landschaft in zwanzig Jahren aussieht, nachdem Scharen von Touristen dort ihren Müll hinterlassen. Der Verlierer wird die Natur sein.

Ein Beispiel dafür ist Münsingen, ein hundert Jahre alter Truppenübungsplatz. Als militärisches Sperrgebiet war er für die Öffentlichkeit unzugänglich, dort übten Panzer und Jagdbomber den Einsatz verbundener Waffen bis die deutsche Bundeswehr ihn 2006 aufgab. Die Natur hatte sich bisher ungestört entwickeln können. Panzer hatten dazwischen Furchen und Fahrrinnen zurückgelassen, Geschosseinschläge haben Löcher gegraben oder kleine Trichter gesprengt. Dort hat sich Regenwasser gesammelt, es haben sich Tümpel gebildet, bevorzugter Lebensraum für Amphibien, Brutgebiete für seltene Vögel, Erntegebiet für Wildbienen.

Nun aber droht das von Panzern geschaffene Biosphärengebiet Schwäbische Alb in Münsingen zu kippen, 300 Biotope sind dabei zu versanden. Die Naturschützer riefen daraufhin die Bundeswehr zur Hilfe. Seitdem durchpflügt wieder ein 60 Tonnen schwerer Kampfpanzer vom Typ Leopard die Natur und erhält die Biotope am Leben. Und so nimmt die Bundeswehr wieder einmal eine Aufgabe wahr, für die sie nun wirklich nicht geschaffen war, bedrohte Tiere und Pflanzen zu erhalten. Panzer zum Schutz der Natur!

Es war immer so, eingezäunte Flughäfen und militärische Sperrgebiete bieten Schutz vor dem größten Feind der Natur, dem Menschen. In diesen Biotopen hatten seltene Arten Gelegenheit ungestört brüten zu können, denn weder Panzer noch Flugzeuge konnten ihren Lebensbereich nachhaltig stören.

Tiefflug ist Dauerstress, zumal in diesen Höhenbändern Sportflieger, Segler und Drachenflieger unterwegs sind. Und Vögel.

Fazit

Im Laufe der Recherche für dieses Buch habe ich erkannt, dass jeder Mensch zur Verlärmung seiner Umwelt beiträgt, von der ersten Sekunde seines Lebens nach der Geburt bis zu seinem Tod. Es ändert sich nur die Art, die Intensität und die Verteilung. Sicher ist, dass das Fluglärmproblem noch auf lange Zeit die Gerichte der Länder, der Staaten und Europas beschäftigen wird. Alle Seiten werden sich durch die Instanzen klagen und kleine Siege erringen. So richtig helfen wird das aber nicht. Solange sich keine ganzheitlichen Lösungen durchsetzen, solange in der Gesamtbevölkerung kein Umdenken in Richtung Nachhaltigkeit in allen Lebensbereichen stattfindet, wird sich an der Lärmbewältigung nur Dezibel für Dezibel etwas ändern.

Es wäre schön, wenn sich Flughäfen und Bürgerinitiativen auf Lösungen einigen könnten, die nicht von Gerichten »aufgedrückt« wurden. Und beide Seiten wären klug beraten, nicht mit Triumphgeheul den eigenen Erfolg zu feiern, sondern das Ergebnis als gemeinsame Errungenschaft zu präsentieren. Denn der Luftverkehr soll ja Menschen verbinden und nicht trennen.

Zweiter Teil –
Tabellen,
Daten, Fakten

Lärmreduzierende Abflugverfahren unterschiedlicher Airlines abhängig von Flugzeugtyp und Triebwerk

Aircraft: A319, A320, B737, B747, B757, B767, B777
Profile 1
- Takeoff Power and Flaps Climbing at V2 plus to 800' AFE
- At 800' Set Climb Power
- Constant Speed Climb to 1500' AFE
- At 1500', Reduce Pitch, Accelerate and Retract Flaps on Schedule
- Constant Speed Climb to 3,000' AFE
- At 3000', Accelerate to 250 kts
- Constant Speed Climb to 10,000'

Aircraft: B737, MD90
Profile 2
- Takeoff Power and Flaps Climbing at V2 plus to 800' AFE
- At 800', Set Climb Power
- Constant Speed Climb to 2500' AFE
- At 2500', Accelerate to 250 kts While Retracting Flaps on Schedule
· Constant Speed Climb at 250 kts to 10,000'

Aircraft: A319, A320, B737, B747, B757, B767, B777
Profile 3
- Takeoff Power and Flaps Climbing at V2 plus to 800' AFE
- At 800', Reduce Pitch, Accelerate and Retract Flaps on Schedule, Following Initial Flap Retraction (B747 Flap 5; B777 Flap 1), Set Climb Thrust
- Constant Speed Climb to 3000' AFE
- At 3000' Accelerate to 250 kts
- Constant Speed Climb at 250 kts to 10,000'

Aircraft: B747, B767, B777
Profile 4
- Takeoff Power and Flaps Climbing at V2 plus to 800' AFE
- At 800', Reduce Pitch, Set Climb Power, Accelerate and Retract Flaps on Schedule
- Constant Speed Climb to 3000' AFE
- At 3000' Accelerate to 250 kts
- Constant Speed Climb to 10,000'

Aircraft: A300, A319, A320, A321, A330, B737, B747, B757, B767, B777, MD80, MD90
Profile 5
- Takeoff Power and Flaps Climbing at V2 plus to 1000' AFE
- At 1000' AFE, Set Climb Power, Reduce Pitch, Accelerate and Retract Flaps on Schedule
- Constant Speed Climb to 2500' AFE
- At 2500' AFE, Accelerate to 250 kts.
- Constant Speed Climb at 250 kts to 10,000'

Aircraft: MD80, B737, B757, B767, B777
Profile 6
- Takeoff Power and Flaps Climbing at V2 plus to 1000' AFE
- At 1000', Set Climb Power
- Constant Speed Climb at V2 plus to 2500' AFE
- At 2500', Reduce Pitch, Accelerate and Retract Flaps on Schedule
- Accelerate to 250 kts
- Constant Speed Climb at 250 kts to 10,000'

Aircraft: B757, B767, B777
Profile 7
- Takeoff Power and Flaps Climbing at V2 plus to 1000' AFE
- At 1000', Reduce Pitch, Accelerate and Retract Flaps on Schedule
- Set Climb Thrust
- At 3000', Accelerate to 250 kts
- Constant Speed Climb at 250 kts to 10,000'

Aircraft: B 737
Profile 8
- Takeoff Power and Flaps Climbing at V2 plus to 1000' AFE
- At 1000', Reduce Pitch, Accelerate and Retract Flaps on Schedule
- At Clean Speed, Set Minimum Power (1.2% Gradient)
- Constant Speed Climb to 2500' AFE
- At 2500', Accelerate to 250 kts
- Constant Speed Climb at 250 kts to 10,000'

Aircraft: B 737
Profile 9
- Takeoff Power and Flaps Climbing at V2 plus to 1000' AFE
- At 1000', Set Minimum Power (1.2% Gradient)
- Constant Speed Climb to 2500' AFE
- At 2500', Reduce Pitch, Accelerate to 250 kts while Retracting Flaps on Schedule

Aircraft: A 320, A 321, B 747, B 767, B 777
Profile 10
- Takeoff Power and Flaps Climbing at V2 plus to 1000' AFE
- At 1000', Accelerate and Retract Flaps on Schedule
- At 1500' AFE, Set Climb Power, Accelerate to 250 kts
- Constant Speed Climb at 250 kts to 10,000'

Aircraft: A 300, A 319, A 320, A 321, A 330, A 340, B 767, B 777, MD 11, MD 80
Profile 11
- Takeoff Power and Flaps Climbing at V2 plus to 1500' AFE
- At 1500', Set Climb Power, Reduce Pitch, Accelerate to Greater of Clean Speed or 250 kts While Retracting Flaps on Schedule
- Constant Speed Climb at 250 kts to 10,000'

Aircraft: A 300, A 319, A 320, A 321, A 330, A 340, B 737, B 747, B 757, B 767, B 777, DC 10, MD 11, MD 80, EMB 145
Profile 12
- Takeoff Power and Flaps Climbing at V2 plus to 1500' AFE
- At 1500', Set Climb Power
- Constant Speed Climb to 3000' AFE
- At 3000', Accelerate to 250 kts while Retracting Flaps on Schedule
- Constant Speed Climb at 250 kts to 10,000'

Aircraft: B 777
Profile 13
- Takeoff Power and Flaps Climbing at V2 plus to 1500' AFE
- At 1000', Set Climb Power
- Constant Speed Climb to 3000' AFE
- At 3000', Accelerate to 250 kts while Retracting Flaps on Schedule
- Constant Speed Climb at 250 kts to 10,000'

Aircraft: B 777
Profile 14
- Takeoff Power and Flaps Climbing at V2 plus to 1000' AFE
- At 1000', Set Climb Power, Reduce Pitch, Accelerate to Greater of Clean Speed or 250 kts While Retracting Flaps on Schedule
- Constant Speed Climb at 250 kts to 10,000'

Lärmklassentabelle
Luftfahrzeuge nach ICAO Annex 16/3 und 16/4
zertifiziert mit Lärmzeugnis

Kategorie 1:
LAX to 78.5 dB(A)
Jets mit MTOM [2] 34 t, soweit
nicht ausdrücklich in anderen
Lärmklassen zugeordnet
Alle Propellerflugzeuge mit
MTOM [2] 34 t
Alle Hubschrauber
 B 712
 B 736
 BAe 146/Avro RJ
 CRJ 7
 CRJ 9
 Fokker 70
 Gulfstream IV/V
 GLEX/GL5T
 MD-90

Kategorie 2:
LAX 78,6 bis 80,0 dB(A)
 A 318
 B 737
 B 752
 E 170
 E 190
 Fokker 100

Kategorie 3:
LAX 80,1 bis 81,5 dB(A)
 A 319, A 320
 A 321
 B 733
 B 735
 B 738
 B 753
 T 204

Kategorie 4:
LAX 81,6 bis 83,0 dB(A)
 A 306
 A 30B
 A 310
 B 734
 B 739

Kategorie 5:
LAX 83,1 bis 84,5 dB(A)
 B 762
 L 1011 Tristar

Kategorie 6:
LAX 84,6 bis 86,0 dB(A)
 A 332, A 333
 A 345, A 346
 B 72L, B 73E
 B 763
 B 764
 B 772, B 773
 B 77L, B 77W
 DC-87
 IL 76 Reengined
 IL 96
 MD-87
 YK 42/142

Kategorie 7:
LAX 86,1 bis 87,5 dB(A)
 A 342, A 343
 AN 12
 B 747-S
 DC-9 Hushkit
 MD-11
 MD-80, -81, -82, -83, -88

Kategorie 8:
LAX 87,6 bis 89,0 dB(A)
 A 388
 B 737-200 Hushkit
 DC-10
 T 154

Kategorie 9:
LAX 89,1 bis 90,5 dB(A)
 B 727 Hushkit
 B 744
 B 747-8

Kategorie 10:
LAX 90,6 bis 92,0 dB(A)
 B 741
 B 742
 B 743

Kategorie 11:
LAX 92,1 bis 93,5 dB(A)
 –

Kategorie 12:
LAX 93,6 dB(A) und darüber
 AN 124
 IL 76

Lärmklassentabelle
Luftfahrzeuge nach ICAO Annex 16/3 und 16/4
zertifiziert ohne Lärmzeugnis (militärisch)

Kategorie 1:
LAX bis 78,5 dB(A)
–

Kategorie 2:
LAX 78,6 bis 80,0 dB(A)
–

Kategorie 3:
LAX 80,1 bis 81,5 dB(A)
–

Kategorie 4:
LAX 81,6 bis 83,0 dB(A)
–

Kategorie 5:
LAX 83,1 bis 84,5 dB(A)
  C 160

Kategorie 6:
LAX 84,6 bis 86,0 dB(A)
  C 130
  IL 96

Kategorie 7:
LAX 86,1 bis 87,5 dB(A)
  B 732
  B 747-S
  C 17

Kategorie 8:
LAX 87,6 bis 89,0 dB(A)
  T 154

Kategorie 9:
LAX 89,1 bis 90,5 dB(A)
Jets mit MTOM [2] 34 t, soweit
nicht ausdrücklich in anderen
Lärmklassen zugeordnet

Kategorie 10:
LAX 90,6 bis 92,0 dB(A)
  B 707/720
  B 741
  B 742
  B 743
  DC-85
  DC-86
  IL 62

Kategorie 11:
LAX 92,1 bis 93,5 dB(A)
  DC-9

Kategorie 12:
LAX 93,6 dB(A) und darüber
  AN 124
  BAC 111
  C 5
  C 141
  IL 76

Ungedämpfte Zertifizierungspegel gängiger Flugzeugtypen

Typ	Prop	Jet	Triebwerk	Full Power RWY Mitte/450 m	Approach 2000 m/ 120 m	Fly-over 6500 m
AIRBUS						
A318-122		2	CFM56-5B9/P	92,4	93,8	78,3
A318-122		2	PW6124A	95,3	92,2	79,9
A319-133		2	V2527M-A5	93	94,3	78,9
A320-233		2	V2527E-A5	91,4	94,3	83,1
A321-232		2	V2530-A5	94,5	95,3	83,2
A300-B4-622R		2	PW4158	97,9	100,6	86,2
A310-325		2	PW4156A	96,8	100,2	91,7
A330-343		2	Trent 772-60	97,9	97	87
A340-213		4	CFM56-5C4	97	96,8	91,6
A340-313		4	CFM56-5C4	97	96,8	91,6
A340-542		4	Trent 556-61	95,9	99,8	95
A340-642		4	Trent 556-61	95,9	99,9	94,2
A380-841		4	Trent 970	94,7	98,1	90,7
A380-842		4	Trent 970	95,1	98,1	90,3
A380-861		4	GP7270	94,9	97,4	90,4
ANTONOV (russ)						
AN-12	2		Ai-20M	93,6	103,4	98,7
AN-124		4	D-18T	100,4	108,2	109,9
AN-140		2	TV3-117VMA-SBM1	87,3	92,5	87,4
AN-148		2	D436-148	90,6	96,1	81,3
AN-225		6	D-18T	100,6	106,8	109
AN-24	2		Ai-24T	92,6	100,8	89,5
AN-26	2		Ai-24VT	92,6	100,8	91,1
AN-30	2		Ai-24VT	92,6	100,8	91,1
AN-32	2		Ai-20D	89,1	94,8	92,1
AN-38	2		TPE331-14GR	87,8	89,4	81,5
AN-70		2	D27	98,8	102,7	96,3
AN-72		2	D-36	90,5	98,3	89,3
AN-74		2	D-36	90,5	98,3	89,3
ATR						
ATR-42	2		PW120	84,6	96,9	76,1
ATR-42	2		PW127M	80,7	92,8	74,3
ATR-72	2		PW127M	82,6	92,5	76,3
BAE AVRO						
AVRO 146		2	LF507-1F	89,1	96,9	79
BAe 146-100-31		2	ALF 502R-5	87,7	95,6	81,8
BAe 146-200-11		2	ALF 502R-5	87,3	95,8	85,2
BAe 146-301		2	LF507-1H	87,9	97,6	84,3
BAe ATP		2	PW126A	82,7	97,9	79,5
HS 748	2		RR Dart 536-2	96,8	103,4	92,5
BERIEV						
Be-200		2	D-436TP	93,1	92	81,6
BOEING						
Boeing 717-200		2	BR700-715C1-30	91,5	91,4	82,2
Boeing 737-300		2	CFM56-3C-1	90,9	97,6	83,9

(Beispiele aus der ICAO Datenbank)

Typ	Prop	Jet	Triebwerk	Full Power RWY Mitte/450 m	Approach 2000 m/ 120 m	Fly-over 6500 m
Boeing 737-400		2	CFM56-3C-1	93,1	100,2	87,1
Boeing 737-500		2	CFM56-3C-1	89,2	97,6	85,4
Boeing 737-600		2	CFM56-7B18.5/3	88,7	95,6	86,1
Boeing 737-700		2	CFM56-7B20/3	89,4	96	87
Boeing 737-800		2	CFM56-7B27/B1/3	94,7	96,4	85,8
Boeing 737-800SP		2	CFM56-7B27/B1/3	94,8	96,3	85,7
Boeing 737-900		2	CFM56-7B27/B1/3	94,4	96,7	86,6
Boeing 737-900ER		2	CFM56-7B27/B1/3	94,2	96,5	88,2
Boeing 747-300		4	RB211-524D4	99,7	105,3	104,1
Boeing 747-300		4	JT9D-7R4G2	101,3	106,6	101,8
Boeing 747-400		4	CF6-80C2B5F	100,3	104,1	97,5
Boeing 747-400		4	PW4056 PHASE III (FB2C)	98,4	103	98,6
Boeing 747-400		4	RB211-524H2 -T	98,8	104	98
Boeing 747-400D		4	CF6-80C2B1F	97,9	103,8	99
Boeing 747-400ER		4	PW4062A PH III (FB2C)	100,6	102,3	96,6
Boeing 747-400F		4	CF6-80C2B1F with N1 MOD	97,9	104,1	99,9
Boeing 747 SP		4	JT9D-7J	102,6	104,3	102,9
Boeing 747 SR		4	CF6-50E2	102	105,4	99,3
Boeing 757-200		2	PW2043	94,3	97,8	89,7
Boeing 757-300		2	RB211-535E4B	94,8	95,4	88,4
Boeing 767-200		2	CF6-80C2B7F	97	96,5	89,5
Boeing 767-200		2	JT9D-7R4E	96,2	102,6	95,4
Boeing 767-200		2	PW4060A (FB2B)	97,8	98,6	91,1
Boeing 767-300		2	CF6-80C2B7F	97	99,7	90,7
Boeing 767-300		2	JT9D-7R4D	95,4	103	95,7
Boeing 767-300		2	PW4062 PHASE III (FB2C)	97,6	97,9	89,9
Boeing 767-300		2	RB211-524G	94	99,8	93,8
Boeing 767-400ER		2	CF6-80C2B8F	96,8	98,7	91,2
Boeing 777-200/ 200ER		2	GE90-94B	96,5	98	90,7
Boeing 777-200/ 200ER		2	PW 4090	96,9	99,2	95,2
Boeing 777-200/ 200ER		2	RR Trent 895	98,3	99,4	93,4
Boeing 777-300		2	RR Trent 892	96,9	100,4	94,2
Boeing 777-300		2	GE90-115B	98,9	100,5	92,6
BOEING McDONNELL DOUGLAS						
MD-11		3	CF6-80C2D1F	96,4	104,5	94,6
MD-11 A-1		3	PW4462 (-3)	96,5	104,4	95
MD-80		2	JT8D-219	97,1	92,2	88,6
MD-81		2	JT8D-217	96,1	92,8	88,2
MD-82		2	JT8D-217C	96,2	92,2	89,3
MD-83		2	JT8D-219	97,2	93,7	91,2
MD-87		2	JT8D-219	97,1	93,3	88,5
MD90-30		2	JT8D-219	91	91,1	82,6

Typ	Prop	Jet	Triebwerk	Full Power RWY Mitte/450 m	Approach 2000 m/ 120 m	Fly-over 6500 m
BOMBARDIER						
Challenger 300		2	AS907-1-1A	87,6	89,6	75,5
BD700-1A10		2	BR700-710-A2-20	89	89,7	80,4
Challenger 600		2	ALF-502L-2	88,8	91,6	84
CRJ 100/200		2	CF-34-3A1	82,2	92,2	78,9
CRJ705		2	CF34-8C5A1	89,4	92,4	83,5
CRJ900		2	CF34-8C5A1	89,4	92,4	83,5
Challenger 601		2	CF34-1A	85,9	89,4	79,4
Dash-7 -150	2		PT6A-50	82,9	90,9	81,5
Dash 8 -Q 106	2		PWC 121	84	94,7	79,9
Dash 8 -Q 202	2		PWC 123D	84	94,7	79,9
Dash 8 -Q 315	2		PWC 123E	86,9	94,5	80
Dash 8 -Q 402	2		PWC 150A	85,8	93,1	78,2
Learjet 60		2	PW305A	83,2	87,7	70,8
CASA						
CN-235-300		2	CT7-9C-3	87,8	93,3	85
C-295	2		127G	88,2	93,8	87,1
CESSNA						
Citation VII		2	TFE731-4R-3S	91,9	90,8	78,9
Citation X		2	AE3007	83	90,2	72,3
Citation Jet		2	FJ44-1A	83,6	89,5	73,4
BRAVO		2	PW 530A	85,2	91,2	73,7
Ultra		2	JT15D-5D	95,9	85,7	82,9
Sovereign		2	PW 306C	87,5	91,3	71,8
DASSAULT						
Falcon 10		2	TFE731-2-1C	86,2	95,2	82,2
Falcon 200		2	ATF 3-6A-4C	89	93,9	83,9
Falcon 20		2	ATF 3-6A-4C	89	93,9	83,9
Falcon 50		2	TFE731-3(-1C)	91,5	97,1	84,8
Falcon 900		2	TFE731-60(-1C)	90,5	92,3	79,8
Falcon 2000		2	PW308C	91,8	90,9	79,1
DORNIER						
DO-328	2		PW119B	84	92,7	81,7
DO-328 JET		2	PW306B	89,8	91,1	76,1
EMBRAER						
EMB-120	2		PW118B	83,9	92,7	82,5
EMB-135		2	AE3007A1/3	84,3	92,3	79,4
ERJ 145		2	AE3007A1	85	92,5	80,1
ERJ 170-200		2	CF34-8E5A1	92,8	95	85
ERJ 190-100		2	CF34-10E6A1	93,3	92,7	83,7
ERJ 190-100		2	CF34-10E7	92,9	92,4	85,4
FOKKER						
F27 Mk050	2		PW127B	85	96,7	81,5
F27 Mk502	2		PW127B	85	96,6	81,5
F27 Mark200	2		Dart 552-7R	90,5	94,1	86,8
F27 Mark400	2		Dart 552-7R	90,5	94,1	86,8

Typ	Prop	Jet	Triebwerk	Full Power RWY Mitte/450 m	Approach 2000 m/ 120 m	Fly-over 6500 m
F27 Mark500	2		Dart 536-7R	90	94,1	87,5
F27 Mark600	2		Dart 552-7R	90,5	94,1	86,8
F28 Mk0100		2	Tay 650-15	91,6	93	82,7
F28 Mk0070		2	Tay 620-15	89,5	88,3	80,1
F28 Mk1000		2	RB 183 Mk 555-15	99,5	100,5	91,6
F28 Mk2000		2	RB 183 Mk 555-15	96,6	101,1	90,9
F28 Mk3000		2	RB 183 Mk 555-15H	95,7	99,4	87,6
F28 Mk4000		2	RB 183 Mk 555-15H	95,7	99,4	87,6
GULFSTREAM						
G100		2	TFE731-40R-200G	89,5	91,9	79,1
G150		2	TFE731-40AR-200G	91,2	91,1	80,7
G200		2	PW306A	85,8	92,7	82,1
G500		2	BR700-710C4-11	90,5	90,8	77,6
GIV		2	TAY Mk 611-8	87,7	91	78,6
GV		2	BR700-710A1-10	89,1	90,8	80,3
ILYUSHIN (russ)						
IL 18	2		Ai-20M	93,6	101,9	100,5
IL 76 M-TD90		4	PS-90A 76	98,5	100,1	94,3
IL 76 MDJ-2		4	D-30KP	95,7	108,3	100,2
IL 86		4	NK-86	104,2	105,1	107,4
IL 96 400T		4	PS-90A1	98	102,6	99,1
IL 96 300-04		4	PS-90A	97,2	100,9	96,4
IL 114 100		2	PWC-127H	86,1	95,2	80
IL 62		4	D-30KU	95,2	103,9	107,2
RAYTHEON						
390 PREMIER		2	FJ44-2A	87,9	92	76,6
BEECHJET 400		2	JT15D-5	93,7	91,4	88,6
HAWKER 125		2	TFE731-5BR-1H	87,1	93,3	79,3
HAWKER C-29A		2	TFE731-5R-1H	87,3	95,8	81,4
SAAB						
SAAB 2000	2		AE2100A	86,9	87,9	78,6
SF340A	2		CT7-5A2	85,5	93,3	76,6
SF340B	2		CT7-9B	85,9	90,1	77,6
SUKHOI (russ)						
RRJ-95		2	SAM146	90,7	94,3	82,9
TUPOLEV (russ)						
TU 134		3	D-30 Version 3	102,5	101,3	96,7
TU 154 M/D01		3	D-30KU-154	99,5	100,7	89,1
TU 204		3	PS-90A	95,1	100	86,2
TU 204-300-04		3	PS-90A	94,4	97	90
TU 214		3	PS-90A	95,2	100,8	92,5
TU 334-100		3	D-436T1	93,4	94,5	85,9
YAKOVLEV (russ)						
YAK 40		3	Ai-25	88,5	99,3	88,7
YAK 42		3	D-36	93,6	102,6	93,8
YAK 42D		3	D-36	93,6	103,2	94,8

Die 30 wichtigsten Flughäfen der Welt nach Passagieren 2010

Rang		Airport	Land	Gesamt
1		Hartsfield–Jackson Atlanta International Airport	USA	89.331.622
2		Beijing Capital International Airport	China	73.948.113
3		Chicago O'Hare International Airport	USA	66.774.738
4		London Heathrow Airport	England	65.884.143
5		Tokyo International Airport	Japan	64.211.074
6		Los Angeles International Airport	USA	59.070.127
7		Paris Charles de Gaulle Airport	Frankreich	58.167.062
8		Dallas/Fort Worth International Airport	USA	56.906.610
9		Frankfurt Airport	Deutschland	53.009.221
10		Denver International Airport	USA	52.209.377
11		Hong Kong International Airport	Hongkong	50.348.960
12		Madrid-Barajas Airport	Spanien	49.844.596
13		Dubai International Airport	VAE	47.180.628
14		John F. Kennedy International Airport	USA	46.514.154
15		Amsterdam Airport Schiphol	Niederlande	45.211.749
16		Soekarno-Hatta Jakarta International Airport	Indonesien	44.355.998
17		Suvarnabhumi Airport	Thailand	42.784.967
18		Singapore Changi Airport	Singapur	42.038.777
19		Guangzhou Baiyun International Airport	China	40.975.673
20		Shanghai Pudong International Airport	China	40.578.621
21		George Bush Intercontinental Airport	USA	40.479.569
22		McCarran International Airport	USA	39.757.359
23		San Francisco International Airport	USA	39.253.999
24		Phoenix Sky Harbor International Airport	USA	38.554.215
25		Charlotte Douglas International Airport	USA	38.254.207
26		Leonardo da Vinci Airport	Italien	36.227.778
27		Sydney Kingsford Smith Airport	Australien	35.991.917
28		Miami International Airport	USA	35.698.025
29		Orlando International Airport	USA	34.877.899
30		München Airport	Deutschland	34.721.605

Die 30 wichtigsten Flughäfen der Welt nach Starts und Landungen 2010

Rang		Airport	Land	Gesamt
1		Hartsfield–Jackson Atlanta International Airport	USA	950.119
2		Chicago O'Hare International Airport	USA	882.617
3		Los Angeles International Airport	USA	666.938
4		Dallas/Fort Worth International Airport	USA	652.261
5		Denver International Airport	USA	630.063
6		George Bush Intercontinental Airport	USA	531.347
7		Charlotte/Douglas International Airport	USA	529.101
8		Beijing Capital International Airport	China	517.584
9		McCarran International Airport	USA	505.591
10		Paris-Charles de Gaulle Airport	Frankreich	499.997
11		Frankfurt Airport	Deutschland	464.432
12		Philadelphia International Airport	USA	460.779
13		London Heathrow Airport	England	454.883
14		Detroit Metropolitan Wayne County Airport	USA	452.616
15		Phoenix Sky Harbor International Airport	USA	449.351
16		Minneapolis-Saint Paul International Airport	USA	436.625
17		Barajas Airport	Spanien	433.683
18		Toronto Pearson International Airport	Kanada	418.298
19		Newark Liberty International Airport	USA	403.880
20		Amsterdam Airport Schiphol	Niederlande	402.372
21		John F. Kennedy International Airport	USA	399.626
22		München Airport	Deutschland	389.939
23		San Francisco International Airport	USA	387.248
24		Miami International Airport	USA	376.208
25		Phoenix Deer Valley Airport (Business airport)	USA	368.747
26		Salt Lake City International Airport	USA	362.654
27		LaGuardia Airport	USA	362.137
28		Logan International Airport	USA	352.643
29		Tokyo International Airport	Japan	342.804
30		Mexico City International Airport	Mexiko	339.898

Die 30 wichtigsten Flughäfen der Welt nach Fracht 2010

Rang		Airport	Land	Gesamt
1		Hong Kong International Airport	Hongkong	4.168.394
2		Memphis International Airport	USA	3.916.937
3		Shanghai Pudong International Airport	China	3.227.914
4		Seoul Incheon International Airport	Südkorea	2.684.500
5		Ted Stevens Anchorage International Airport	USA	2.578.396
6		Paris-Charles de Gaulle Airport	Frankreich	2.399.067
7		Frankfurt Airport	Deutschland	2.275.106
8		Dubai International Airport	VAE	2.270.498
9		Narita International Airport	Japan	2.167.843
10		Louisville International Airport	USA	2.166.226
11		Singapore Changi Airport	Singapur	1.841.004
12		Miami International Airport	USA	1.835.793
13		Los Angeles International Airport	USA	1.810.345
14		Taiwan Taoyuan International Airport	Taiwan	1.767.075
15		London Heathrow Airport	England	1.551.405
16		Beijing Capital International Airport	China	1.549.126
17		Amsterdam Airport Schiphol	Niederlande	1.538.135
18		Chicago O'Hare International Airport	USA	1.424.077
19		John F. Kennedy International Airport	USA	1.343.114
20		Bangkok Suvarnabhumi Airport	Thailand	1.310.146
21		Guangzhou Baiyun International Airport	China	1.144.458
22		Indianapolis International Airport	USA	947.279
23		Newark Liberty International Airport	USA	854.750
24		Shenzhen Bao'an International Airport	China	809.363
25		Tokyo International Airport	Japan	804.995
26		Kansai Osaka International Airport	Japan	759.278
27		Doha International Airport	Qatar	707.831
28		Luxembourg-Findel Airport	Luxemburg	705.371
29		Kuala Lumpur International Airport	Malaysia	697.015
30		Mumbai Chhatrapati Shivaji International Airport	Indien	671.238

Zweifellos wäre es wünschenswert, hätten wir die Stille eines Bergsees zurück, ohne Industrielärm, ohne Verkehrslärm und ohne Freizeit- oder Nachbarschaftslärm. Überall. Wir wissen aber, dass dies in einem wachsenden Gemeinwesen nicht möglich ist. Wir wissen aber auch, dass wir jederzeit dorthin verreisen können um uns zu sammeln, um in der Einsamkeit neue Energie zu tanken, fern von störenden Nachbarn. Wir können das dank unserer Verkehrsmittel, dank unserer Freiheit, dank unserer Industrie und dank unserer Wirtschaftskraft. Sawtooth Lake, Idaho, USA

Nachtflugbeschränkungen an Flughäfen in Deutschland, Österreich und der Schweiz

Flughafen	Stadt	APU	Nachtflugbeschränkung	Triebwerksläufe	Lärmabflugverfahren	Lärmkontingent	Lärmbeschränkungen	Lärmzuschlag	Emissionsaufschläge	Operating Quote	Regulierte Pistennutzung	Lärmmessung
Deutschland												
Allgäu Airport	Memmingen		X	X								
Augsburg Airport	Augsburg			X				X				
Berlin Schönefeld	Berlin		X	X	X			X				
Berlin Tegel	Berlin		X	X	X			X				X
Bremen	Bremen		X	X	X			X				X
Dortmund Airport	Dortmund		X	X	X			X				
Dresden	Dresden		X	X	X			X				
Düsseldorf	Düsseldorf		X	X	X			X	X	X		X
Düsseldorf Mönchengladbach	Mönchengladbach	X	X	X	X			X			X	
Düsseldorf Niederrhein Weeze	Weeze		X	X	X							
Egelsbach	Egelsbach		X		X			X			X	
Erfurt	Erfurt		X	X			X	X			X	
Frankfurt	Frankfurt		X	X	X		X	X	X	X	X	X
Friedrichshafen Airport	Friedrichshafen	X	X	X	X	X		X		X	X	
Hahn Airport	Lautzenhausen		X	X	X			X			X	
Hamburg	Hamburg	X	X	X	X			X	X		X	X
Hannover-Langenhagen	Hannover		X	X	X			X			X	X
Karlsruhe-Baden	Baden-Baden		X									
Kiel Holtenau Airport	Kiel		X	X	X		X	X				
Köln-Bonn/	Köln		X	X	X		X	X				X
Leipzig Halle Airport	Leipzig		X	X	X			X				
Lübeck Airport	Lübeck			X				X				
München	München		X	X	X			X	X	X	X	X

Flughafen	Stadt	APU	Nachtflugbeschränkung	Triebwerksläufe	Lärmabflugverfahren	Lärmkontingent	Lärmbeschränkungen	Lärmzuschlag	Emissionsaufschläge	Operating Quote	Regulierte Pistennutzung	Lärmmessung
Münster	Münster/Osnabrück		X	X				X				
Neubrandenburg Airport	Neubrandenburg										X	
Nürnberg	Nürnberg		X	X	X			X			X	X
Paderborn-Lippstadt	Paderborn		X	X				X			X	X
Saarbrücken-Ensheim	Saarbrücken		X	X				X				
Stuttgart Airport	Stuttgart		X	X	X			X				
Österreich												
Graz Airport	Graz		X	X	X						X	
Innsbruck Airport	Innsbruck	X	X	X	X			X			X	
Klagenfurt	Klagenfurt	X			X						X	
Linz Blue Danube Airport	Linz	X	X	X	X						X	
Salzburg Airport WA Mozart	Salzburg	X	X	X	X		X					X
Wien Schwechat	Wien	X	X	X	X			X			X	
Schweiz												
Bern-Belp	Bern	X	X		X		X	X	X		X	
Geneva-Cointrin	Genf	X	X	X	X		X	X	X			
Lugano Airport	Lugano	X	X		X		X	X	X			
Samedan Airport	Samedan	X		X	X			X			X	X
Sion Airport	Sion	X	X		X			X			X	
Zürich Airport	Zürich	X	X	X	X			X	X		X	
Basel-Mulhouse Airport	Basel	X	X	X	X			X			X	X

Dritter Teil – Gesetze, Verordnungen, Rechtsgrundlagen

Deutschland

Gesetz zum Schutz gegen Fluglärm

FluLärmG
Vollzitat:
»Gesetz zum Schutz gegen Fluglärm in der Fassung der Bekanntmachung vom 31. Oktober 2007 (BGBl. I S. 2550)«
Stand: Neugefasst durch Bek. v. 31.10.2007 I 2550

Die §§ 1 bis 12 gelten nach Maßgabe des § 2 Abs. 8 G v. 25.9.1990 I 2106 iVm Bek. v. 3.10.1990 I 2153 mWv 3.10.1990 auch in Berlin (West)

Eingangsformel
Der Bundestag hat mit Zustimmung des Bundesrates das folgende Gesetz beschlossen:

§ 1 Zweck und Geltungsbereich
Zweck dieses Gesetzes ist es, in der Umgebung von Flugplätzen bauliche Nutzungsbeschränkungen und baulichen Schallschutz zum Schutz der Allgemeinheit und der Nachbarschaft vor Gefahren, erheblichen Nachteilen und erheblichen Belästigungen durch Fluglärm sicherzustellen.

§ 2 Einrichtung von Lärmschutzbereichen
(1) In der Umgebung von Flugplätzen werden Lärmschutzbereiche eingerichtet, die das Gebiet der in dem nachfolgenden Absatz genannten Schutzzonen außerhalb des Flugplatzgeländes umfassen.
(2) Der Lärmschutzbereich eines Flugplatzes wird nach dem Maße der Lärmbelastung in zwei Schutzzonen für den Tag und eine Schutzzone für die Nacht gegliedert. Schutzzonen sind jeweils diejenigen Gebiete, in denen der durch Fluglärm hervorgerufene äquivalente Dauerschallpegel L_{Aeq} sowie bei der Nacht-Schutzzone auch der fluglärmbedingte Maximalpegel L_{Amax} die nachfolgend genannten Werte übersteigt, wobei die Häufigkeit aus dem Mittelwert über die sechs verkehrsreichsten Monate des Prognosejahres bestimmt wird (Anlage zu § 3):

1. Werte für neue oder wesentlich baulich erweiterte zivile Flugplätze im Sinne des § 4 Abs. 1 Nr. 1 und 2:
   Tag-Schutzzone 1:
       L_{Aeq} Tag   = 60 dB(A),
   Tag-Schutzzone 2:
       L_{Aeq} Tag   = 55 dB(A),
   Nacht-Schutzzone
   a) bis zum 31. Dezember 2010:
       L_{Aeq} Nacht = 53 dB(A),
       L_{Amax} = 6 mal 57 dB(A),
   b) ab dem 1. Januar 2011:
       L_{Aeq} Nacht = 50 dB(A),
       L_{Amax} = 6 mal 53 dB(A);
2. Werte für bestehende zivile Flugplätze im Sinne des § 4 Abs. 1 Nr. 1 und 2:
   Tag-Schutzzone 1:
       L_{Aeq} Tag   = 65 dB(A),
   Tag-Schutzzone 2:
       L_{Aeq} Tag   = 60 dB(A),
   Nacht-Schutzzone:
       L_{Aeq} Nacht = 55 dB(A),
       L_{Amax} = 6 mal 57 dB(A);
3. Werte für neue oder wesentlich baulich erweiterte militärische Flugplätze im Sinne des § 4 Abs. 1 Nr. 3 und 4:

Tag-Schutzzone 1:

    L_{Aeq} Tag   = 63 dB(A),

Tag-Schutzzone 2:

    L_{Aeq} Tag   = 58 dB(A),

Nacht-Schutzzone

a) bis zum 31. Dezember 2010:

    L_{Aeq} Nacht = 53 dB(A),

    L_{Amax} = 6 mal 57 dB(A),

b) ab dem 1. Januar 2011:

    L_{Aeq} Nacht = 50 dB(A),

    L_{Amax} = 6 mal 53 dB(A);

4. Werte für bestehende militärische Flugplätze im Sinne des § 4 Abs. 1 Nr. 3 und 4:

Tag-Schutzzone 1:

    L_{Aeq} Tag   = 68 dB(A),

Tag-Schutzzone 2:

    L_{Aeq} Tag   = 63 dB(A),

Nacht-Schutzzone:

    L_{Aeq} Nacht = 55 dB(A),

    L_{Amax} = 6 mal 57 dB(A).

Neue oder wesentlich baulich erweiterte Flugplätze im Sinne dieser Vorschrift sind Flugplätze, für die ab dem 7. Juni 2007 eine Genehmigung, eine Planfeststellung oder eine Plangenehmigung nach § 6 oder § 8 des Luftverkehrsgesetzes für ihre Anlegung, den Bau einer neuen Start- oder Landebahn oder eine sonstige wesentliche bauliche Erweiterung erteilt wird. Die sonstige bauliche Erweiterung eines Flugplatzes ist wesentlich, wenn sie zu einer Erhöhung des äquivalenten Dauerschallpegels L_{Aeq} Tag an der Grenze der Tag-Schutzzone 1 oder des äquivalenten Dauerschallpegels L_{Aeq} Nacht an der Grenze der Nacht-Schutzzone um mindestens 2 dB(A) führt. Bestehende Flugplätze im Sinne dieser Vorschrift sind Flugplätze, bei denen die Voraussetzungen der Sätze 3 und 4 nicht erfüllt sind.

(3) Die Bundesregierung erstattet spätestens im Jahre 2017 und spätestens nach Ablauf von jeweils weiteren zehn Jahren dem Deutschen Bundestag Bericht über die Überprüfung der in Absatz 2 genannten Werte unter Berücksichtigung des Standes der Lärmwirkungsforschung und der Luftfahrttechnik.

§ 3 Ermittlung der Lärmbelastung

(1) Der äquivalente Dauerschallpegel L_{Aeq} Tag für die Tag-Schutzzonen 1 und 2 sowie der äquivalente Dauerschallpegel L_{Aeq} Nacht und der Maximalpegel L_{Amax} für die Nacht-Schutzzone werden unter Berücksichtigung von Art und Umfang des voraussehbaren Flugbetriebs nach der Anlage zu diesem Gesetz ermittelt.

(2) Die Bundesregierung wird ermächtigt, nach Anhörung der beteiligten Kreise (§ 15) durch Rechtsverordnung mit Zustimmung des Bundesrates Art und Umfang der erforderlichen Auskünfte der nach § 11 Verpflichteten und die Berechnungsmethode für die Ermittlung der Lärmbelastung zu regeln.

§ 4 Festsetzung von Lärmschutzbereichen

(1) Ein Lärmschutzbereich ist für folgende Flugplätze festzusetzen:

1. Verkehrsflughäfen mit Fluglinien- oder Pauschalflugreiseverkehr,

2. Verkehrslandeplätze mit Fluglinien- oder Pauschalflugreiseverkehr und mit einem Verkehrsaufkommen von über 25.000 Bewegungen pro Jahr; hiervon sind ausschließlich der Ausbildung dienende Bewegungen mit Leichtflugzeugen ausgenommen,

3. militärische Flugplätze, die dem Betrieb von Flugzeugen mit Strahltriebwerken zu dienen bestimmt sind,

4. militärische Flugplätze, die dem Betrieb von Flugzeugen mit einer höchstzulässigen Startmasse von mehr als 20 Tonnen zu dienen bestimmt sind, mit einem Verkehrsaufkommen von über 25.000 Bewegungen pro Jahr; hiervon sind ausschließlich der Ausbildung dienende Bewegungen mit Leichtflugzeugen ausgenommen.

(2) Die Festsetzung des Lärmschutzbereichs erfolgt durch Rechtsverordnung der Landesregierung. Karten und Pläne, die Bestandteil der Rechtsverordnung sind, können dadurch verkündet werden, dass sie bei einer Amtsstelle zu jedermanns Einsicht archivmäßig gesichert niedergelegt werden. In der Rechtsverordnung ist darauf hinzuweisen.

(3) Der Lärmschutzbereich für einen neuen Flugplatz im Sinne des § 2 Abs. 2 Satz 2 Nr. 1 und 3 ist auf der Grundlage der dort angegebenen Werte festzusetzen. Auf derselben Grundlage ist der Lärmschutzbereich für einen wesentlich baulich erweiterten Flugplatz im Sinne des § 2 Abs. 2 Satz 2 Nr. 1 und 3 neu festzusetzen oder erstmalig festzusetzen, wenn bislang noch keine Festsetzung erfolgt ist. Die Festsetzung soll vorgenommen werden, sobald die Genehmigung,

die Planfeststellung oder die Plangenehmigung für die Anlegung oder die Erweiterung des Flugplatzes erteilt ist.

(4) Der Lärmschutzbereich für einen bestehenden Flugplatz im Sinne des § 2 Abs. 2 Satz 2 Nr. 2 und 4 ist auf der Grundlage der dort angegebenen Werte spätestens bis zum Ende des Jahres 2009 neu festzusetzen oder erstmalig festzusetzen, wenn bislang noch keine Festsetzung erfolgt ist. Ist eine wesentliche bauliche Erweiterung beantragt, ist eine Festsetzung für den bestehenden Flugplatz, die den bisherigen Bestand zur Grundlage hat, nicht mehr erforderlich, wenn eine Festsetzung des Lärmschutzbereichs für den wesentlich baulich erweiterten Flugplatz vorgenommen wird und die Inbetriebnahme des erweiterten Flugplatzes unmittelbar folgt. Die Festsetzungen für verschiedene Flugplätze sollen nach Prioritäten vorgenommen werden, die sich aus der voraussichtlichen Größe der Lärmschutzbereiche und der betroffenen Bevölkerung ergeben; die vorgesehene Abfolge der Festsetzungen und ihr voraussichtlicher Zeitpunkt sind festzulegen und der Öffentlichkeit mitzuteilen.

(5) Der Lärmschutzbereich für einen neuen, wesentlich baulich erweiterten oder bestehenden Flugplatz im Sinne des § 2 Abs. 2 Satz 2 Nr. 1 bis 4 ist neu festzusetzen, wenn eine Änderung in der Anlage oder im Betrieb des Flugplatzes zu einer wesentlichen Veränderung der Lärmbelastung in der Umgebung des Flugplatzes führen wird. Eine Veränderung der Lärmbelastung ist insbesondere dann als wesentlich anzusehen, wenn sich die Höhe des äquivalenten Dauerschallpegels L_{Aeq} Tag an der Grenze der Tag-Schutzzone 1 oder des äquivalenten Dauerschallpegels L_{Aeq} Nacht an der Grenze der Nacht-Schutzzone um mindestens 2 dB(A) ändert. Die Neufestsetzung ist für einen neuen oder wesentlich baulich erweiterten Flugplatz im Sinne des § 2 Abs. 2 Satz 2 Nr. 1 und 3 auf der Grundlage der dort angegebenen Werte vorzunehmen. Die Neufestsetzung ist für einen bestehenden Flugplatz im Sinne des § 2 Abs. 2 Satz 2 Nr. 2 und 4 auf der Grundlage der dort angegebenen Werte vorzunehmen, solange kein Fall des Absatzes 4 Satz 2 vorliegt.

(6) Spätestens nach Ablauf von zehn Jahren seit Festsetzung des Lärmschutzbereichs ist zu prüfen, ob sich die Lärmbelastung wesentlich verändert hat oder innerhalb der nächsten zehn Jahre voraussichtlich wesentlich verändern wird. Die Prüfung ist in Abständen von zehn Jahren zu wiederholen, sofern nicht besondere Umstände eine frühere Prüfung erforderlich machen.

(7) Für einen Flugplatz nach Absatz 1 ist kein Lärmschutzbereich festzusetzen oder neu festzusetzen, wenn dieser innerhalb einer Frist von zehn Jahren nach Vorliegen eines Festsetzungserfordernisses nach den Absätzen 4 und 5 geschlossen werden soll und für seine Schließung das Verwaltungsverfahren bereits begonnen hat. Nach der Schließung eines Flugplatzes ist ein bestehender Lärmschutzbereich aufzuheben. Die Sätze 1 und 2 gelten entsprechend für einen Flugplatz nach Absatz 1, wenn dieser die dort genannten Merkmale in sonstiger Weise dauerhaft verliert; Absatz 8 bleibt unberührt.

(8) Wenn der Schutz der Allgemeinheit es erfordert, sollen auch für andere als in Absatz 1 genannte Flugplätze Lärmschutzbereiche festgesetzt werden. Die Absätze 2 bis 7 gelten entsprechend.

§ 5 Bauverbote

(1) In einem Lärmschutzbereich dürfen Krankenhäuser, Altenheime, Erholungsheime und ähnliche in gleichem Maße schutzbedürftige Einrichtungen nicht errichtet werden. In den Tag-Schutzzonen des Lärmschutzbereichs gilt Gleiches für Schulen, Kindergärten und ähnliche in gleichem Maße schutzbedürftige Einrichtungen. Die nach Landesrecht zuständige Behörde kann Ausnahmen zulassen, wenn dies zur Versorgung der Bevölkerung mit öffentlichen Einrichtungen oder sonst im öffentlichen Interesse dringend geboten ist.

(2) In der Tag-Schutzzone 1 und in der Nacht-Schutzzone dürfen Wohnungen nicht errichtet werden.

(3) Das Verbot nach Absatz 2 gilt nicht für die Errichtung von

1. Wohnungen für Aufsichts- und Bereitschaftspersonen von Betrieben oder öffentlichen Einrichtungen sowie für Betriebsinhaber und Betriebsleiter,

2. Wohnungen, die nach § 35 Abs. 1 des Baugesetzbuchs im Außenbereich zulässig sind,

3. Wohnungen und Gemeinschaftsunterkünften für Angehörige der Bundeswehr und der auf Grund völkerrechtlicher Verträge in der Bundesrepublik Deutschland stationierten Streitkräfte,

4. Wohnungen im Geltungsbereich eines vor der Festsetzung des Lärmschutzbereichs bekannt gemachten Bebauungsplans,

5. Wohnungen innerhalb der im Zusammenhang bebauten Ortsteile nach § 34 des Baugesetzbuchs,

6. Wohnungen im Geltungsbereich eines nach der Festsetzung des Lärmschutzbereichs bekannt gemachten Bebauungsplans, wenn dieser der Erhaltung, der Erneuerung, der Anpassung oder dem Umbau von vorhandenen Ortsteilen mit Wohnbebauung dient.

Satz 1 Nr. 4 gilt nicht für Grundstücke, auf denen die Errichtung von Wohnungen bauplanungsrechtlich mehr als sieben Jahre nach einer nach dem 6. Juni 2007 erfolgten Festsetzung des Lärmschutzbereichs vorgesehen gewesen ist, sofern im Geltungsbereich des Bebauungsplans noch nicht mit der Erschließung oder der Bebauung begonnen worden ist.

(4) Absatz 1 Satz 1 und 2 und Absatz 2 gelten nicht für bauliche Anlagen, für die vor der Festsetzung des Lärmschutzbereichs eine Baugenehmigung erteilt worden ist, sowie für nichtgenehmigungsbedürftige bauliche Anlagen, mit deren Errichtung nach Maßgabe des Bauordnungsrechts vor der Festsetzung des Lärmschutzbereichs hätte begonnen werden dür-fen.

§ 6 Sonstige Beschränkungen der baulichen Nutzung

Die nach § 5 Abs. 1 Satz 3, Abs. 2 Satz 2 und Abs. 3 zulässigen baulichen Anlagen sowie Wohnungen in der Tag-Schutzzone 2 dürfen nur errichtet werden, sofern sie den nach § 7 festgesetzten Schallschutzanforderungen genügen.

§ 7 Schallschutz

Die Bundesregierung wird ermächtigt, nach Anhörung der beteiligten Kreise (§ 15) durch Rechtsverordnung mit Zustimmung des Bundesrates Schallschutzanforderungen einschließlich Anforderungen an Belüftungseinrichtungen unter Beachtung des Standes der Schallschutztechnik im Hochbau festzusetzen, denen die baulichen Anlagen zum Schutz ihrer Bewohner vor Fluglärm in dem Fall des § 6 genügen müssen.

§ 8 Entschädigung bei Bauverboten

(1) Wird durch ein Bauverbot nach § 5 Abs. 1 Satz 1 und 2 oder Absatz 2 Satz 1 die bisher zulässige bauliche Nutzung aufgehoben und tritt dadurch eine nicht nur unwesentliche Wertminderung des Grundstücks ein, so kann der Eigentümer insoweit eine angemessene Entschädigung in Geld verlangen. Der Eigentümer kann ferner eine angemessene Entschädigung in Geld verlangen, soweit durch das Bauverbot Aufwendungen für Vorbereitungen zur baulichen Nutzung des Grundstücks an Wert verlieren, die der Eigentümer im Vertrauen auf den Bestand der bisher zulässigen baulichen Nutzung gemacht hat.

(2) Die Vorschriften des § 93 Abs. 2, 3 und 4, des § 95 Abs. 1, 2 und 4, der §§ 96, 97, 98 und 99 Abs. 1 des Baugesetzbuchs sowie die Vorschriften der §§ 17, 18 Abs. 1, 2 Satz 1, Abs. 3 und der §§ 19 bis 25 des Schutzbereichgesetzes vom 7. Dezember 1956 (Bundesgesetzbl. I S. 899), zuletzt geändert durch Artikel 1 Abs. 6 der Verordnung vom 5. April 2002 (BGBl. I S. 1250), sind sinngemäß anzuwenden.

§ 9 Erstattung von Aufwendungen für bauliche Schallschutzmaßnahmen, Entschädigung für Beeinträchtigungen des Außenwohnbereichs

(1) Dem Eigentümer eines in der Tag-Schutzzone 1 gelegenen Grundstücks, auf dem bei Festsetzung des Lärmschutzbereichs Einrichtungen nach § 5 Abs. 1 Satz 1 und 2 oder Wohnungen errichtet sind oder auf dem die Errichtung von baulichen Anlagen nach § 5 Abs. 4 zulässig ist, werden auf Antrag Aufwendungen für bauliche Schallschutzmaßnahmen nach Maßgabe der Absätze 3 und 4 und des § 10 erstattet. Soweit für einen bestehenden zivilen Flugplatz im Sinne des § 2 Abs. 2 Satz 2 Nr. 2 der durch Fluglärm hervorgerufene äquivalente Dauerschallpegel L_{Aeq} Tag bei einem Grundstück den Wert von 70 dB(A) übersteigt, entsteht der Anspruch mit der Festsetzung des Lärmschutzbereichs; ansonsten entsteht der Anspruch mit Beginn des sechsten Jahres nach Festsetzung des Lärmschutzbereichs. Für einen bestehenden militärischen Flugplatz im Sinne des § 2 Abs. 2 Satz 2 Nr. 4 gilt Satz 2 mit der Maßgabe, dass auf einen Wert von 73 dB(A) abzustellen ist. Für einen neuen oder wesentlich baulich erweiterten zivilen Flugplatz im Sinne des § 2 Abs. 2 Satz 2 Nr. 1 gilt Satz 2 mit der Maßgabe, dass auf einen Wert von 65 dB(A) abzustellen ist. Für einen neuen oder wesentlich baulich er-

weiterten militärischen Flugplatz im Sinne des § 2 Abs. 2 Satz 2 Nr. 3 gilt Satz 2 mit der Maßgabe, dass auf einen Wert von 68 dB(A) abzustellen ist. (2) Dem Eigentümer eines in der Nacht-Schutzzone gelegenen Grundstücks, auf dem bei Festsetzung des Lärmschutzbereichs Einrichtungen nach § 5 Abs. 1 Satz 1 oder Wohnungen errichtet sind oder auf dem die Errichtung von solchen baulichen Anlagen gemäß § 5 Abs. 4 zulässig ist, werden für Räume, die in nicht nur unwesentlichem Umfang zum Schlafen benutzt werden, Aufwendungen für bauliche Schallschutzmaßnahmen, bei einem zivilen Flugplatz im Sinne des § 2 Abs. 2 Satz 2 Nr. 1 und 2 einschließlich des Einbaus von Belüftungseinrichtungen, nach Maßgabe der Absätze 3 und 4 und des § 10 erstattet. Soweit für einen bestehenden Flugplatz im Sinne des § 2 Abs. 2 Satz 2 Nr. 2 und 4 der durch Fluglärm hervorgerufene äquivalente Dauerschallpegel L(tief)Aeq Nacht bei einem Grundstück den Wert von 60 dB(A) übersteigt, entsteht der Anspruch mit der Festsetzung des Lärmschutzbereichs; ansonsten entsteht der Anspruch mit Beginn des sechsten Jahres nach Festsetzung des Lärmschutzbereichs. Für einen neuen oder wesentlich baulich erweiterten Flugplatz im Sinne des § 2 Abs. 2 Satz 2 Nr. 1 Buchstabe a und Nr. 3 Buchstabe a gilt Satz 2 mit der Maßgabe, dass auf einen Wert von 58 dB(A) abzustellen ist; für einen Flugplatz im Sinne des § 2 Abs. 2 Satz 2 Nr. 1 Buchstabe b und Nr. 3 Buchstabe b ist auf einen Wert von 55 dB(A) abzustellen.

(3) Ist ein Lärmschutzbereich auf Grund des § 4 Abs. 3, 4 oder 5 neu festgesetzt worden, werden Aufwendungen für bauliche Schallschutzmaßnahmen nicht erstattet, wenn gemäß § 6 bauliche Anlagen sowie Wohnungen schon bei der Errichtung in der bis zur Neufestsetzung geltenden Tag-Schutzzone 2 den Schallschutzanforderungen genügen mussten und die danach erforderlichen Schallschutzmaßnahmen sich im Rahmen der nach § 7 erlassenen Rechtsverordnung halten. Ferner ist eine Erstattung ausgeschlossen, wenn der nach § 12 Zahlungspflichtige bereits im Rahmen freiwilliger Schallschutzprogramme oder in sonstigen Fällen Aufwendungen für bauliche Schallschutzmaßnahmen erstattet hat, die sich im Rahmen der nach § 7 erlassenen Rechtsverordnung halten. Einer Erstattung steht nicht entgegen, dass ein Grundstückseigentümer oder ein

sonstiger nach Absatz 7 Anspruchsberechtigter bauliche Schallschutzmaßnahmen vor dem Zeitpunkt des Entstehens des Anspruchs auf Erstattung der Aufwendungen durchgeführt hat, soweit die Durchführung nach der Festsetzung des der Anspruchsentstehung zugrunde liegenden Lärmschutzbereichs erfolgt ist.

(4) Die Aufwendungen für bauliche Schallschutzmaßnahmen werden nur erstattet, soweit sich die Maßnahmen im Rahmen der nach § 7 erlassenen Rechtsverordnung halten. Die Bundesregierung wird ermächtigt, durch Rechtsverordnung mit Zustimmung des Bundesrates den Höchstbetrag der Erstattung je Quadratmeter Wohnfläche und die Berechnung der Wohnfläche, pauschalierte Erstattungsbeträge sowie Art und Umfang der erstattungsfähigen Nebenleistungen zu regeln.

(5) Der Eigentümer eines in der Tag-Schutzzone 1 gelegenen Grundstücks, auf dem bei Festsetzung des Lärmschutzbereichs für einen neuen oder wesentlich baulich erweiterten Flugplatz im Sinne des § 2 Abs. 2 Satz 2 Nr. 1 und 3 Einrichtungen nach § 5 Abs. 1 Satz 1 und 2 oder Wohnungen errichtet sind oder auf dem die Errichtung von solchen baulichen Anlagen gemäß § 5 Abs. 4 zulässig ist, kann eine angemessene Entschädigung für Beeinträchtigungen des Außenwohnbereichs in Geld nach Maßgabe der nach Absatz 6 erlassenen Rechtsverordnung verlangen. Soweit für einen neuen oder wesentlich baulich erweiterten zivilen Flugplatz im Sinne des § 2 Abs. 2 Satz 2 Nr. 1 der durch Fluglärm hervorgerufene äquivalente Dauerschallpegel L(tief)Aeq Tag bei einem Grundstück den Wert von 65 dB(A) übersteigt, entsteht der Anspruch auf Erstattung mit der Inbetriebnahme des neuen oder wesentlich baulich erweiterten Flugplatzes; ansonsten entsteht der Anspruch mit Beginn des sechsten Jahres nach Festsetzung des Lärmschutzbereichs. Für einen neuen oder wesentlich baulich erweiterten militärischen Flugplatz im Sinne des § 2 Abs. 2 Satz 2 Nr. 3 gilt Satz 2 mit der Maßgabe, dass auf einen Wert von 68 dB(A) abzustellen ist.

(6) Die Bundesregierung wird ermächtigt, durch Rechtsverordnung mit Zustimmung des Bundesrates Regelungen über die Entschädigung für Beeinträchtigungen des Außenwohnbereichs zu treffen, insbesondere über den schutzwürdigen Umfang des Außenwohnbereichs und die

Bemessung der Wertminderung und Entschädigung, auch unter Berücksichtigung der Intensität der Fluglärmbelastung, der Vorbelastung und der Art der baulichen Nutzung der betroffenen Flächen. Im Übrigen gelten für das Verfahren die Enteignungsgesetze der Länder.

(7) An die Stelle des nach den Absätzen 1, 2 und 5 anspruchsberechtigten Grundstückseigentümers tritt der Erbbauberechtigte oder der Wohnungseigentümer, wenn das auf dem Grundstück stehende Gebäude oder Teile des Gebäudes im Eigentum eines Erbbauberechtigten oder eines Wohnungseigentümers stehen. Der Anspruch nach den Absätzen 1, 2 und 5 kann nur innerhalb einer Frist von fünf Jahren nach Entstehung des Anspruchs geltend gemacht werden.

§ 10 Verfahren bei der Erstattung von Aufwendungen

Die nach Landesrecht zuständige Behörde setzt nach Anhörung der Beteiligten (Zahlungsempfänger und Zahlungspflichtiger) durch schriftlichen Bescheid fest, in welcher Höhe die Aufwendungen erstattungsfähig sind. Der Bescheid muss eine Rechtsmittelbelehrung enthalten. Er ist den Beteiligten zuzustellen.

§ 11 Auskunft

(1) Der Halter eines Flugplatzes und die mit der Flugsicherung Beauftragten sind verpflichtet, der nach Landesrecht zuständigen Behörde die zur Ermittlung der Lärmbelastung nach § 3 erforderlichen Auskünfte zu erteilen sowie die erforderlichen Daten, Unterlagen und Pläne vorzulegen.

(2) Der zur Erteilung einer Auskunft Verpflichtete kann die Auskunft auf solche Fragen verweigern, deren Beantwortung ihn selbst oder einen der in § 383 Abs. 1 Nr. 1 bis 3 der Zivilprozessordnung bezeichneten Angehörigen der Gefahr strafgerichtlicher Verfolgung oder eines Verfahrens nach dem Gesetz über Ordnungswidrigkeiten aussetzen würde.

(3) Auf die nach Absatz 1 erlangten Kenntnisse und Unterlagen sind §§ 93, 97, 105 Abs. 1, § 111 Abs. 5 in Verbindung mit § 105 Abs. 1 sowie § 116 Abs. 1 der Abgabenordnung nicht anzuwenden. Dies gilt nicht, soweit die Finanzbehörden die Kenntnisse für die Durchführung eines Verfahrens wegen einer Steuerstraftat sowie eines damit zusammenhängenden Besteuerungsverfahrens benötigen, an deren Verfolgung ein zwingendes öffentliches Interesse besteht, oder soweit es sich um vorsätzlich falsche Angaben des Auskunftspflichtigen oder der für ihn tätigen Personen handelt.

§ 12 Zahlungspflichtiger

(1) Zur Zahlung der Entschädigung nach § 8, zur Erstattung der Aufwendungen für bauliche Schallschutzmaßnahmen nach § 9 Abs. 1 und 2 und zur Zahlung der Entschädigung für Beeinträchtigungen des Außenwohnbereichs nach § 9 Abs. 5 ist der Flugplatzhalter verpflichtet.

(2) Soweit die auf Grund völkerrechtlicher Verträge in der Bundesrepublik Deutschland stationierten Streitkräfte Flugplätze im Bundesgebiet benutzen und ein Entsendestaat als Flugplatzhalter zahlungspflichtig ist, steht die Bundesrepublik für die Erfüllung der Zahlungspflicht ein. Rechtsstreitigkeiten wegen der Zahlung einer Entschädigung oder der Erstattung von Aufwendungen für bauliche Schallschutzmaßnahmen werden von der Bundesrepublik Deutschland im eigenen Namen für den Entsendestaat geführt, gegen den sich der Anspruch richtet.

§ 13 Sonstige Vorschriften

(1) Dieses Gesetz regelt in der ab dem 7. Juni 2007 geltenden Fassung für die Umgebung von Flugplätzen mit Wirkung auch für das Genehmigungsverfahren nach § 6 des Luftverkehrsgesetzes sowie das Planfeststellungs- und Plangenehmigungsverfahren nach § 8 des Luftverkehrsgesetzes die Erstattung von Aufwendungen für bauliche Schallschutzmaßnahmen, einschließlich der zugrunde liegenden Schallschutzanforderungen, nach § 9 Abs. 1 bis 4 und die Entschädigung für Beeinträchtigungen des Außenwohnbereichs in der Umgebung neuer und wesentlich baulich erweiterter Flugplätze nach § 9 Abs. 5 und 6. Soweit in einer Genehmigung, Planfeststellung oder Plangenehmigung, die bis zum 6. Juni 2007 erteilt worden ist, weitergehende Regelungen getroffen worden sind, bleiben diese unberührt. Solange die Genehmigung, Planfeststellung oder Plangenehmigung nicht bestandskräftig ist, ist die Vollziehung der weitergehenden Regelungen ausgesetzt.

(2) Vorschriften, die weitergehende Planungsmaßnahmen zulassen, bleiben unberührt.

§ 14 Schutzziele für die Lärmaktionsplanung

Bei der Lärmaktionsplanung nach § 47d des Bundes-Immissionsschutzgesetzes sind für Flugplätze die jeweils anwendbaren Werte des § 2 Abs. 2 des Gesetzes zum Schutz gegen Fluglärm zu beachten.

§ 15 Anhörung beteiligter Kreise

Soweit Ermächtigungen zum Erlass von Rechtsverordnungen die Anhörung der beteiligten Kreise vorschreiben, ist ein jeweils auszuwählender Kreis von Vertretern der Wissenschaft, der Technik, der Flugplatzhalter, der Luftfahrtunternehmen, der kommunalen Spitzenverbände, der Lärmschutz- und Umweltverbände, der Kommissionen nach § 32b des Luftverkehrsgesetzes und der für die Luftfahrt und den Immissionsschutz zuständigen obersten Landesbehörden zu hören.

§ 16 (weggefallen)

§ 17 (weggefallen)

§ 18 (weggefallen)

Anlage (zu § 3)

(Fundstelle des Originaltextes: BGBl. I 2007, 2556)

Der äquivalente Dauerschallpegel für die Tag-Schutzzonen 1 und 2 wird nach Gleichung (1) und für die Nacht-Schutzzone nach Gleichung (2) ermittelt:

(1) (Inhalt wegen mathematischer Formeln nicht darstellbar, Fundstelle: BGBl. I 2007, 2556)

(2) (Inhalt wegen mathematischer Formeln nicht darstellbar, Fundstelle: BGBl. I 2007, 2556) mit

L_{Aeq} **Tag** – äquivalenter Dauerschallpegel während der Beurteilungszeit T tags (6.00 bis 22.00 Uhr) in dB(A)

L_{Aeq} **Nacht** – äquivalenter Dauerschallpegel während der Beurteilungszeit T nachts (22.00 bis 6.00 Uhr) in dB(A)

lg – Logarithmus zur Basis 10

T – Beurteilungszeit T in s; die Beurteilungszeit umfasst die sechs verkehrsreichsten Monate (180 Tage) des Prognosejahres

Summe von i = 1 bis n – Summe über alle Flugbewegungen tags (6.00 bis 22.00 Uhr) bzw. nachts (22.00 bis 6.00 Uhr) während der Beurteilungszeit T, wobei die prognostizierten Flugbewegungszahlen für die einzelnen Betriebsrichtungen jeweils um einen Zuschlag zur Berücksichtigung der zeitlich variierenden Nutzung der einzelnen Betriebsrichtungen erhöht werden. Für die Tag-Schutzzonen 1 und 2 sowie für die Nacht-Schutzzone beträgt der Zuschlag dreimal die Streuung der Nutzungsanteile der jeweiligen Betriebsrichtung in den zurückliegenden 10 Jahren (3 Sigma).

i – laufender Index des einzelnen Fluglärmereignisses

$t_{10, i}$ – Dauer des Geräusches des i-ten Fluglärmereignisses am Immissionsort in s (Zeitdauer des Fluglärmereignisses, während der der Schallpegel höchstens 10 dB(A) unter dem höchsten Schallpegel liegt (10 dB-downtime))

$L_{Amax,i}$ – Maximalwert des Schalldruckpegels des i-ten Fluglärmereignisses am Immissionsort in dB(A), ermittelt aus der Geräuschemission des Luftfahrzeuges unter Berücksichtigung des Abstandes zur Flugbahn und der Schallausbreitungsverhältnisse.

Zusätzlich wird auf der Grundlage der nach § 3 Abs. 2 erlassenen Rechtsverordnung für die Nachtzeit (22.00 bis 6.00 Uhr) die Kontur gleicher Pegelhäufigkeit für das Häufigkeits-Maximalpegelkriterium unter Berücksichtigung eines Pegelunterschiedes zwischen außen und innen von 15 dB(A) ermittelt. Die Nacht-Schutzzone bestimmt sich als Umhüllende dieser Kontur und der Kontur gleichen äquivalenten Dauerschallpegels während der Beurteilungszeit T nachts.

Erläuterungen zur Novelle des Fluglärmgesetzes

Die vielfältigen Auseinandersetzungen, denen sich die Flughäfen heute bei praktisch jedem Bauvorhaben gegenüber sehen, haben eine wesentliche Ursache in den nichtmehr zeitgemäßen Regelungen zum Schutz vor Fluglärm.

Bereits seit geraumer Zeit wird in Politik und interessierter Öffentlichkeit intensiv über Maßnahmen zur Verbesserung des Fluglärmschutzes debattiert. Im Mittelpunkt steht dabei die grundlegende Modernisierung des Fluglärmgesetzes. Dieses Gesetz, das aus dem Jahr 1971 stammt und seither nahezu unverändert blieb, ist heute nach übereinstimmender Einschätzung aller beteiligten Experten klar veraltet. Das Gesetz entspricht nicht mehr den aktuellen Erkenntnissen der Lärmwirkungsforschung, und es entfaltet kaum noch Wirkung, da die Lärmschutzzonen oftmals kaum über das Flughafengelände hinausreichen.

Mit dem neuen Fluglärmgesetz sollen zeitgemäße Lärmschutzstandards für das Flughafenumland festgelegt werden. Zugleich soll die erforderliche Rechts- und Planungssicherheit für die Flughäfen erreicht werden.

Gegenüber dem Entwurf, der im vergangenen Jahr zur Anhörung gestellt wurde, enthält der Gesetzentwurf einige wichtige Modifikationen, die den Flughäfen eine deutlich einfachere Bewältigung der Kostenfolgen der Novelle ermöglichen und einen möglichst effektiven Einsatz der erforderlichen Finanzmittel sichern.

Kostenminderungen

Durch die vereinbarten Änderungen wurden gegenüber der bisherigen Kostenschätzung (614 bis 738 Mio. € für den Zivilbereich, 75 bis 95 Mio. € für die Militärflugplätze) Kostenminderungen um 20 bis 30% erzielt. Schätzungen gehen für die Verkehrsflughäfen von Kosten in Höhe von rund 1 bis 2 € pro Flugticket aus. Dabei ist berücksichtigt, dass die Kostenfolgen der Novelle auf rund 10 Jahre verteilt werden.

Geringere Grenzwerte

Kern der Modernisierung des Fluglärmgesetzes ist eine deutliche Absenkung der Grenzwerte für die Lärmschutzzonen, so dass die Lärmschutzbereiche um die Flugplätze spürbar ausgeweitet werden. Nach dem alten Fluglärmgesetz von 1971 besteht ein Anspruch auf baulichen Schall-schutz für Wohnungen erst, wenn der Fluglärm über 75 Dezibel liegt. Bei derart hohen Belastungen erleben die Menschen nicht nur massive Störungen und Beeinträchtigungen ihrer Lebensqualität. Verschiedene wissenschaftliche Studien zeigen auf, dass derartiger Lärm auch ein deutliches Gesundheitsrisiko darstellen kann. Mit der Novelle wird beispielsweise der Grenzwert für die Tag-Schutzzone 1 bei bestehenden Verkehrsflugplätzen um 10 dB auf 65 dB gesenkt.

Wird ein Verkehrsflugplatz neu gebaut oder wesentlich ausgebaut, soll der Anspruch auf baulichen Schallschutz für Wohnungen bereits bei einem fluglärmbedingten Mittelungspegel von 60 dB einsetzen. Dieser Wert wird künftig auch für die Planfeststellung von Flugplätzen verbindlich sein, so dass alle Beteiligten frühzeitig Klarheit über den bei Ausbauvorhaben erforderlichen Schallschutz haben. Hiervor wird eine relevante Beschleunigung der Verfahren erwartet.

Die neuen Lärmgrenzwerte orientieren sich maßgeblich an den Empfehlungen des Sachverständigenrates für Umweltfragen (SRU). Der Sachverständigenrat fordert, dass möglichst bald Mittelungspegel von 65 dB am Tag und 55 dB nachts nicht mehr überschritten werden.

Schutzzonen für die Nacht

Erstmals sollen für Flughäfen mit relevantem Nachtflugbetrieb auch Nacht-Schutzzonen festgelegt werden, deren Kontur sich ausschließlich nach der nächtlichen Fluglärmbelastung bestimmt. Ziel dieser Neuregelung ist es, die von Nachtfluglärm betroffenen Menschen vor gesundheitsrelevanten Schlafstörungen zu schützen. Dazu ist Schallschutz für Schlafräume vorgesehen, wenn der nächtliche Fluglärm einen Mittelungspegel von 55 dB überschreitet; für wesentliche Ausbauvorhaben gilt wiederum ein 5 dB strengerer Wert, also 50 dB. Ein Anspruch auf Schutz der Schlafräume soll auch bestehen, wenn im Schlafraum sechsmal pro Nacht ein Maximalpegel von 57 dB auftritt; beim wesentlichen Ausbau eines Flughafens liegt die Schwelle bei 53 dB.

Für bereits bestehende Wohnungen in der Tag-Schutzzone 1 und in der Nacht-Schutzzone sieht die Novelle einen qualitativ hochwertigen baulichen Schallschutz vor. Zahlungspflichtig ist der Flughafenbetreiber. Zugleich schränkt das Fluglärmgesetz in den hochbelasteten Berei-

Lärmgrenzwerte der Schutzzonen gemäß Gesetzentwurf Novelle Fluglärmgesetz

1. Neue oder wesentlich baulich erweiterte zivile Flugplätze			
Tag-Schutzzone 1:	LAeq Tag	= 60 dB(A),	
Tag-Schutzzone 2:	LAeq Tag	= 55 dB(A),	
Nacht-Schutzzone a) bis zum 31.12.2010:	LAeq Nacht	= 53 dB(A), LAmax	= 6 mal 57 dB(A),
b) ab dem 01.01.2011:	LAeq Nacht	= 50 dB(A), LAmax	= 6 mal 53 dB(A),
2. Bestehende zivile Flugplätze			
Tag-Schutzzone 1:	LAeq Tag	= 65 dB(A),	
Tag-Schutzzone 2:	LAeq Tag	= 60 dB(A),	
Nacht-Schutzzone :	LAeq Nacht	= 55 dB(A), LAmax	= 6 mal 57 dB(A),
3. Neue oder wesentlich baulich erweiterte militärische Flugplätze			
Tag-Schutzzone 1:	LAeq Tag	= 63 dB(A),	
Tag-Schutzzone 2:	LAeq Tag	= 58 dB(A),	
Nacht-Schutzzone a) bis zum 31.12.2010:	LAeq Nacht	= 53 dB(A), LAmax	= 6 mal 57 dB(A),
b) ab dem 01.01.2011:	LAeq Nacht	= 50 dB(A), LAmax	= 6 mal 53 dB(A),
4. Bestehende militärische Flugplätze			
Tag-Schutzzone 1:	LAeq Tag	= 68 dB(A),	
Tag-Schutzzone 2:	LAeq Tag	= 63 dB(A),	
Nacht-Schutzzone :	LAeq Nacht	= 55 dB(A), LAmax	= 6 mal 57 dB(A),
LAeq: Mittlungspegel am Tag (6.00 Uhr bis 22.00 Uhr) LAeq: Mittlungspegel in der Nacht (22.00 Uhr bis 6.00 Uhr) LAmax: Maximalpegel durch einzelne Überflüge			
Vergleichswerte:			
Fluglärmgesetz 1971:	Schutzzone 1 Schutzzone 2	75 dB(A) 67 dB(A)	

In der Schallberechnung verwendete Begriffe

L_p	Schalldruckpegel
$L(t)$	Pegel-Zeit-Verlauf, Momentanwerte des Schalldruckpegels zur Zeit t
$L_{AF}(t)$	Pegel-Zeit-Verlauf: Frequenzbewertung A, Zeitbewertung FAST
L_{eq}, L_{Aeq}	energieäquivalenter Dauerschallpegel
L_m	energieäquivalenter Dauerschallpegel für die Messzeit T_M
L_{T0}	Einzelereignispegel
L_{max}, L_{Amax}	maximaler Vorbeifahrtspegel (hier maximaler Momentanwert)
ΔL_{max}, ΔL_{Amax}	maximaler Pegelanstieg
L_{MAX}	maximaler Schalldruckpegel
L_{MIN}	minimaler Schalldruckpegel
L_{tm3}, L_{tm5}	mittlere Taktmaximalpegel bezogen auf Takte von 3 bzw. 5 Sekunden
t	Zeit
T_0	Bezugszeit zur Bestimmung des Einzelereignispegels
T_M	Messzeit zur Bestimmung des Einzelereignispegels

chen den Neubau von Wohnungen und schutzbedürftigen Einrichtungen ein, um Freiräume um die Flugplätze zu sichern und dem Entstehen künftiger Lärmkonflikte vorzubeugen. Damit dient die Novelle auch den Belangen der Luftfahrtwirtschaft.

Mit der Novelle des Fluglärmgesetzes setzt die Bundesregierung ein deutliches Signal für einen zeitgemäßen Schutz vor Fluglärm. Im Interesse der lärmbelasteten Menschen, aber auch im Hinblick auf die Akzeptanz des Luftverkehrs muss das Novellierungsvorhaben rasch verwirklicht und an den Flughäfen konsequent umgesetzt werden. Das Gesetz, das noch vom Parlament verabschiedet werden muss, ist im Bundesrat nicht zustimmungspflichtig.

Siehe auch nebenstehende Aufstellung »Lärmgrenzwerte der Schutzzonen gemäß Gesetzentwurf Novelle Fluglärmgesetz«

Das Urteil des BVG zum Frankfurter Nachtflugverbot

Planmäßige Flüge in der Mediationsnacht sind weiterhin unzulässig – Kontingent für die Gesamtnacht auf durchschnittlich 133 Flüge beschränkt – Schallschutz für gewerbliche Grundstücke nachbesserungsbedürftig.

Das Bundesverwaltungsgericht in Leipzig hat letztinstanzlich über Musterklagen gegen den Planfeststellungsbeschluss zum Ausbau des Flughafens Frankfurt Main, insbesondere der Anlegung einer neuen Landebahn, entschieden.

Im Planfeststellungsbeschluss sind für die Gesamtnacht (22.00 bis 6.00 Uhr) – auf das Kalenderjahr bezogen – durchschnittlich 150 planmäßige Flugbewegungen je Nacht zugelassen. In der sog. Mediationsnacht (23.00 bis 5.00 Uhr) sind durchschnittlich 17 planmäßige Flugbewegungen von Luftfahrzeugen im ausschließlichen Luftfrachtverkehr bzw. Luftpostverkehr sowie übergangsweise und nachrangig auch Touristik- und Passagierflüge zugelassen.

In den acht Musterklageverfahren der Städte Offenbach am Main, Mörfelden-Walldorf, Neu-Isenburg, Raunheim und Rüsselsheim sowie von Privatpersonen, Gewerbetreibenden und einer kommunalen Klinik hat der Verwaltungsgerichtshof Kassel (VGH) das beklagte Land Hessen mit Urteil vom 21. August 2009 verpflichtet, über die Zulassung planmäßiger Flüge in der Zeit von 23.00 bis 5.00 Uhr und über den Bezugszeitraum für die Zulassung von durchschnittlich 150 planmäßigen Flügen je Nacht neu zu entscheiden, und den Planfeststellungsbeschluss insoweit aufgehoben. Im Übrigen hat er die Klagen abgewiesen.

Das Bundesverwaltungsgericht hat das erstinstanzliche Urteil im Wesentlichen bestätigt:

In der Mediationsnacht (23.00 bis 5.00 Uhr) sind Flüge bis zu einer Neubescheidung (weiterhin) unzulässig. Die Zulassung von 17 planmäßigen Flügen in der Mediationsnacht, die im ursprünglichen Betriebskonzept nicht vorgesehen waren, war allerdings – anders als vom VGH angenommen – bereits wegen fehlender Anhörung der Betroffenen aufzuheben. Zu Recht hat der VGH die Regelung als abwägungsfehlerhaft beanstandet, weil sie den besonderen Anforderungen an den Nachtlärmschutz der Bevölkerung nicht genügt. Bundesrechtlich unbedenklich ist auch, dass der VGH dem Grundsatz in Nr. III 1 der Landesentwicklungsplan-Änderung 2007 die Wirkung einer »konkretisierenden Gewichtungsvorgabe« beigemessen hat, die als grundsätzliches Verbot planmäßiger Flüge in der Mediationsnacht zu verstehen sei und den Gestaltungsspielraum sehr weit – auf annähernd Null – einschränke. Der planerische Spielraum des beklagten Landes bei der Neuregelung des Flugbetriebes in der Mediationsnacht ist dementsprechend gering.

Hinsichtlich der sog. Nachtrandstunden (22.00 bis 23.00 Uhr und 5.00 bis 6.00 Uhr) ist der Senat über die Beanstandung durch die Vorinstanz hinausgegangen. Ab sofort dürfen in dieser Zeit nicht mehr durchschnittlich 150, sondern nur noch – auf das Kalenderjahr bezogen – durchschnittlich 133 planmäßige Flüge stattfinden. Über die Zulassung eines darüber hinausgehenden Kontingents hat das beklagte Land neu zu entscheiden. Sollte es sich dazu entschließen, das Kontingent von durchschnittlich

133 Flügen wieder zu erhöhen, hat es zu beachten, dass die Nachtrandstunden nicht als bloße Verlängerung des Tagflugbetriebes angesehen werden dürfen. Selbst im Falle eines nahezu vollständigen Flugverbots in den Kernstunden der Nacht bleibt die Verhältnismäßigkeit nur gewahrt, wenn das Konzept eines zum Kern der Nacht hin abschwellenden und danach wieder ansteigenden Flugverkehrs auch in diesem Zeitsegment durchgehalten und durch geeignete Vorkehrungen effektiv und konkret begrenzt wird. Absehbare tagähnliche Belastungsspitzen in den einzelnen Nachtrandstunden oder in längeren, insbesondere kernzeitnahen Zeitabschnitten müssen deswegen in den jeweils betroffenen Überfluggebieten vermieden werden.

Zu korrigieren war das erstinstanzliche Urteil auch, soweit der VGH das Schutzkonzept des Planfeststellungsbeschlusses für gewerbliche Anlagen gebilligt hat. Der Schutz gewerblicher Anlagen ist im FluglärmG nicht geregelt. Es ist deshalb Aufgabe der Planfeststellungsbehörde, die fachplanerische Zumutbarkeitsgrenze fluglärmbedingter Beeinträchtigungen von Gewerbebetrieben selbst zu bestimmen und auf dieser Grundlage dem Vorhabenträger im Planfeststellungsbeschluss diejenigen Schutzmaßnahmen aufzuerlegen, die zur Sicherung der Benutzung der benachbarten Gewerbegrundstücke gegen Gefahren oder Nachteile notwendig sind. Das an die Kriterien des Arbeitsstättenrechts anknüpfende Schutzkonzept des Planfeststellungsbeschlusses genügt diesen Anforderungen nicht. Auch in diesem Punkt bedarf der Planfeststellungsbeschluss der Nachbesserung.

Im Übrigen hat der VGH die Entscheidung des beklagten Landes Hessen für den planfestgestellten Ausbau des Flughafens Frankfurt Main zu Recht nicht beanstandet.

BVerwG 4 C 8.09 und 9.09, 1.10 - 6.10 - Urteil vom 4. April 2012

Schweiz

Seit vielen Jahren ist dieser Fluglärmstreit zwischen Deutschland und der Schweiz im Gang. Im Anflug auf Zürich-Kloten überqueren die Flugzeuge südbadisches Gebiet. Ein bis 2001 geltendes Abkommen zur Nutzung des Luftraums wurde nicht verlängert. Daraufhin hatte Deutschland 2003 ein Nachtflugverbot erlassen, das Überflüge in Südbaden von Montag bis Freitag zwischen 21.00 und 7.00 Uhr und an Wochenenden zwischen 20.00 und 9.00 Uhr untersagte. Eine Schweizer Klage vor dem Europäischen Gerichtshof (EuGH) scheiterte 2012. Der EuGH ist der Auffassung, »dass es sich bei der deutschen Luftverkehrsregelung nicht um ein Verbot des Durchflugs des deutschen Luftraums für Flüge von und nach dem Flughafen Zürich handelt. Vielmehr ginge es um eine Änderung der betreffenden Flugwege.« Diese Einschränkung ist nach Ansicht der Richter gerechtfertigt und verhältnismäßig, »da Deutschland keine anderen Möglichkeiten zur Verfügung stehen, die Fluglärmbelastung für das nah gelegene und besonders lärmempfindliche Fremdenverkehrsgebiet zu verringern.« Die Verkehrsminister der beiden Regierungen haben sich mittlerweile darauf geeinigt, dass skyguide mit Wirkung von Januar 2013 wochentags ab 18 Uhr, und an Wochenenden ab 20 Uhr keinen Verkehr mehr von und nach Zürich über deutsches Gebiet führen wird. Im Gegenzug verzichtet Deutschland auf eine Begrenzung der Flugzahlen und lasse morgens bereits ab 6.00 Uhr wieder Flüge zu.

Blick in die Nachbarstaaten

In **Belgien** wird die Größe Ldn berechnet für 24 Stunden mit 17 Stunden (6.00–23.00 Uhr) Tag und 7 Stunden (23.00–6.00 Uhr) Nacht, die Nachtflüge erhalten einen Zuschlag von 10 dB. Den Berechnungen wird ein durchschnittlicher Tag zugrunde gelegt. Es besteht kein offizielles Rechenverfahren, für die Berechnungen wird das INM (Integrated Noise Model) aus den USA verwendet.

Die empfohlenen Grenzwerte sind: Wohngebiete: 55 dB, Geschäftsgebiet: 60 dB, Erholungsgebiete, auch in der Nacht benützt: 50 dB, andere Erholungsgebiete: 55 dB

In **Dänemark** wird die Größe Lden für 24 Stunden mit Gewichtung für Abend (+5 dB) und Nacht (+10 dB) berechnet. Das Rechenverfahren ist das in ECAC doc.29 beschriebene, bzw. wird mit dem Rechenprogramm DANSIM (Danish Airport Noise Exposure Simulation Model) gerechnet.

Für besonders störende Aktivitäten (Fallschirmspringer-Flüge, Platzrundenflüge, Schleppflüge, Ultralight-Flüge) wird für den Abend ein Zuschlag von 10 dB, für die Nacht +15 dB und an Wochenenden (Samstag und Sonntag) zusätzlich für den Tag +5 dB eingesetzt.

In **Finnland** wird die Größe Lden für 24 Stunden mit 12 Stunden (7.00–19.00 Uhr) Tag, 3 Stunden (19.00–22.00 Uhr) Abend und 9 Stunden (22.00–7.00 Uhr) Nacht berechnet. Die Abendflüge erhalten einen Zuschlag von 5 dB, die Nachtflüge einen Zuschlag von 10 dB. Den Berechnungen wird ein durchschnittlicher Tag der 3 verkehrsreichsten Monate des Jahres zugrunde gelegt. Es wird das Rechenmodell DANSIM mit den Emissionsdaten aus dem INM und aus Messungen verwendet. Die empfohlenen Grenzwerte sind: Wohngebiete und Erholungsgebiete in dicht besiedelten Gebieten, Gebiete in der unmittelbaren Nähe von dicht besiedelten Gebieten und Gebiete für Pflege- und Erziehungseinrichtungen: 55 dB; Feriensiedlungen, Campingflächen, Erholungsgebiete außerhalb von dicht besiedelten Gebieten, Naturschutzgebiete: 45 dB

In **Frankreich** wird die Größe Psophic Index in perceived noise level IP aus den maximalen Perceived Noise-Pegeln für 24 Stunden mit 16 Stunden (6.00–22.00 Uhr) Tag und 8 Stunden (22.00–6.00 Uhr) Nacht berechnet; die Nachtflüge erhalten einen Zuschlag von 10 dB. Den Berechnungen wird ein durchschnittlicher Tag zugrunde gelegt. Es wird das Rechenmodell Psophic Index-Model verwendet mit Emissionsdaten aus einer Datenbank, die aus Zertifizierungsmessungen abgeleitet werden.

In **Griechenland** wird die Größe NEF (Noise Exposure Forecast) basierend auf dem Perceived Noise Level mit dem INM für 24 Stunden mit 15 Stunden (7.00–22.00 Uhr) Tag und 9 Stunden (22.00–7.00 Uhr) Nacht berechnet; die Nachtflüge werden mit dem Faktor 16,67 eingesetzt, entsprechend einem Zuschlag von 12 dB. Es werden die Daten aus dem INM eingesetzt.

In **Irland** ist kein Rechenverfahren festgelegt, es wird das früher in Großbritannien verwendete NNI (Noise and Number Index)-Model, basierend auf dem Perceived Noise Level, verwendet. Zu dem NNI-Model bestehen auch Emissionsdaten.

In **Italien** wird die Größe energieäquivalenter Dauerschallpegel für 24 Stunden mit 17 Stunden (6.00–23.00 Uhr) Tag und 7 Stunden (23.00–6.00 Uhr) Nacht berechnet, wobei die Nachtflüge einen Zuschlag von 10 dB erhalten. Es wird jeweils eine Periode von 21 Tagen (3 Wochen), wovon eine Woche die mit der größten Bewegungszahl ist (ausgewählt für die 3 Abschnitte 1. Oktober bis 31. Jänner, 1. Februar bis 31. Mai und 1. Juni bis 30. September). Die Grenzwerte für die Flächennutzung sind: < 65 dB keine Beschränkungen der Nutzung, 65-75 dB keine Wohngebäude, > 75 dB nur Flughafenanlagen

In **Luxemburg** wird das deutsche Rechenverfahren mit den deutschen Daten und auch die gleichen Grenzwerte verwendet.

In den **Niederlanden** wird der Fluglärm in Kosteneinheiten (benannt nach dem Akustiker Kosten, der die Einheit zur Beschreibung von Fluglärm entwickelte) mit der Kostenmethode, basierend auf dem maximalen A-bewerteten Schallpegel, berechnet. Die Tageszeit wird darin mit Gewichtungsfaktoren sehr detailliert beachtet. Für Flughäfen mit Flugbewegungen auch nachts wird zusätzlich ein Nacht-Lärmindex berechnet, basierend auf dem A-bewerteten energieäquivalenten Dauerschallpegel, der **in** Schlafräumen auftritt. Für die Berechnungen bestehen umfangreiche Datensätze zu der Schallemission und den betrieblichen Gegebenheiten für viele Flugzeuggruppen. Für die Berechnung des Schallpegels in den Räumen sind Standardwerte für die Dämmung der Fassade bei geschlossenen Fenstern für jeden Flughafen festgelegt. Die Festlegung von Lärmzonen in Kosteneinheiten ist für alle Flugplätze verpflichtend und es bestehen dazu Angaben über die Nutzung für Wohngebäude. Die Zonen für den Nacht-Lärmindex werden für die Werte 20 dB und höher berechnet. Die Grenze für die Nacht-Lärm-Zone ist 26 dB. Innerhalb der Zone müssen die Schlafräume entsprechend schallgedämmt werden, sodass 26 dB nicht überschritten wird. In der Zone ist auch die Errichtung neuer Wohnhäuser erlaubt, wenn sie entsprechend schallgedämmt sind. Die Rechenmethode ist in einer Verordnung der Regierung festgelegt; die berechneten Lärm-Zonen werden durch den Minister für Transport und den Minister für die Umwelt festgelegt. An den Zo-

nenlinien werden zur Überwachung der Einhaltung Fluglärmmessanlagen eingerichtet.

In **Norwegen** wird die Größe A-bewerteter energieäquivalenter Dauerschallpegel EFN über 24 Stunden mit Gewichtung für Abend- und Nachtbewegungen und der (typische, regelmäßig auftretende) maximale A-bewertete Schallpegel MFN mit dem Programm NORTIM berechnet. Die Emissionsdaten werden dem INM entnommen. In Richtlinien zu dem Land Use Planning and Building Construction Act wird festgelegt, dass die Gemeinden Beschränkungen in den Lärmzonen in der Umgebung der Flughäfen zu erlassen haben:

Zone I: 50-60 dB EFN oder 80-95 dB MFN: die mögliche Störung durch Lärm ist zu berücksichtigen vor der Errichtung von lärmempfindlichen Gebäuden (Wohngebäude, Schulen, Krankenhäuser). Das gleiche gilt, wenn ein neuer Flughafen errichtet oder ein bestehender erweitert werden soll.

Zone II: 60-65 dB EFN oder 95-100 dB MFN tags oder 80-85 dB MFN nachts (22.00–7.00 Uhr): Lärmempfindliche Gebäude dürfen nicht errichtet werden und die Errichtung eines neuen Flughafens oder eine Erweiterung eines bestehenden Flughafens, die solche Gebäude in Zone II bringt, ist nicht zulässig. Einige Ausnahmen sind gestattet.

Zone III: 65-70 dB EFN oder 100-105 dB MFN tags oder 85-100 dB MFN nachts (22.00–7.00 Uhr): Der Bau von lärmempfindlichen Gebäuden darf nicht gestattet werden. Desgleichen darf der Bau eines Flughafens oder die Erweiterung eines bestehenden Flughafens nicht gestattet werden, wenn dadurch für lärmempfindliche Gebäude eine solche Schallpegelerhöhung eintritt, dass sie in Zone III kommen. Ausnahmen für die Reparatur oder Erweiterung von bestehenden Gebäuden sind gestattet.

Zone IV: über 70 dB EFN oder über 105 dB MFN tags oder über 100 dB MFN nachts: Es darf der Bau oder die Sanierung oder Erweiterung bestehender lärmempfindlicher Gebäude nicht gestattet werden.

In einem Annex zum Pollution Act ist festgelegt, dass bis Ende 2001 Karten aller Haushalte, die einen A-bewerteten äquivalenten Dauerschallpegel (über 24 Stunden) im Haus (Schlafraum, Wohnraum) von über 42 dB haben, erstellt werden müssen. Bis Ende 2004 müssen alle diese Häuser mit einer entsprechenden Schalldämmung versehen werden.

In **Spanien** wird die Größe NEF (Noise Exposure Forecast) basierend auf dem Perceived Noise Level mit dem INM berechnet für 24 Stunden mit 15 Stunden (7.00–22.00 Uhr) Tag und 9 Stunden (22.00–7.00 Uhr) Nacht; die Nachtflüge werden mit dem Faktor 16,67 eingesetzt, entsprechend einem Zuschlag von 12 dB. Es werden die Daten aus dem INM eingesetzt. Für die größeren Flughäfen werden die NEF-Zonen berechnet um neue lärmempfindliche Gebäude in der Nähe der Flughäfen zu verhindern.

In **Schweden** wird die Größe FBN, ein A-bewerteter energieäquivalenter Dauerschallpegel mit dem Swedish Aircraft Noise Calculation Model SVERM für 24 Stunden mit 12 Stunden (7.00–19.00 Uhr) Tag, 3 Stunden (19.00–22.00 Uhr) Abend und 9 Stunden (22.00–7.00 Uhr) Nacht

berechnet. Flugbewegungen im Zeitabschnitt Abend erhalten einen Zuschlag von 5 dB, Flugbewegungen in der Nacht einen Zuschlag von 10 dB. Die Daten der Schallemission der Flugzeuge sind in einer Datenbank verfügbar, die aus dem INM entnommen wurde, weiters bestehenTabellen über die Flugprofile. Die empfohlenen Grenzwerte sind: Wohngebiete: FBN 55 dB, LA,max 70dB; Im Inneren von Wohngebäuden: FBN 30 dB; im Inneren von Wohngebäuden nachts: LA,max 45 dB

Im **Vereinigten Königreich** wird der A-bewertete energieäquivalente Dauerschallpegel mit dem Modell ANCON Version 2 berechnet, ohne unterschiedliche Gewichtung der Tageszeit. Den Berechnungen wird ein durchschnittlicher Tag zugrunde gelegt mit den Flugbewegungen in den 16 Stunden 7.00–23.00 Uhr in der Periode vom 16. Juni bis 15. September. Die Emissionsdaten sind in einer Datenbank für 34 Flugzeugkategorien verfügbar.

Vierter Teil – Anhang

Glossar

A-bewerteter Schalldruckpegel LA

Um der unterschiedlichen Empfindlichkeit des menschlichen Gehörs für unterschiedlich hohe Töne Rechnung zu tragen, wird aus dem Schalldruckpegel der sogenannte A-bewertete Schalldruckpegel gebildet. Die A-Bewertung kann vom Messgerät automatisch durchführt werden.

Air Defense Exercise Area (ADEXA)

Gebiet für Luftverteidigungsübungen. Die Luftverteidigung nutzt die insgesamt acht ADEXA-Lufträume für Abfangeinsätze im oberen Höhenbereich, die unter der Leitung des Radarführungsdienstes der Luftwaffe Jagdflugzeuge zum Ziel führen. Die Flughöhen liegen hierbei oberhalb von ca. 7.350 Metern bis ca. 13.800 Metern.

aktiver Schallschutz

Maßnahmen, die zu einer Verminderung des Schalls an der Quelle (z.B. Flugzeug) oder auf dem Ausbreitungsweg (z.B. Lärmschutzwall oder Lärmschutzwand) führen.

Bauschutzbereich

Schutzzone um einen Flughafen, innerhalb dessen Einschränkungen hinsichtlich der Höhe von Gebäuden besteht.

Beifracht

Fracht, die mit Passagierflugzeugen befördert wird.

Beurteilungspegel

Größe zur Kennzeichnung der Stärke der Schallimmissionen während einer bestimmten Beurteilungszeit (Angabe in dB(A)). Der B. wird i.d.R. aus einem Mittelungspegel für die Beurteilungszeit und ggf. Zuschlägen für Impulshaltigkeit, Tonhaltigkeit und Ruhezeiten gebildet. Man kann diesen Beurteilungspegel nicht direkt hören, aber er dient zur Beurteilung (daher der Name) einer Lärmsituation. Er wird aus dem äquivalenten Dauerschallpegel und verschiedenen Zuschlägen berechnet und zum Vergleich mit den Immissionsgrenzwerten und planerischen Orientierungswerten herangezogen. Leider entspricht der B. nicht dem realen Lärmempfinden und ist von daher für die Beurteilung von Lärm ungeeignet (Mittelungspegel).

dB(A)

Kurzzeichen für Dezibel, mit dem Schallemissionen und -immissionen benannt werden. Der Zusatz »(A)« bedeutet, dass der damit bezeichnete Schall mit einer dem menschlichen Ohr angepassten Frequenzbewertung ermittelt wurde.

Energieäquivalenter Dauerschallpegel Leq nach DIN 45641

Der Schalldruckpegel gibt an, wie laut ein Geräusch zu einem gewissen Zeitpunkt ist und weist im Allgemeinen zeitliche Schwankungen auf. Mit dem Schalldruckpegel variiert auch die mit dem Schall transportierte Energie. Der energieäquivalente Dauerschallpegel wird so gewählt, dass er – als konstanter Schalldruckpegel betrachtet – den gleichen Energieinhalt transportieren würde. Der energieäquivalente Dauerschallpegel dient dazu, die Lärmbelastung für einen Zeitraum anzugeben.

Energieäquivalenter Dauerschallpegel Leq4 nach DIN 45643 (Fluglärmgesetz)

In diese Mittelung fließen Häufigkeit, Dauer und die Stärke der einzelnen Fluglärmschallereignisse ein.

Flächenschallquelle

großflächige Industrieanlagen und Bahnhöfe, Flughäfen

Flexible Luftraumnutzung FUA

Bei dem FUA Konzept von Eurocontrol werden Routen und Lufträume je nach Bedarf zeitlich und räumlich verschiedenen Nutzern zugeteilt.

Flugfläche Flight Level FL

Höhe gemessen mit einem Standardluftdruck von 1013,25 hPa oberhalb einer Übergangshöhe von 5.000 ft, getrennt durch definierte Intervalle von 100 Fuß, ausgedrückt mit drei Ziffern. FL 250 bezieht sich auf eine barometrische Höhe von 25.000 Fuß, FL 255 entspricht 25.500 Fuß.

Frequenz

Anzahl von sich wiederholenden Vorgängen pro Zeiteinheit.

Geräusch

Sammelbegriff für alle Hörempfindungen, die nicht ausschließlich als Ton oder als Klang bezeichnet werden können. Ursache sind in der Regel nicht periodisch verlaufende Schwingungsvorgänge.

Gesamtnacht (Frankfurt)

22.00 bis 6.00 Uhr

Hubschrauberflug- koordinierungsgebiete (HFCA)

HFCA-Gebiete sind für jeden mit Hubschraubern ausgestatteten Verband eingerichtet. Sie dienen der sicheren Durchführung von Tiefflügen mit Hubschraubern – tagsüber unterhalb von 30 Metern (ca. 100ft) über Grund, – bei Nacht, insbesondere für Flüge mit Nachtsehhilfen und Restlichtverstärker unter 150 Metern (ca. 500ft) über Grund.

Instrumentenlandesystem ILS

Bodengestütztes System, das zwei Leitstrahlen aussendet, die dem Piloten an Bord den Landekurs und den Gleitpfad signalisieren. Das ILS liefert derzeit die präziseste Hilfe für Landungen bei schlechter Sicht.

Klang

Schallsignal, dem das menschliche Gehör eine Tonhöhe, eine Härte und eine Klangfarbe zuordnen kann.

Knall

Plötzliche peitschen-, explosions- oder stoßartige Dichteänderung der Luft mit schnellem Abklingen der Amplitude.

Lärm

Unerwünschter Schall, der durch Lautstärke, Struktur, Dauer und/oder Häufigkeit von Menschen als störend oder gar gesundheitsschädigend empfunden wird. Dabei hängt es oft von der momentanen Stimmung, den Vorlieben und der gesundheitlichen Verfassung eines Menschen ab, ob Geräusche als Lärm empfunden werden. Geräusche sind objektiv vorhanden, Lärm ist das subjektive Empfinden der Geräusche.

Lärmschutzbereich

Hier dürfen keine Krankenhäuser, Altenheime, Erholungsheime und ähnliche schutzbedürftige Einrichtungen errichtet werden. In den Tag-Schutzzonen des Lärmschutzbereichs gilt das auch für Schulen und Kindergärten.

LAX

Das Schallereignis LAX ist ein berechneter Pegel, den man so nicht hören kann. Er wird ermittelt, indem man die gesamte Schallenergie eines Fluggeräuschs (die durch Integration über das gesamte Schallereignis, d.h. über den Zeitraum, während das Geräusch zu hören ist) auf 1 Sekunde »zusammenschiebt«. Das heißt, dass der LAX ein Pegel ist, der nur eine Sekunde andauert, aber die gleiche Schallenergie enthält, wie das Fluggeräusch, womit dann der Pegel dieses rechnerischen Geräuschs, der Lax, natürlich größer ist, als der Maximalpegel des Fluggeräuschs.

Linienschallquellen

Straßenverkehr, Schienenverkehr, Flugverkehr

Low Altitude Night Intercept Area (LANIA)

Luftraum für Abfangjagd im niedrigen Höhenbereich. Ähnliche Einsätze wie in der MANIA, jedoch Flüge bei Nacht in Höhen von ca. 750 Meter bis 3.150 Meter über Grund.

Low Flying Area (LFA)

Tieffluggebiete. Die Nutzung der sieben Tieffluggebiete in Deutschland ist derzeit ausgesetzt, zwei dieser LFA sind deaktiviert worden. In den verbleibenden fünf LFA bedarf es einer besonderen Genehmigung durch das Bundesverteidigungsministerium, um in Ausnahmefällen an jeweils einem Werktag der Woche simulierte Angriffe auf Bodenziele in einer Höhe von ca. 75 Meter für ca. 90 Sekunden durchzuführen. In den Navigationskarten gesondert gekennzeichnete Städte und Ortschaften innerhalb der LFA dürfen nicht unter 150 Meter (ca. 500ft) Höhe überflogen werden. Für den militärischen Flugbetrieb bei Nacht stehen nachfolgende Lufträume zur Verfügung, die weitestgehend mit den TRA-Gebieten deckungsgleich sind.

LP/LD Approach
Bei diesem Anflugverfahren werden Landeklappen und Fahrwerk verzögert ausgefahren.

Luft-/Bodenschießplätze
Zur Einsatzbereitschaft der Kampfflugzeugbesatzungen gehört auch die Ausbildung für den Waffeneinsatz gegen Bodenziele. Sie wird auf dafür speziell eingerichteten und ausgestatteten Schießplätzen durchgeführt. Neben Luft/Bodenschießplätzen im Ausland kommen dafür mehrere Schießplätze in Deutschland in Betracht. Hierzu zählen primär die Luftwaffenschießplätze in Nordhorn, Siegenburg und ggf. Heeres-Truppenübungsplätze, wie z.B. Grafenwöhr, Klietz, Baumholder, Münsingen, Heuberg oder Hohenfels.

Mediationsnacht (Frankfurt)
23.00 bis 5.00 Uhr

Medium Altitude Night Intercept Area (MANIA)
Luftraum für Abfangjagd im mittleren Höhenbereich. Im mittleren Höhenband von ca. 2.700 bis ca. 7.300 Meter über Grund werden hier vor allem Abfangeinsätze, aber auch Formationsflüge und Luft–Luftbetankung geübt.

Mittelungspegel Leq
Über die Einwirkzeit energetisch gemittelter Schalldruckpegel. Er dient zur Beurteilung von Verkehrsgeräuschen. (Da häufig nicht nur ein momentaner Wert, sondern der Schall während eines bestimmten Zeitraumes interessiert, werden Mittelungspegel berechnet.)

MTOW
Maximum Takeoff Weight, Höchststartgewicht

Nachtrandstunden (Frankfurt)
22.00 bis 23.00 Uhr und 5.00 bis 6.00 Uhr

Nacht-Schutzzone
äquivalenter Dauerschallpegel während der Beurteilungszeit 22 bis 6 Uhr = 50 dB

Night-Low-Level System (NLL)
Nachttiefflugsystem. Aus Gründen der Flugsicherheit erfolgt der militärische Tiefflug mit strahlgetriebenen Luftfahrzeugen nachts bei allen Wetterverhältnissen in Höhen von mind. 300 Meter (1.000 ft) über Grund in einem Streckensystem mit einer Breite von etwa 9,5 km und einer Gesamtlänge von ca. 4.000 km. Die Bundeswehr beschränkt sich freiwillig darauf, den Nachttiefflug nur von Montag bis Donnerstag vorzusehen, und ihn spätestens bis 24:00 Uhr zu beenden. In der Regel wird in den Monaten Juli/August auf den Nachttiefflug verzichtet.

Noise Abatement Procedure
Lärmreduzierendes Flugverfahren

passiver Schallschutz
Schutzmaßnahmen an Gebäuden, wie der Einbau von Schallschutzfenstern, -rollläden oder -türen an Gebäuden, schallgedämmte Lüfter, Schall mindernde Balkon- oder Fenstervorbauten.

Psophic Index
Der Psophic Index wird in Frankreich benutzt, um den Lästigkeitsfaktor auszudrücken. Er geht von der folgenden Hypothese aus:

(1) Der Lästigkeitsgrad geht von der Anzahl der Überflüge eines jeden Flugzeugtyps aus, lässt die Zeit aber unberücksichtigt

(2) Ein Flugzeug ist nachts zehnmal so lästig wie am Tag

(3) Die Lästigkeit hängt vom Maximalpegel ab.

Der Psophic Index erscheint zwar als guter Ausdruck des durchschnittlichen Lästigkeitsgrades, berücksichtigt aber nur mangelhaft die Belästigung durch Kleinflugzeuge.

Punktschallquellen
Einzelne Maschinen, Motoren, Ventilatoren

RNAV
Navigationsverfahren für Instrumentenflüge, das die Route über frei wählbare Wegepunkte (WP) festlegt.

Schall

Mechanische Welle, die sich in einem Medium abhängig von dessen Temperatur und dem herrschenden Druck in der dafür charakteristischen Schallgeschwindigkeit ausbreitet.

Schalldämpfung

Behinderung der Schallausbreitung durch Absorption von Luftschall.

Schalldruck

Wechseldruck, der durch eine Schallwelle erzeugt wird und sich mit dem statischen Druck überlagert.

Schalldruckpegel Lp

Der Schalldruckpegel (oft auch nur als Schallpegel bezeichnet) gibt an, wie laut ein Geräusch ist.

Schallemissionen

werden von Schallquellen abgestrahlt.

Schallgeschwindigkeit

Die Geschwindigkeit, mit der sich Schallwellen in einem beliebigen Medium ausbreiten. Die Schallgeschwindigkeit in Luft wird in der Regel mit 343 m/sec bei 20 °C und einem Luftdruck von 1013 hPa angegeben. Das entspricht etwa 1235 km/h.

Schallimmissionen

wirken auf Menschen ein.

Schallintensität

die Schallenergie, die pro Sekunde senkrecht durch eine Fläche von 1 m² strömt.

Schallleistung

Die von einer Schallquelle als Luftschall abgegebene akustische Leistung.

Schallleistungspegel

kennzeichnet die gesamte von einer Schallquelle abgestrahlte Schallleistung, entspricht dem Schalldruckpegel, wenn die schallabstrahlende Fläche 1 m² groß ist (Angabe in dB(A)).

Schallschnelle

Die mittlere Geschwindigkeit, mit der Teilchen hin und her schwingen.

Schallschutzklassen

In Deutschland wird die Schalldämmung von Fenstern in Schallschutzklassen 1–6 unterteilt.

Slot

Zeitfenster zum Landen oder Starten eines Flugzeugs. Diese Slots werden teuer gehandelt. Continental Airlines bezahlte 2011 für vier Slotpaare in London Heathrow 209 Millionen Euro.

STOL

Short Take-Off and Land, Verfahren mit stark verkürzter Start- und Landestrecke.

Tag-Schutzzone 1

äquivalenter Dauerschallpegel während der Beurteilungszeit 6 bis 22 Uhr = 60 dB

Tag-Schutzzone 2

äquivalenter Dauerschallpegel während der Beurteilungszeit 6 bis 22 Uhr = 55 dB

Temporary Reserved Airspace (TRA)

Zeitweilig reservierte Lufträume. Zeitweilig reservierte Lufträume zur primären Durchführung von Luftkampfeinsätzen unter Sichtflugwetterbedingungen am Tage, des Weiteren aber auch grundlegender Übungen mit dem Luftfahrzeug, wie z.B. Luft-Luft-Betankung. Sie werden vom Flugsicherungspersonal ständig koordiniert und stehen der allgemeinen Luftfahrt nur dann zur Verfügung, wenn sie nicht militärisch genutzt werden. Der zur Verfügung stehende Höhenbereich liegt zwischen ca. 1.800 Meter und 10.500 Meter über Grund. Die Nutzungszeit der insgesamt 12 TRA-Lufträume liegt werktags zwischen 06:00 Uhr Ortszeit (Montags ab 07:00 Uhr) bis max. 30 Minuten nach Sonnenuntergang (freitags nicht später als 17:00 Uhr).

Überschallgeschwindigkeit

Die Geschwindigkeit von Luftfahrzeugen oder Geschossen, die schneller fliegen, als sich der Schall im selben Medium ausbreitet. Sie ist abhängig von Luftdruck und Umgebungstemperatur. Über Land ist die Mindestflughöhe für Überschallflüge FL 360 (11 km), über See FL 200 (6 km).

VOR/DME Approach

Konventionelles Anflugverfahren mit bodengestützter Navigationsanlage.

WEA

Windenergieanlage

Literatur

Airport Private Traveller Study – Media.muc

Bayerisches Landesamt für Umwelt – Lärmwirkung

Bundesgesetzblatt – Gesetz zur Verbesserung des Schutzes vor Fluglärm in der Umgebung von Flugplätzen

Bundesministerium der Verteidigung – Stationierungskonzept

Bundesministerium für Wirtschaft, Familie und Jugend – Österreich – Klimawandel und Reiseverhalten

Bundesministeriums der Justiz – LuftVG

Bundesumweltministerium – Feinstauberhebung

Deutsche Zentrale für Tourismus – Incoming Tourism Deutschland 2011

Deutscher Bundestag – Ausbau der mittelfränkischen US-Militärstandorte Ansbach-Katterbach und Illesheim

Diagnose und Therapie von Schlafstörungen – Göran Hajak und Dieter Riemann

Europäische Kommission – Vorschlag über Regeln und Verfahren für lärmbedingte Betriebsbeschränkungen auf Flughäfen

Fachbeitrag »Der Nutzen großer Flughäfen« – Prof. Dr. Friedrich Thießen, TU Chemnitz

Fluglärmmonitoring des DFLD

Forum Flughafen & Region – Protokoll Internationale Konferenz »Aktiver Schallschutz«

Gender differences in sleep disorders – Vidya Krishnan and Nancy A. Collop

Gesundheitsreport 2010 – DAK

Hessisches Landesamt für Umwelt und Geologie – Umweltbericht

Hochschule für Angewandte Wissenschaften Hamburg – Direct Operating Costs (DOC) für Frachtflugzeuge

Hyperakusis, Phonophobie, Recruitment – Schaaf, Kastellis, Hesse

ICAO – Aerodrome Design Manual

ICAO – Aircraft Operations

ICAO – Review Of Noise Abatement Procedure

Klimawirkung des Luftverkehrs – ADV

National Research Council Canada – Noise Exposure Forecast, Final Report

National Research Council Canada – Review of Aircraft Noise and its Effects

Offenbach Post Online – Artikel: »Autos übertönen Flugzeuge«

Schall – Hohmann, Setzer

Sieglinde Geisel – Nur im Weltall ist es wirklich still

Sozialwissenschaftliche Studienbibliothek der AK Wien – Luftverkehr und Lärmschutz

Statistisches Bundesamt – Datenerhebung im Extrahandel

Struktur Luftfrachtgüter – Deutsche Lufthansa

Studie »Beeinträchtigung durch Fluglärm: Arzneimittelverbrauch als Indikator für gesundheitliche Beeinträchtigungen« – Prof. E. Greiser

Studie »Flugimporte von Lebensmitteln und Blumen nach Deutschland«kk – Verbraucherzentrale Hessen (Federführung)

Studie »Immobilien und Fluglärm« – TU Chemnitz

Studie »Luftverkehr und Lärmschutz« – Ingenieurbüro Dipl.Ing. Andreas Käfer

Studie zur Klimaverträglichkeit der Schnittblumenproduktion – myclimate

Tourismus und Fluglärm im Schwarzwald – kallisto management gmbh, Schweiz

Umweltbundesamt Österreich – Schallpegel in Diskotheken und bei Musikveranstaltungen

Umweltbundesamt.de – Lärm

Valutazioni Psicodiagnostiche relative all'area cognitiva e affettivo-relazionale di bambini e adolescenti – Dr. C. Oppes

Verkehrsflughafen Bremen – Erstellung des Datenerfassungssystems zur Ermittlung des Lärmschutzbereiches für den Flughafen Bremen

Wissenswertes über die Schalldämmung von Fenstern – Dipl.-Ing. Wolf-Dietrich Kötz

www.schlafgestoert.de

Über den Autor

Andreas Fecker, Jahrgang 1950, ist Fluglotse im Ruhestand. Er ist unabhängiger Schriftsteller und hat bisher 20 Bücher in diversen Verlagen veröffentlicht, die in fünf verschiedenen Sprachen erschienen sind.

Er hat keine Verpflichtungen gegenüber Flughäfen oder Airlines, ist kein Politiker und muss auf keine journalistischen Vorgaben Rücksicht nehmen. Als früherem Fachmann für An- und Abflugverfahren fällt es ihm schwer, die Einmischung in die Routengestaltung zu verstehen. Als Staatsbürger wünscht er sich flexiblere Reaktionen der verschiedenen Institutionen auf ein erkanntes Problem. Als Mitbürger ärgert er sich über die pauschale Verurteilung der jeweils Andersgesinnten. Als früheren Fluglotsen trifft ihn der Vorwurf, die Flugsicherung würde nicht alles tun, um ihren Auftrag vorbildlich zu erfüllen, und als ehemaliger Luftwaffenoffizier fühlt er mit seinen fliegenden Kameraden die mangelnde Anerkennung und das fehlende Verständnis der Bevölkerung.

Dank an die Blogger aus dem Fluglärmforum des DFLD, die mir mehr oder weniger geduldig ihre Sorgen und Nöte begreiflich gemacht haben. Dank auch an die konsultierten Ärzte, Therapeuten, Schlafmediziner, Somnologen, Akustiker, Piloten und Freunde, die den Text gelesen haben. Dank an alle, die ich im Buch zitieren durfte.

... zum Weiterlesen aus dem Motorbuch Verlag

Der Beruf des Fluglotsen ist eines der anspruchsvollsten Aufgabenfelder in der Luftfahrt. Nicht umsonst sind die Qualifikationsanforderungen vergleichbar mit denen der Pilotenausbildung: Anspruchsvolle Tests müssen bestanden werden, bevor man überhaupt mit der Ausbildung beginnen darf. Verständlich jedoch, führt man sich die ungeheure Verantwortung vor Augen, die Fluglotsen tagtäglich zu tragen haben. Andreas Fecker gibt hier einen Einblick in diesen hochinteressanten Beruf. Spannend zu lesen und geschrieben von einem absoluten Insider.

224 Seiten, Format 170 x 240 mm
ISBN 978-3-613-03261-3
€ 24,90 / sFr 34,90 / € (A) 25,60

www.motorbuch-verlag.de
Service-Hotline: 01805/00 41 55*
* 0,14 € / Min. aus d. dt. Festnetz,
max. 0,42 € / Min. aus Mobilfunknetzen

Stand Juli 2012
Änderungen in Preis und Lieferfähigkeit vorbehalten.